中等职业教育国家规划教材（计算机应用专业）
全国中等职业教育教材审定委员会审定

数据库应用基础——Visual FoxPro 6.0
（第4版）

李　红　主编
牛　凯　闫　芳　副主编

電子工業出版社
Publishing House of Electronics Industry
北京·BEIJING

内 容 简 介

本书从应用的角度出发，通过具体实例详细介绍了 Visual FoxPro 6.0 的基础知识、程序设计的方法和技巧，全书分为十二章。本书深入浅出地介绍了 Visual FoxPro 6.0 的特性、安装方法；操作基础、程序设计基础、程序开发环境；数据库和表的创建方法；查询和视图的概念、创建方法；控件的使用方法、表单的创建和管理方法；报表和标签的创建方法；菜单的创建方法；SQL 的数据查询和数据库的备份与还原等。

为了适应中等职业学校教学的特点，本书采用了图文并茂的方式，引用了大量的实例，并且难度适中，组织合理。不仅可以作为中等职业学校、技工学校计算机和非计算机专业的教学用书，还可供各种培训班使用。

图书在版编目（CIP）数据

数据库应用基础：Visual FoxPro 6.0 / 李红主编. —4 版. —北京：电子工业出版社，2018.4

ISBN 978-7-121-24952-5

Ⅰ. ①数… Ⅱ. ①李… Ⅲ. ①关系数据库系统—中等专业学校—教材 Ⅳ. ①TP311.138

中国版本图书馆 CIP 数据核字（2014）第 275686 号

策划编辑：关雅莉
责任编辑：关雅莉　　文字编辑：罗美娜
印　　刷：三河市鑫金马印装有限公司
装　　订：三河市鑫金马印装有限公司
出版发行：电子工业出版社
　　　　　北京市海淀区万寿路 173 信箱　邮编　100036
开　　本：787×1 092　1/16　印张：16.5　字数：422.4 千字
版　　次：2011 年 4 月第 1 版
　　　　　2018 年 4 月第 4 版
印　　次：2023 年 11 月第 12 次印刷
定　　价：33.00 元

凡所购买电子工业出版社图书有缺损问题，请向购买书店调换。若书店售缺，请与本社发行部联系，联系及邮购电话：（010）88254888，88258888。

质量投诉请发邮件至 zlts@phei.com.cn，盗版侵权举报请发邮件至 dbqq@phei.com.cn。

本书咨询联系方式：（010）88254617，luomn@phei.com.cn。

前言

Visual FoxPro 6.0 是可运行于 Windows 平台的 32 位数据库开发系统，它不仅可以简化数据库管理，而且能使应用程序的开发流程更为合理。Visual FoxPro 6.0 使组织数据、定义数据库规则和建立应用程序等工作变得简单易行。利用可视化的设计工具和向导，用户可以快速创建表单、查询和打印报表。

Visual FoxPro 6.0 还提供了一个集成化的系统开发环境，它不仅支持过程式编程技术，而且在语言方面做了强大的扩充，支持面向对象可视化编程技术，并拥有功能强大的可视化程序设计工具。目前，Visual FoxPro 6.0 是用户收集信息、查询数据、创建集成数据库系统、进行实用系统开发较为理想的工具软件。

本书在编写时力求理论与实际相结合，强调可操作性与实用性。全书分为十二章，以开发“网上书店”系统为主线，较为全面地介绍了 Visual FoxPro 6.0 的特性、安装方法；操作基础、程序设计基础、程序开发环境；数据库和表的创建方法；查询和视图的概念、创建方法；控件的使用方法、表单的创建和管理方法；报表和标签的创建方法；菜单的创建方法；SQL 的数据查询和数据库的备份还原等。以项目的方式引导读者完成了创建项目管理器、创建数据库和表、设计查询、设计操作界面、设计报表、设计菜单，使读者初步具备了数据库的应用能力。

本书第一～三、六章由牛凯编写，第四、五、七、八、十一、十二章由李红编写，第九、十章由闫芳编写，全书由李红统稿。由于编者水平有限，加上时间仓促，错误和不妥之处在所难免，恳请各位专家和读者批评指正。

编　者

2018 年 4 月

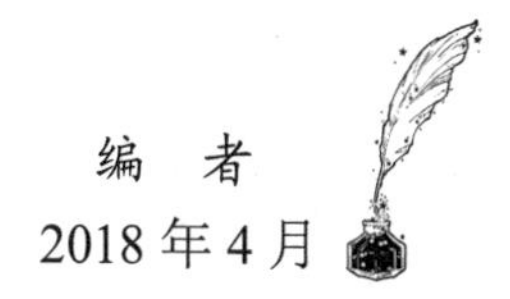

目 录

第 1 章　安装和配置 Visual FoxPro 6.0

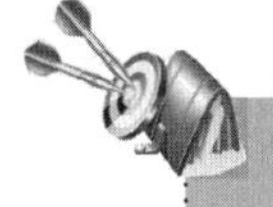

本章知识目标

- 数据库技术中的常用术语
- 安装 Visual FoxPro 6.0 的必要条件
- 安装 Visual FoxPro 6.0 的方法
- 启动和退出 Visual FoxPro 6.0 的方法
- 配置系统环境

Visual FoxPro 6.0（以下简称 VFP 6.0）是 Microsoft 公司开发的与 Visual C++、Visual J++、Visual Basic 等软件系统捆绑销售的关系型数据库软件系统。它在 Visual FoxPro 5.0 的基础上，加强了项目管理器、向导、生成器、查询与视图、OLE 连接、ActiveX 集成、帮助系统制作、数据的导入和导出，以及面向对象程序设计等方面的技术力度。

2001 年 Microsoft 公司发表了 Visual FoxPro 7.0 版，2003 年 Microsoft 公司又推出了 Visual FoxPro 8.0 版。Visual FoxPro 主要用于 Windows 环境，为数据库开发人员提供了一种以数据为中心、面向对象的语言环境。它可以用于开发各种桌面程序、客户—服务器程序和基于 Web 应用的程序。由于 Visual FoxPro 8.0 属于面向对象的编程语言，提供了一种可视化的编程方式，因此在编写程序的时候不需要输入烦琐的程序代码就可以建立一个面向对象的数据库应用程序，大大简化了应用系统的开发过程，并提高了系统的模块性和紧凑性。

1.1　数据库技术中的常用术语

1. 数据（Data）

数据是数据库中存储的基本对象。数据的多种表现形式都可以经过数字化存入计算机。例如：在学生信息系统中，学生的数据由“学号”，“姓名”，“性别”，“出生年月”，“所在班级”等属性构成，那么（200841125，张亚菲，女，1994-6-9，08411），就是一个学生的数据值。

【提示】 采用什么符号完全是一种人为的规定。

2. 数据库（Database）

数据库（简称 DB）顾名思义，就是存放数据的地方。在计算机中，数据库是数据和数据库对象的集合。所谓数据库对象是指表（Table）、视图（View）、存储过程（Stored Procedure）、触发器（Trigger）等。

3. 数据库管理系统（DBMS）

数据库管理系统（简称 DBMS）是位于用户与操作系统之间的一个数据库管理软件。数据库管理系统使用户能方便地定义和操纵数据，维护数据的安全性和完整性，以及进行多用户下的并发控制和恢复数据库。

4. 数据库系统（Database System）

数据库系统狭义地讲是由数据库、数据库管理系统和用户构成。广义地讲是由计算机硬件、操作系统、数据库管理系统，以及在它们支持下建立起来的数据库、应用程序、用户和维护人员组成的一个整体。

1.2 数据库系统模型

数据库系统模型是指数据库中数据的存储结构。根据数据存储需求的不同，数据库可以使用多种类型的系统模型，其中较为常见的有结构模型（层次模型）、网状模型、关系模型三种，选择使用这三种模型的数据库依次被称为层次数据库、网络型数据库和关系型数据库。下面分别对不同类型的数据库进行简单的介绍。

1.2.1 层次模型

1. 层次模型的数据结构

层次模型的实例结构图如图 1.1 所示，其代表的数据库管理系统是 IBM 公司的 IMS 产品（层次数据库系统）。

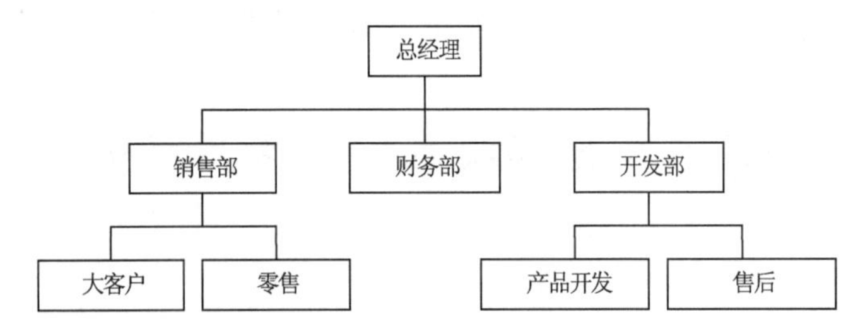

图 1.1　层次模型的实例结构图

层次数据库使用结构模型作为自己的存储结构。这是一种树型结构，它由结点和连接线组成。结点表示实体集（文件或记录型），连接线表示相连两个实体之间的联系。该模型是满足有且仅有一个根结点，非根结点有且仅有一个父结点的基本层次联系的集合。

2. 层次模型的优缺点

层次模型的优点：

① 层次模型的结构为树状结构，层次分明，结构清晰。

② 不同层次间的数据关联直接简单。

③ 提供了良好的完整性支持。

层次模型的主要缺点：

① 层次模型对解决多对多、一个结点具有多个父结点的情况比较困难，因此，数据有可能多次重复出现，这样不利于数据库系统的维护。

② 对插入和删除操作的限制比较多。

1.2.2　网状模型

在现实生活中，事物之间的联系更多的是非层次关系的，用网状模型表示比层次模型更直接、明了。用网络结构来表示实体之间的联系的数据模型称为网状模型，即允许结点可以有多个父结点，也可以无父结点。网状数据模型的典型代表是 DBTG 系统，也称 CODASYL（Conference On Data System Language）。

1. 网状模型的数据结构

网状模型的实例结构图如图 1.2 所示。

网状模型是一种比层次模型更具普遍性的结构，与层次模型的最大区别是既允许多个结点没有父结点，也允许结点有多个父结点，两个结点之间可以有多种联系成为复合联系。与层次模型一样，网状模型中每个结点表示一个记录类型，但是在网状模型中这种联系可以不唯一。因此，要为每个联系名指出这个联系的父结点和子结点。

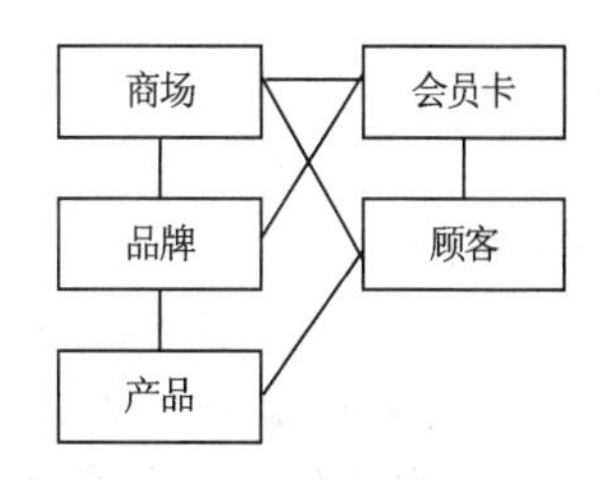

图 1.2　网状模型的实例结构图

2. 网状模型的优缺点

网状模型的优点：

① 能够很好地描述现实世界。

② 存取的效率高，查询方便。

网状模型的主要缺点：

① 结构复杂。随着应用环境的扩大，数据库的结构会越来越复杂，不利于用户使用。

② 数据库的操作语言复杂，用户不容易使用。

1.2.3　关系模型

关系模型是目前最重要的一种模型。美国 IBM 公司的研究员 E・F・Codd 于 1970 年发表题为“大型共享系统的关系数据库的关系模型”的论文，文中首次提出了数据库系统的关系模型。20 世纪 80 年代以来，计算机厂商新推出的数据库管理系统（DBMS）几乎都支持关系模型，非关系系统的产品也大都加上了关系接口。数据库领域当前的研究工作都是以关系方法为基础的。

1. 关系模型的数据结构

关系模型是建立在严格的数据概念基础上的。它的数据逻辑结构是一张二维表，由行和

列组成。在关系模型中，数据都是以关系的形式来表示。下面通过学生基本信息表来说明关系模型的基本数据结构，如表 1.1 所示。

表 1.1　学生基本信息表

学 生 ID	学 生 姓 名	性　别	班　级	年　级
1	张亚菲	女	08411	08
2	李晓燕	女	08111	08
3	石磊	男	07111	07
…	…	…	…	…

2. 关系模型中的常用术语

（1）关系（Relation）

在关系数据库中，一个关系对应一张二维表，又称其为数据表。每个关系有一个关系名，二维表的表名就是关系名。如“表 1.1 学生基本信息表”就是一个关系，关系名就是二维表的表名“学生基本信息表”。

（2）字段（Field）

表中的每一列称为一个字段，表中第一行是一个表头，表头中每列的值是这个字段的名称，称为字段名。

一个或多个字段组成表中的一条记录，字段是包含在记录中的数据项。字段在记录中具有特定的名称和数据类型。字段的名称是在数据表建立时给定的，字段类型可以是 Visual FoxPro 6.0 中的任何字段类型。

（3）记录（Record）

记录指表中的一个存储单位，表中的每一行称为一条记录。一个或多个字段组成表中的一条记录，一条或多条记录构成一个表。也就是说一个表可以包含大量的记录，一条记录由多个字段组成。

3. 关系模型的优缺点

关系模型的优点：

① 关系模型的概念单一。数据是以关系的形式来表示，对数据的检索结果也是用关系来表示，所以数据结构简单、清晰、用户易懂易用。

② 关系模型的存取路径对用户是透明的，这样使数据有更好的安全保密性、更高的数据独立性，也简化了程序员的工作和数据库开发建立的工作。

关系模型的缺点：

① 由于存取路径对用户是透明的，查询的效率不如非关系数据模型高。

② 在做查询的时候，要进行优化处理，提高性能。

1.2.4　面向对象模型

面向对象模型是目前最新的一种数据模型。面向对象数据库系统采用面向对象模型作为数据的组织方式。

面向对象的数据模型借鉴了面向对象程序设计方法的核心概念和基本思想。一个面向对象的数据模型是用面向对象观点来描述现实世界的逻辑组织，对象间的限制、联系等的模型。一系列面向对象的核心概念构成了面向对象数据模型的基础。概括起来，面向对象的数据模型的几个相关概念如下。

对象标识（OID）：现实世界中的任何实体都被统一地用对象来表示，每一个对象都有唯一的标识。

封装：每一对象是其状态和行为的封装。

类和类层次：所有具有相同属性和方法集的对象便构成了一个对象类（Class）。

继承：一个类可以继承类层次中其直接或间接父类的所有属性和方法。

1.3　安装 Visual FoxPro 6.0

1.3.1　Visual FoxPro 6.0 的安装环境

要使安装的 VFP 6.0 能够正常运行，一定要有适合其运行的硬件、软件环境和系统配置。VFP 6.0 对环境的要求不是很高，其所需的最低软、硬件配置如下。

1. Visual FoxPro 6.0 所需硬件环境

◎　80486 / 50MHz 或者更高档的计算机系统，能够支持 32 位操作。

◎　10MB 以上的内存储器。

◎　用户自定义安装最小需要 15MB 可用硬盘空间，完全安装需要 90MB 可用硬盘空间，如果安装中文专业版，至少需要 240MB 以上硬盘空间。

◎　VGA 或更高分辨率的显示器，1MB 以上显示缓存。

2. Visual FoxPro 6.0 所需软件环境

Visual FoxPro 6.0 可以安装在以下软件环境：

◎　Windows XP 操作系统（中文版）

◎　Windows 2000 操作系统（中文版）

◎　Windows NT 操作系统（中文版）

3. Windows 的 Config.sys 文件最低配置

```
FILES=60
BUFFERS=40
```

4．网络环境必须满足服务器、客户机和网络的要求

服务器：SQL Server for Windows NT

客户机：包括 ODBC 组件的 Visual FoxPro 6.0

网　络：Novell NetWare

　　　　Windows NT

在大多数情况下，应该将临时文件存放在本地硬盘上。

如果联网的计算机硬盘速度较慢，也可以将数据存放在服务器上，但是必须保证在任务繁忙时也能保证所用数据能够正常传送，并少受干扰。

MSDN（Microsoft Developer Network）是一个综合开发信息资源库，可以通过 HTML 存储信息访问，它是安装于网络之中的资源库，其中包含了大量的使用说明和帮助工具的介绍。

1.3.2 安装 Visual FoxPro 6.0

在了解和具备了 Visual FoxPro 6.0 对系统的基本要求后，就可以着手安装了。Visual FoxPro 6.0 的安装主要分为三个部分。若系统平台为 Windows 2000 或 XP，而且还未安装 IE，则首先要安装 IE 以更新系统，使系统具有 IE 的功能；其次安装 Visual FoxPro 6.0 系统软件；最后安装 MSDN（Microsoft Developer Network）VS 6.0（Visual Studio 6.0）。

Visual FoxPro 6.0 软件共有三张光盘，一张存有 Visual FoxPro 6.0 的中文版系统软件，它包括 Visual FoxPro 6.0 所有的 32 位数据库系统；另外两张光盘为 MSDN 信息库，包括全部 Visual Studio 6.0 产品中的全部文档和示例。若要查看 Visual Studio 6.0 应用程序和组件的联机文档，必须安装 MSDN 库。在这个库中，还装有其他诸多软件的文档、示例和帮助文件，如：Visual Basic、Visual C++、Visual InterDev、Visual J++、Visual Sourcesoft 等，而这两张 MSDN 光盘是以上软件共用的。

下面在 Windows XP（或 Windows 2000）操作系统下安装 Visual FoxPro 6.0，安装步骤如下。

（1）首先关闭所有打开的应用程序。若系统中运行有防病毒程序，在运行安装向导之前将其关闭。待安装完毕后，再启动防病毒程序。

（2）执行 Setup.exe 程序，启动 Visual FoxPro 6.0 安装向导，如图 1.3 所示。在安装程序的引导下，安装应用程序和组件。单击“下一步”按钮，进入“最终用户许可协议”界面。

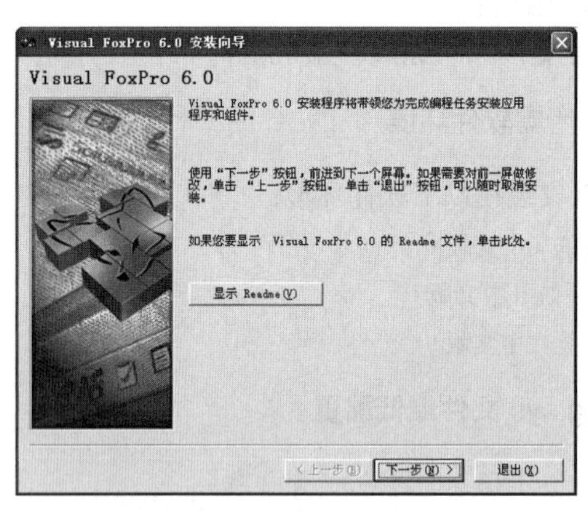

图 1.3 Visual FoxPro 6.0 安装向导

（3）选中“接受协议”单选按钮，如图 1.4 所示。单击“下一步”按钮，进入“产品号和用户 ID”界面。

（4）输入产品的 ID 号。产品的 ID 号通常存放在以“sn”命名的文件中。然后在“姓名”和“公司名称”文本框中分别输入姓名和公司名称，如图 1.5 所示。

（5）单击“下一步”按钮，进入“选择公用安装文件夹”界面，如图 1.6 所示。在“选择公用文件的文件夹”文本框中显示有 Visual Studio 6.0 应用程序所公用的文件的安装位置，如需改变安装位置，请单击“浏览”按钮，确定好安装位置后返回“选择公用安装文件夹”界面。

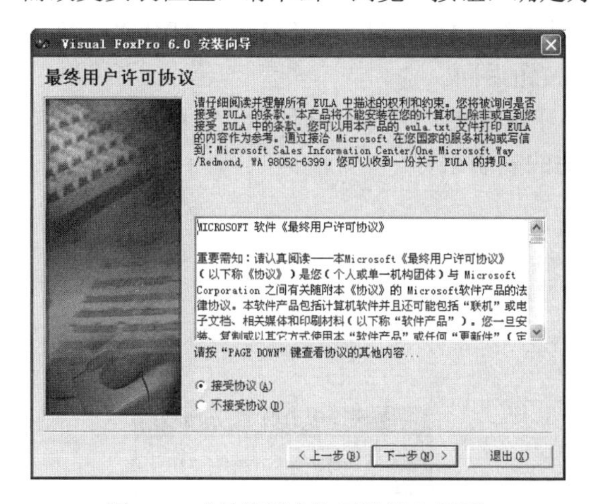

图 1.4　“最终用户许可协议”界面

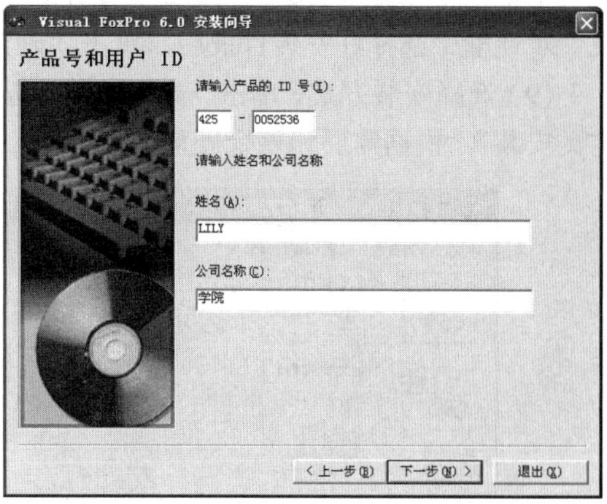

图 1.5　“产品号和用户 ID”界面

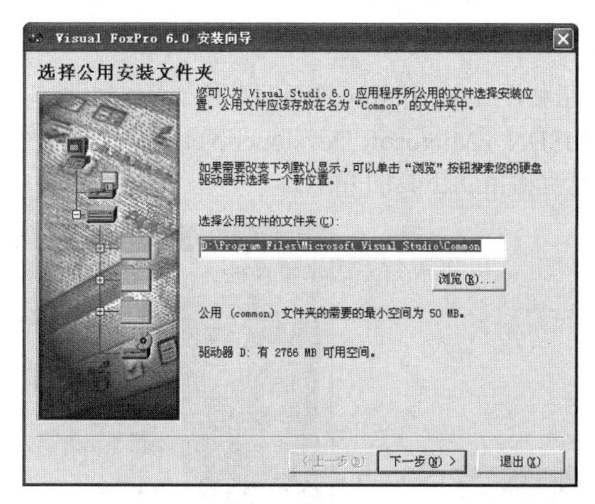

图 1.6　“选择公用安装文件夹”界面

（6）单击“下一步”按钮，进入如图 1.7 所示的界面，界面中显示出提示信息和警告信息。

（7）阅读完毕后，单击“继续”按钮，弹出产品 ID 显示界面，如图 1.8 所示，该编号应妥善保管。如果需要向 Microsoft 请求技术支持，需要提供此编号。

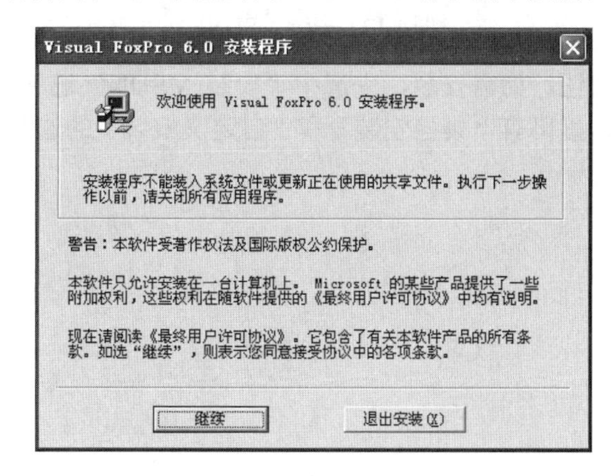

图 1.7　提示信息和警告信息

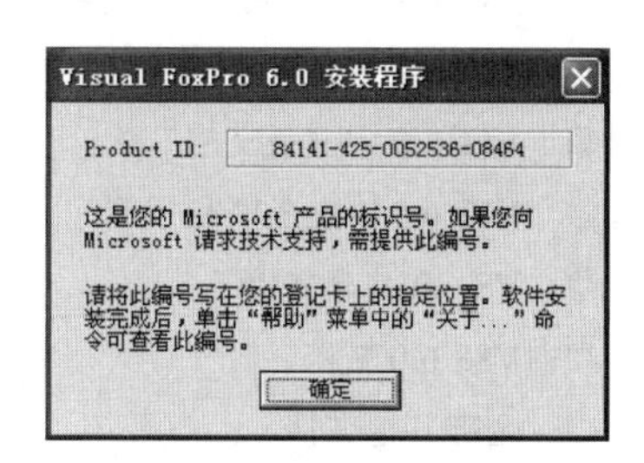

图 1.8　显示产品 ID

（8）单击“确定”按钮，安装程序开始搜寻已安装组件，随后显示如图 1.9 所示的界面。如果不希望将 VFP 6.0 安装在指定目录下，单击“更改文件夹（F）...”按钮，打开“改变目录”对话框。选择好安装目录后，单击“确定”按钮返回。

（9）选择安装方式。单击“典型安装”按钮，开始安装，如图 1.10 所示。也可以选择“自定义安装”，根据需要和剩余硬盘空间来定制合适的安装组件。

图 1.9　选择安装类型和安装文件夹

图 1.10　正在安装 Visual FoxPro 6.0

（10）安装完成后显示如图 1.11 所示的界面，单击“确定”按钮，显示“安装 MSDN”界面，如图 1.12 所示。MSDN（Microsoft Developer Network）是一个综合开发信息资源库，其中包含了大量对使用说明和帮助工具的介绍。

图 1.11　安装完成

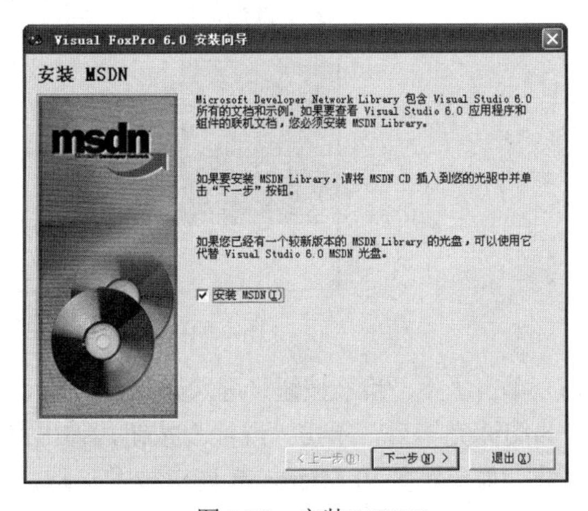

图 1.12　安装 MSDN

（11）如不安装 MSDN，单击“退出”按钮。如需安装，先选中“安装 MSDN”选项，单击“下一步”按钮，再按提示进行操作。这里仍有“典型安装”和“自定义安装”的选择，在“自定义安装”中有如下选项。

◎ Master Index File

◎ VFP 6.0 中文版文档

◎ VFP 6.0 中文版产品示例

◎ VS 6.0 共享文档

◎ VSS 6.0 文档

◎ 全部其他文件

通过复选框来选择所需安装的文件。

（12）至此 VFP 6.0 全部安装完毕。

Visual FoxPro 6.0 安装完成后，在默认的硬盘目录 C:\program files\Microsoft Visual Studio（该目录也可由用户自已设定）下建立了三个子目录：

◎　Common（存入应用程序的公用文件）

◎　Msdn98（存放 MSDN 库文件目录）

◎　VFP98（存放 VFP 6.0 数据库文件目录）

1.4　启动和退出 Visual FoxPro 6.0

1．Visual FoxPro 6.0 的启动

（1）方法一

在 Windows 中可直接单击“开始”菜单，然后依次将光标移至“程序”选项、Microsoft Visual FoxPro 6.0、Microsoft Visual FoxPro 6.0（如图 1.13 所示），单击，此时系统将显示如图 1.14 所示的界面，用户可在此选择所要执行的操作。

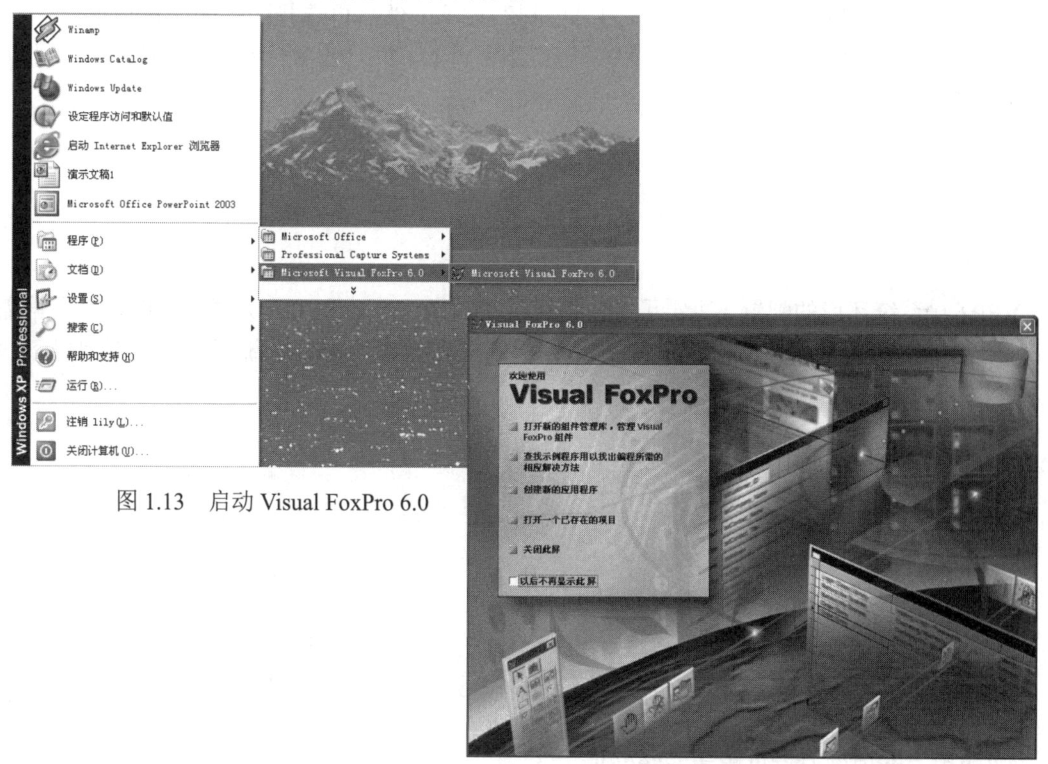

图 1.13　启动 Visual FoxPro 6.0

图 1.14　Visual FoxPro 6.0 的初始画面

（2）方法二

为了快速启动 Visual FoxPro 6.0，可以在桌面为该应用程序建立一个快捷方式，启动时只需双击该快捷方式就可以了。

【提示】 具体如何为应用程序建立快捷方式的方法请读者参考有关 Windows 操作系统的专门书籍，这里不再做更详细的介绍。

图 1.15　在“打开”文本框中输入 VFP 6.0 所在的路径

（3）方法三

单击“开始”菜单，在显示的子菜单中单击“运行”选项，打开“运行”对话框，在“打开”文本框中输入“C:\Program Files\Microsoft Visual Studio\VFP98\VFP6.EXE”，如图 1.15 所示。或单击“浏览”按钮，打开“浏览”对话框，找到 VFP6.EXE 文件，再单击“确定”按钮即可启动 Visual FoxPro 6.0。

2. Visual FoxPro 6.0 的退出

如果想退出 Visual FoxPro 6.0，有下面的方法可供用户选择。

（1）在命令窗口中输入命令：QUIT。

（2）在主菜单上选择“文件”下拉菜单下的“退出”选项。

（3）按组合键 ALT+F4。

（4）双击 Visual FoxPro 6.0 主窗口左上角的“控制”菜单按钮。

（5）单击 Visual FoxPro 6.0 主窗口的“控制”菜单，然后再选择“关闭”选项。

这几种退出方法都可以防止数据丢失，如果在 Visual FoxPro 6.0 中直接关闭电源，则可能造成用户数据的丢失。

1.5　配置系统环境

VFP 6.0 系统环境的配置，决定了 VFP 6.0 系统的操作环境和工作方式。用户可以根据需要配置工作环境，从而充分发挥软件的作用，提高工作效率。配置系统环境可以采用以下 4 种方式。

◎　使用“选项”对话框。

◎　在“命令”窗口使用 SET 命令。

◎　直接设置 Windows 注册表。

◎　使用配置文件。

这里主要介绍前两种配置系统环境的方法。

1.5.1　使用“选项”对话框配置系统环境

1. 使用“选项”对话框配置系统环境

“选项”对话框涉及的内容很多，下面以“设置默认工作目录”为例，介绍使用“选项”对话框配置系统环境的方法。操作步骤如下：

（1）在 Visual FoxPro 6.0 主窗口，选择“工具”菜单中的“选项”命令，打开“选项”对话框。

（2）单击“文件位置”选项卡，在列表中选择“默认目录”选项，如图 1.16 所示，然后

单击“修改”按钮，打开“更改文件位置”对话框。

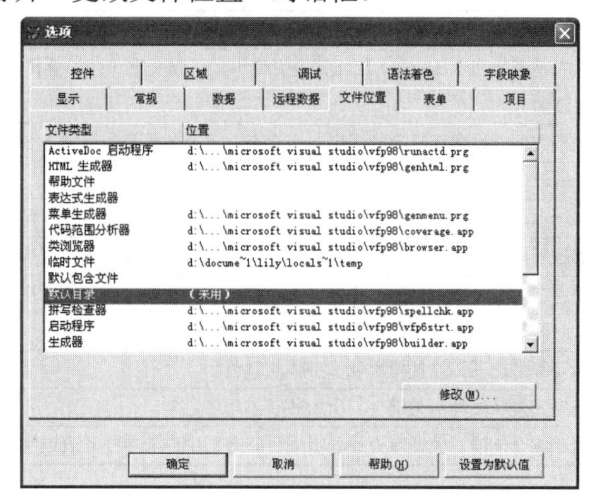

图 1.16　“文件位置”选项卡

（3）如图 1.17 所示，首先选中“使用默认目录”选项，然后在“定位默认目录”文本框中输入事先建立好的工作目录，如图 1.17 所示。也可以单击 ... 按钮，在打开的“选择目录”对话框中找到该工作目录后返回“更改文件位置”对话框，单击“确定”按钮。

图 1.17　在“定位默认目录”文本框中输入工作目录

（4）此时“默认目录”选项已由“未用”更改为指定的工作目录，单击图 1.16 中的“设置为默认值”按钮。

（5）单击“确定”按钮完成设置。

【注意】 VFP 6.0 安装完成后，其安装目录即为默认的工作目录。为了将工作时建立的文件与系统文件区分开，便于管理，用户可以采用上述方法设置自己的默认工作目录。

2.“当前工作期有效”与“当前及将来工作期有效”

在“选项”对话框中完成所需设置后，若单击“确定”按钮，则所做设置只在当前工作期有效；若单击“设置为默认值”按钮后再单击“确定”按钮，则所做设置将存储在 Windows 注册表中，这些设置在当前及将来工作期均有效。

3.“选项”对话框各选项卡功能说明

“选项”对话框包含 12 个选项卡，各选项卡的功能如表 1.2 所示。

表 1.2　“选项”对话框各选项卡的功能

选　项　卡	功 能 描 述
显示	界面选项。设置是否显示状态栏、时钟、命令或系统信息
常规	数据输入与编程选项。设置警告声音、是否记录编译错误、是否自动填充新记录、使用什么定位键、调色板使用什么颜色及改写文件之前是否警告等

续表

选 项 卡	功 能 描 述
数据	表选项。设置是否使用 Rushmore 优化、是否使用索引强制唯一性、查找的记录计数器间隔，以及使用什么锁定选项
远程数据	远程数据访问选项。设置连接超时限定、一次获取记录数目及如何使用 SQL 更新
文件位置	Visual FoxPro 6.0 默认目录位置，帮助文件及临时文件存储的位置
表单	表单设计器选项。设置网格面积、所用刻度单位、最大设计区域及使用何种类模板
项目	项目管理器选项。设置是否提示使用向导、双击时运行或修改文件及源代码管理选项
控件	设置是否使用在“表单控件”工具栏的“查看类”按钮所提供的有关可视类库和 ActiveX 控件选项
区域	设置日期、时间、货币及数字格式
调试	调试器显示及跟踪选项。设置使用什么字体与颜色
语法着色	设置区分程序元素（注释与关键字）所用的字体与颜色
字段映像	设置从数据环境设计器、数据库设计器或项目管理器中向表单拖动表或字段时创建何种控件

1.5.2 使用 SET 命令配置系统环境

“选项”对话框中的大多数选项功能都可以通过编程方式在命令窗口中使用 SET 命令或对系统内存变量指定新值的方式进行修改。常用 SET 命令及功能如表 1.3 所示。

表 1.3 常用 SET 命令及功能

命 令	格 式	功 能 描 述
SET DATA	SET DATE TO AMERICAN/ANSI/BRITISH/USA/MDY/DMY/YMD	设置当前日期的格式
SET CENTURY	SET CENTURY ON/OFF	确定是否显示日期表达式中的世纪部分
SET MARK	SET MARK TO （日期分隔符）	用于指定日期的分隔符
SET HOURS	SET HOURS TO [12/24]	把系统时钟设置成 12 小时方式或 24 小时方式
SET SECONDS	SET SECONDS ON/OFF	决定显示日期时间值时是否显示秒
SET EXACT	SET EXACT ON/OFF	指定比较不同长度的字符串时使用的规则
SET COLLATE	SET COLLATE TO <排序方式>	指定字符型字段的排序方式
SET DEVICE	SET DEVICE TO SCREEN/TO PRINTER/TO FILE<文件名>	把@…SAY 的输出发送到屏幕、打印机或文件
SET DEFAULT	SET DEFAULT TO <盘符路径>	指定默认的驱动器和目录
SET TALK	SET TALK ON/OFF	确定是否显示命令的执行结果
SET DECIMALS	SET DECIMALS TO <数值表达式>	指定数值型表达式中显示的十进制小数位
SET SAFETY	SET SAFETY ON/OFF	在改写文件时，是否显示对话框确认改写有效
SET DELETED	SET DELETED ON/OFF	在使用某些命令时，指定是否对加了删除标记的记录进行操作

【注意】 使用 SET 命令配置环境时，设置仅在 VFP 6.0 当前工作期有效，当退出时将放弃这些设置。所以在新的工作期中，必须重新运行这些 SET 命令。若使用配置文件或在启动时执行这些 SET 命令，可以使这个过程自动进行。

本章小结

1. 数据库技术中的常用术语，包括什么是数据、数据库、数据库系统和数据库管理系统。

2. 常用的数据库系统模型：层次模型、网状模型、关系模型和面向对象模型。

3. 安装 VFP 6.0 的必要条件。

4. 安装 VFP 6.0 的步骤。

5. 启动和退出 VFP 6.0 的方法。

6. VFP 6.0 系统环境的配置决定了 VFP 6.0 系统的操作环境和工作方式。用户可以通过“选项”对话框在“命令”窗口使用 SET 命令来配置系统环境。

7. 在“选项”对话框中完成所需设置后，若单击“确定”按钮，则所做设置只在当前工作期有效；若单击“设置为默认值”按钮后再单击“确定”按钮，则所做设置将存储在 Windows 注册表中，这些设置在当前及将来工作期均有效。

8. 使用 SET 命令配置环境时，设置仅在 VFP 6.0 当前工作期有效，当退出时将放弃这些设置。所以在新的工作期中，必须重新运行这些 SET 命令。若使用配置文件或在启动时执行这些 SET 命令，可以使这个过程自动进行。

习题 1

一、填空

1. 数据库可以使用多种类型的系统模型，其中较为常见的有__________、__________和__________3 种。

2. 在命令窗口中输入__________命令，按 Enter 键，可以退出 Visual FoxPro 6.0。

3. 配置系统环境可以采用__________和__________两种方式。

4. 在“选项”对话框中完成所需设置后，若单击“确定”按钮，则所做设置只在__________有效；若单击“设置为默认值”按钮后再单击“确定”按钮，则所做设置在__________均有效。

5. 使用 SET 命令配置环境时，设置仅在 VFP 6.0__________有效，当退出时将放弃这些设置。

二、选择

1. 数据库系统的核心是__________。

A. 数据库管理系统　B. 数据库　C. 数据　D. 数据库应用系统

2. VFP 是一种__________数据库管理系统。

A. 层次型　B. 网状型　C. 关系型　D. 树型

3. 支持数据库各种操作的软件系统是__________。

A. 数据库系统　B. 操作系统　C. 数据库管理系统　D. 命令系统

三、问答题

1. 什么是数据、数据库、数据库管理系统、数据库系统？

2. 安装 Visual FoxPro 6.0 的必要条件是什么？

3. 如何启动 Visual FoxPro 6.0？

4. 退出 Visual FoxPro 6.0 时如何可以防止数据丢失？
5. 可以通过哪几种方法配置 VFP 6.0 的系统环境？

四、操作题

1. 如果有条件，请亲自安装 Visual FoxPro 6.0。
2. 启动 Visual FoxPro 6.0。
3. 使用“选项”对话框配置系统环境，设置自己的默认工作目录。
4. 退出 Visual FoxPro 6.0。

第 2 章　Visual FoxPro 6.0 操作基础

本章知识目标

- Visual FoxPro 6.0 用户界面
- 系统菜单的使用方法
- 定制工具栏
- 命令窗口的功能和基本操作
- Visual FoxPro 6.0 提供的设计器、向导、生成器
- 项目管理器

2.1　Visual FoxPro 6.0 用户界面

启动 VFP 6.0 后，系统将显示如图 2.1 所示的主窗口界面。

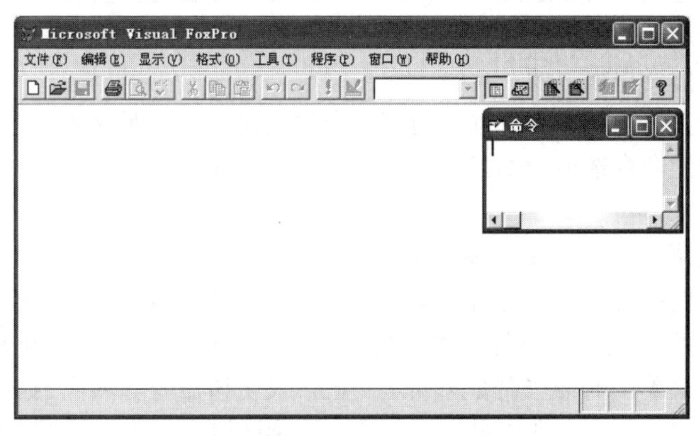

图 2.1　Visual FoxPro 6.0 主窗口界面

VFP 6.0 是一个 Windows 应用程序，Windows 窗口的所有操作方法（如移动、拉伸、缩小为一个图标等）对它都适用。

VFP 6.0 主窗口界面主要由标题栏、菜单栏、工具栏、状态栏、工作区及命令窗口组成。其中标题栏位于界面的最上方，包含系统程序图标、主窗口标题、最小化按钮、最大化按钮和关闭按钮 5 个对象。菜单栏用于显示 VFP 6.0 所有的菜单选项，用户可以使用菜单和对话框来完成相应操作。工具栏由若干个工具按钮组成，每个工具按钮对应于一项特定的功能。状态栏位于界面的最底部，用于显示某一时刻管理数据的工作状态。工具栏与状态栏之间的空白区域是系统工作区，各种工作窗口均在这里打开。命令窗口是系统定义的窗口，用于输入和执行各种命令，用户可以使用菜单和对话框来完成各种操作，也可以在命令窗口中通过输入命令来完成相应操作。

2.1.1 Visual FoxPro 6.0 系统菜单

菜单栏用于显示 VFP 6.0 所有的菜单选项，主要包含“文件”、“编辑”、“显示”、“格式”、“工具”、“程序”、“窗口”和“帮助”等，用户可以使用菜单和对话框来完成相应操作。

1. 菜单选择

在 VFP 6.0 中选择菜单有两种方法：

（1）使用鼠标。将鼠标光标定位在某一个菜单项上并单击，打开其下拉菜单。从下拉菜单中选择要执行的命令，并单击执行。或者是打开下拉菜单后，输入带有下画线的字符。

（2）使用键盘。用 Alt 键或 F10 键激活菜单条，再使用左、右光标键选择菜单项，按 Enter 键打开其下拉菜单，用上、下光标键选择需要执行的命令并按 Enter 键执行。若要取消对菜单的选择可以按 Esc 键。

2. 菜单约定

在实际操作中，用户会发现下拉菜单中有些命令选项后面带有组合键、省略号（…），或是有一个黑色的箭头，还有一些命令选项是灰色的，这些都是 VFP 6.0 菜单系统的一些约定。

（1）如果下拉菜单中的命令选项右边带有组合键，如“编辑”菜单中的“撤销 Ctrl+Z”命令，这表明该命令选项可以通过快捷键执行。其使用方法是按住 Ctrl 键不放，再按 Z 键，这是访问某个命令选项的最快捷的方法。对于一些常用命令选项的快捷键，建议最好记住，因为这将使某些操作变得很方便。

（2）如果下拉菜单中的命令选项右边有一个黑色箭头，说明该命令选项有子菜单，它将提供更多、更详细的命令选项。如“工具”菜单中的“向导”命令，当光标指向该命令时，将显示其子菜单。

（3）如果下拉菜单中的命令选项右边有省略号（…），表明该命令选项的执行将调出一个对话框，在对话框中可以更加方便地进行信息输入及各种选择。如“文件”菜单中的“新建”命令，选择该命令选项，将打开“新建”对话框，用户可以选择新建文件的类型。

（4）如果下拉菜单中的某些命令选项呈灰色，表明该命令选项在当前状态下不能使用。如“文件”菜单中的“保存”和“另存为”命令选项在没有打开编辑窗口的时候是灰色的。只有满足其使用条件时，该命令选项才会由灰色变为黑色（可用状态）。

（5）在下拉菜单中还有某些命令选项起着开关的作用，当选中该命令选项时，其前面会出现一个对号（√），再次选中该命令选项，对号消失表示该命令选项功能被禁止。

3. 动态菜单

动态菜单指当程序执行某项功能时，系统主菜单和主菜单下的子菜单的增加和减少。

通常情况下，VFP 6.0 仅包含若干菜单项和其对应的子菜单。在程序运行过程中，当用到某些功能时，系统将会自动动态地增加或修改一些菜单项及其对应的子菜单。

打开项目管理器前的主菜单，如图 2.2 所示。当打开或创建一个项目文件后，系统就会

在主菜单上自动添加“项目”菜单，如图 2.3 所示。这时可以看到主菜单中“格式”项消失了，而增加了一个“项目”项。

Microsoft Visual FoxPro
文件(F)　编辑(E)　显示(V)　格式(O)　工具(T)　程序(P)　窗口(W)　帮助(H)

图 2.2　打开或新建项目文件前的系统主菜单

Microsoft Visual FoxPro
文件(F)　编辑(E)　显示(V)　工具(T)　程序(P)　项目(Q)　窗口(W)　帮助(H)

图 2.3　打开或新建项目文件后的系统主菜单

4. 弹出菜单

所谓弹出菜单又被称为快捷菜单，是指当用户处于某些特定区域时单击鼠标右键而弹出的一个快捷菜单。VFP 6.0 中众多的工具栏、对话框、设计器、窗口、生成器等都具有弹出菜单。弹出菜单的特点是，当用户将鼠标光标移至某一区域，然后单击鼠标右键即可将其打开，并可以从中选择某项命令。欲将弹出菜单关闭，只需将鼠标光标移出弹出菜单，然后单击鼠标即可。如图 2.4 所示显示了表单设计器的弹出菜单。

图 2.4　表单设计器的弹出菜单

【注意】　弹出菜单中的大多数命令选项都可以在相应主菜单或对话框的按钮上找到，但使用弹出菜单则更加快捷。

2.1.2　Visual FoxPro 6.0 工具栏

工具栏由若干个工具按钮组成，每个工具按钮对应于一项特定的功能。将鼠标指针移动到按钮图标上时，系统会自动显示该工具按钮的含义或名称。利用工具栏可以快速地访问常用的命令和功能。

VFP 6.0 初始启动时，一般会在菜单栏的下方显示“常用”工具栏。根据当前操作对象的不同，系统会在工具栏上显示不同的按钮图标。VFP 6.0 提供了 11 种常用的工具栏，用户可以根据需要随时打开或关闭工具栏，也可以定制个性化的工具栏。

1. 打开工具栏

（1）在主窗口中选择“显示”菜单中的“工具栏”命令选项，打开如图 2.5 所示的“工具栏”对话框。

图 2.5　“工具栏”对话框

（2）选择需要显示的工具栏，如“数据库设计器”。在对话框下方“显示”项中选择工具栏的显示方式，然后单击“确定”按钮，即可打开指定的工具栏，如图 2.6 所示。VFP 6.0 提供的工具栏或为条形，或为窗形，用户还可以根据需要使用鼠标将工具栏拖动到任意位置。

图 2.6　“数据库设计器”工具栏

2. 关闭工具栏

（1）在主窗口中选择“显示”菜单中的“工具栏”命令选项，打开如图 2.5 所示的“工具栏”对话框。

（2）选择需要关闭的工具栏，如“数据库设计器”，然后单击“确定”按钮，即可关闭指定的工具栏。（另外，单击工具栏上的“关闭”按钮也可以关闭工具栏。）

3. 定制工具栏

若同时打开多个工具栏，会使工作区变小，界面较乱，影响操作，此时可以定制个性化工具栏，具体步骤如下。

（1）在主窗口中选择“显示”菜单中的“工具栏”命令选项，打开如图 2.5 所示的“工具栏”对话框。

（2）单击“新建”按钮，打开“新工具栏”对话框。

（3）在“工具栏名”文本框中输入新建工具栏名称，如图 2.7 所示。然后单击“确定”按钮，打开“定制工具栏”对话框，同时在工作区还将显示新建的空白工具栏，如图 2.8 所示。

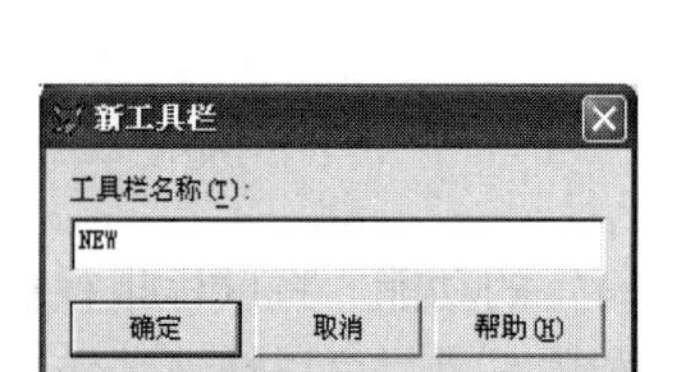

图 2.7 “新工具栏”对话框

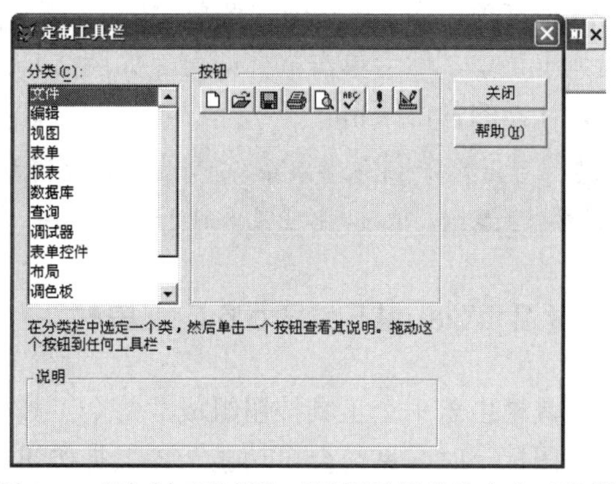

图 2.8 “定制工具栏”对话框及新建的空白工具栏

（4）在“分类”列表框中选择一个工具类别，该工具类别的所有工具按钮将显示在“按钮”选项组中。单击所需的工具按钮，并将其拖动到新建的工具栏中。

（5）重复步骤（4），选择其他工具类别中的工具按钮，直到将所需工具按钮全部拖动到新建的工具栏中为止。

（6）单击“关闭”按钮，关闭“定制工具栏”对话框，完成工具栏的定制。

4. 删除定制工具栏

（1）在主窗口中选择“显示”菜单中的“工具栏”命令选项，打开如图 2.5 所示的“工具栏”对话框。

（2）选择定制的工具栏，然后单击“删除”按钮。

（3）此时系统将显示确认删除对话框，单击“是”按钮即可删除定制的对话框。

2.1.3 命令窗口

命令窗口是系统定义的窗口，用于输入、编辑和执行各种命令。在 VFP 6.0 中，用户可

以使用众多的菜单、对话框来执行各种操作，也可以在命令窗口中直接输入相应命令来完成。所有的 VFP 6.0 的命令、函数等都可以在命令窗口中输入，系统会参照执行。

命令窗口在用户进入 VFP 6.0 系统时便出现在主窗口界面上。在主窗口中先选中命令窗口，再选择“窗口”菜单中的“隐藏”命令选项，可以关闭命令窗口。选择“窗口”菜单中的“命令窗口”命令选项，可以打开命令窗口。

1. 输入和编辑命令

当使用众多的菜单、对话框来执行各种操作时，会发现每当操作完成后，系统将自动把与操作相对应的命令显示在命令窗口中。也可以在命令窗口中直接输入命令来完成相应的操作，如在命令窗口输入：

```
SET STATUS BAR OFF    &&隐藏状态栏
```

然后按 Enter 键，将不再显示主窗口底部的状态栏。“&&”后是命令注释。又如在命令窗口输入：

```
QUIT    &&退出系统
```

然后按 Enter 键，将直接退出 VFP 6.0 系统。

在 VFP 6.0 中，命令与函数可识别前四个字母，例如可以将 MODIFY COMMAND 命令输入为 MODI COMM。

和其他的文本窗口一样，命令窗口也是一个可以编辑的窗口，可以在命令窗口中进行各种编辑操作，如插入、删除、剪切、复制等，或者用光标和滚动条在整个命令窗口中上、下、左、右移动。这些特性对命令的输入有很大的帮助。例如要输入一条与上一次执行的命令相似的命令，那么只需将光标移动到上一条命令上，然后输入或删除命令的不同部分，再按 Enter 键，就可以执行这条新命令了。这样操作不会修改上一次执行的命令，只是在命令窗口的底部多了一条刚执行的新命令。这是因为 VFP 6.0 系统在用户修改命令窗口中的命令时，实际上修改的是该命令的一个复制，按下 Enter 键后，VFP 6.0 系统发生响应，将这条修改后的命令复制放到命令窗口中作为一条新的命令执行。

如果要重复执行某一条命令时，只需将光标移到该命令上按下 Enter 键即可。和上面一样，VFP 6.0 系统也是将该命令的一个复制放到命令窗口的下面作为最新执行的命令。

2. 出错处理

在命令窗口中输入命令时，难免会出现一些错误，例如命令输入错误或者命令不完整，这时 VFP 6.0 系统将会给出一个很简单的出错信息，明确用户的错误。例如将 MODIFY COMMAND 命令输入为 MODIFY COMMAMD，按 Enter 键执行这条命令时，系统将显示一个错误信息提示框，提示“命令中含有不能识别的短语或关键字”，告诉用户命令错误类型。错误信息提示框有“确定”和“帮助”两个按钮，按 ESC 键或单击“确定”按钮关闭错误信息提示框，用户可以根据系统提示修改命令。如果无法找出命令中的错误，可以单击“帮助”按钮寻求在线帮助。

【注意】 在中文环境下输入命令时，特别要注意“半个汉字”的问题。有时一条命令没有错误，但就是无法执行，这时就应考虑是否在命令中输入了不可见字符，如出现“半个汉字”的情况，此时可将原命令重新输入一遍，也许就正常了。

3. 改变字体

用户可以改变命令窗口中字体的大小、行间距等特性。在主窗口中选择“格式”菜单中的“字体”命令选项或其他选项来设置。用户在命令窗口的字体设置不会影响其他文本窗口中的字体。

2.2　Visual FoxPro 6.0 辅助设计工具

VFP 6.0 提供了三类支持可视化设计的辅助工具：设计器、向导、生成器。

2.2.1　Visual FoxPro 6.0 设计器

设计器是用来创建特定类型对象的开发环境。VFP 6.0 提供的设计器有表设计器（Table Designer）、查询设计器（Query Designer）、视图设计器（View Designer）、表单设计器（Form Designer）、报表设计器（Report Designer）、数据库设计器（Database Designer）、菜单设计器（Menu Designer）、标签设计器（Label Designer）和连接设计器（Connection Designer），各个设计器的功能如表 2.1 所示。这些设计器简化了表、表单、数据库、查询及报表等的创建。

表 2.1　VFP 6.0 设计器一览表

设　计　器	用　　途
表设计器	创建、修改表文件，设置表中的索引
查询设计器	创建、修改查询文件
视图设计器	创建、修改视图文件
表单设计器	可视化地创建、修改表单和表单集
报表设计器	创建、修改报表文件
数据库设计器	创建数据库文件，创建、修改表间关系
菜单设计器	创建、修改菜单和快捷菜单
标签设计器	创建、修改标签文件
连接设计器	创建、修改连接

2.2.2　Visual FoxPro 6.0 向导

向导是一种快捷的设计工具，VFP 6.0 提供了若干个向导，帮助用户按交互的方式快速完成任务，如创建表单、格式化报表、建立查询等。使用向导创建文件非常简单，向导为用户创建文件提供了一组对话框，用户仅需回答对话框中的问题或选择相应的选项即可。各个向导的名称及用途如表 2.2 所示。

表 2.2　VFP 6.0 向导一览表

向 导 名 称	用　　途
表向导	创建一个表
数据库向导	创建一个数据库

续表

向导名称	用　途
查询向导	创建一个查询
表单向导	创建一个表单
一对多表单向导	创建一个数据入口
本地视图向导	创建一个视图
远程视图向导	创建一个远程视图
报表向导	创建一个报表
一对多报表向导	创建一个一对多报表
交叉表向导	创建一个交叉表查询
图表向导	创建一个图表
标签向导	创建一个标签
透视表向导	创建数据库透视表
导入向导	将其他格式的数据置入到 Visual FoxPro 6.0 中
应用程序向导	创建一个应用程序

2.2.3 Visual FoxPro 6.0 生成器

生成器由一系列选项卡组成，用于简化表单、复杂控件和参照完整性代码的创建和修改。生成器允许用户设置所选择对象的属性。用户可以将生成器生成的用户界面直接转换成程序代码，把用户从逐条编写程序、反复调试程序的工作中解放出来。

VFP 6.0 提供的生成器主要有自动格式生成器（AutoFormat Builder）、组合框生成器（ComboBox Builder）、命令组生成器（Command Group Builder）、编辑框生成器（EditBox Builder）、表达式生成器（Expression Builder）、表单生成器（Form Builder）、表格生成器（Grid Builder）、列表框生成器（List Box Builder）、选项组生成器（Option Group Builder）、文本框生成器（Text Box Builder）、参照完整性生成器（Referential Intergrity Builder）。各个生成器的名称及用途如表 2.3 所示。

表 2.3　VFP 6.0 生成器一览表

向导名称	用　途	向导名称	用　途
自动格式生成器	格式化控件组	表格生成器	生成一个表格
组合框生成器	生成一个组合框	列表框生成器	生成一个列表框
命令组生成器	生成一个命令按钮组	选项组生成器	生成一个选项按钮
编辑框生成器	生成一个编辑框	文本框生成器	生成一个文本框
表达式生成器	生成一个表达式	参照完整性生成器	在数据库表间创建参照完整性
表单生成器	向表单中增加作为新控件的字段		

2.3　项目管理器

在 VFP 6.0 中，项目管理器可称得上是用户开发应用程序的灵魂。它可以将用户在开发过程中所使用的数据表、数据库、查询、表单、报表、类库以及各种应用程序均集成于项目管理器中，用户可以利用它向项目文件中加入文件、删除文件、生成新文件、修改已有文件、观察数据表的内容以及与其他项目文件建立关联等。因此，一个项目文件实际上是程序、文档及VFP 6.0对象的集合，它以.PJX为扩展名存到磁盘上。最后，再将其编译成一个可独立运行的.APP或.EXE文件。

【提示】 值得注意的是，项目文件（.PJX）中所保存的并非是它所包含的文件，而仅是对这些文件的引用。因此，对于项目文件中的任何文件，用户既可利用项目管理器对其进行修改，也可单独对其进行修改，而且这些文件可同时用于多个项目文件。有鉴于此，用户在开发应用系统时，可一开始就使用项目管理器进行文件的创建和修改，也可先创建和修改这些文件，最后再用项目管理器进行集成、调试和编译。

2.3.1　创建项目文件

通过VFP 6.0的项目管理器可以很容易地生成项目文件，非常便于应用系统的开发和维护。在创建项目文件之前，请用户先在D盘根目录下建立一个文件夹，如“网上书店系统”，用于存放该应用程序的所有文件。下面介绍建立项目文件的操作步骤。

（1）选择“文件”菜单中的“新建”命令选项，此时屏幕上将弹出“新建”对话框，如图2.9所示。

（2）在“新建”对话框中选择“项目”单选按钮。

（3）单击“新建文件”按钮，屏幕上将弹出“创建”对话框，如图2.10所示。

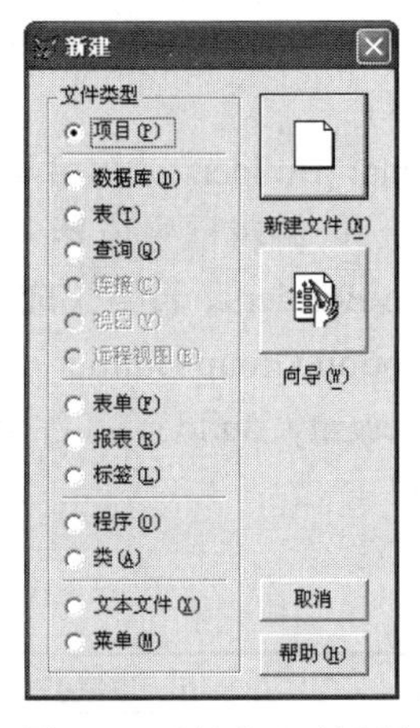

图2.9　“新建”对话框

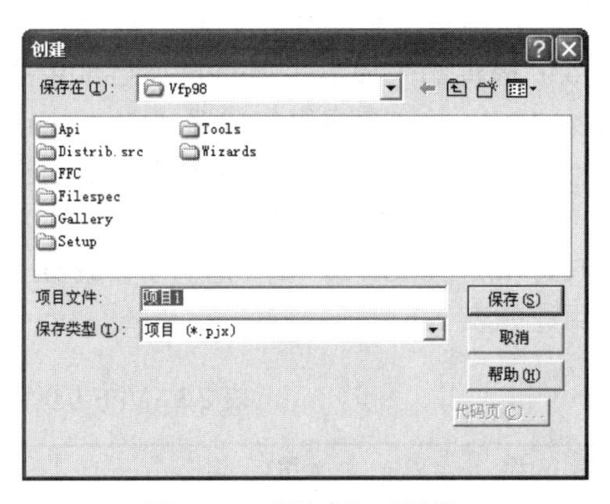

图2.10　“创建”对话框

（4）单击“保存在”右侧的▼按钮，从打开的下拉列表中确定保存文件的路径为“D:\网上书店系统”。在“项目文件”右侧的文本框中输入项目文件名“网上书店系统”。

（5）单击“保存”按钮，屏幕将弹出“项目管理器—网上书店系统”界面，如图2.11所示。

在项目管理器中，用户可以添加、创建及编辑文件，后面将介绍具体操作方法。

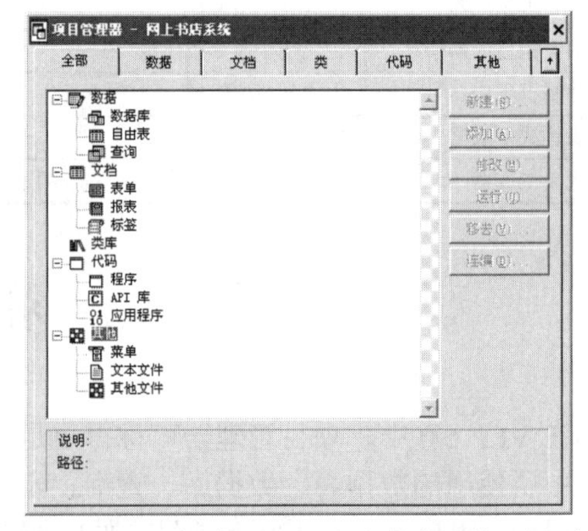

图2.11　“项目管理器—网上书店系统”界面

2.3.2 “项目管理器”选项卡

在项目管理器中，将项目文件所包含的全部文件分为五类，可分类对文件进行操作。下面介绍“项目管理器”选项卡。

1. “全部”选项卡

“全部”选项卡如图 2.11 所示。在“全部”选项卡内，用户可以对各类文件进行管理，从图中可以发现，“全部”选项卡将文件分成“数据”、“文档”、“类库”、“代码”及“其他”五类以便用户管理。

2. “数据”选项卡

用户通过“数据”选项卡可以管理数据库、自由表及查询文件。

3. “文档”选项卡

用户使用“文档”选项卡可以管理表单、报表及标签格式文件。

4. “类”选项卡

使用“类”选项卡，用户可以生成和修改类，类一般具有属性（Properties）、方法（Method）、事件（Events）等。

5. “代码”选项卡

使用“代码”选项卡，用户可以对命令文件、API 库及应用程序进行管理。

6. “其他”选项卡

通过“其他”选项卡，用户可以管理菜单文件、文本文件及图像、声音等文件。

2.3.3 项目管理器按钮

项目管理器窗口拥有很多的按钮，且随用户所选项目的不同而变化的。下面将详细介绍项目管理器中各按钮的意义。

1. 新建（New）

创建一个新文件或对象。此按钮与“项目”菜单的“新建文件”命令选项作用相同。新建文件或对象的类型与当前选定项的类型相同。

【注意】 通过“文件”菜单创建的文件不会自动包含在项目中。而使用“项目”菜单的“新建文件”命令选项或“项目管理器”中的“新建”按钮创建的文件会自动包含在项目中。

2. 添加（Add）

把已有的文件添加到项目中。此按钮与“项目”菜单的“添加文件”命令选项作用相同。

3. 修改（Modify）

在相应的设计器中打开选定文件以便用户修改。此按钮与“项目”菜单的“修改文件”命令选项作用相同。

4. 浏览（Browse）

在“浏览”窗口中打开一个表。此按钮与“项目”菜单的“浏览文件”命令选项作用相同，且仅当选定一个表时可用。

5. 关闭（Close）

关闭一个打开的数据库。此按钮与“项目”菜单的“关闭文件”命令选项作用相同，且仅当选定一个数据库时可用。如果选定的数据库已关闭，此按钮变为“打开”。

6. 打开（Open）

打开一个数据库。此按钮与“项目”菜单的“打开文件”命令选项作用相同，且仅当选定一个数据库时可用。如果选定的数据库已打开，此按钮变为“关闭”。

7. 移去（Remove）

从项目文件中移去选定的文件或对象。VFP 6.0 会询问是仅从项目中移去此文件，还是同时将其从磁盘中删除。此按钮与“项目”菜单的“移去文件”命令选项作用相同。

8. 连编（Build）

连编一个项目或应用程序，在专业版中，还可以连编一个可执行文件。此按钮与“项目”菜单的“连编”命令选项作用相同。

9. 预览（Preview）

当选定一个报表或标签时可用，在打印预览方式下显示选定的报表或标签。此按钮与“项目”菜单的“预览文件”命令选项作用相同。

10. 运行（Run）

当选定一个查询、表单或程序时可用，执行选定的查询、表单或程序。此按钮与“项目”菜单的“运行文件”命令选项作用相同。

2.3.4 定制项目管理器

在 VFP 6.0 的项目管理器中，各个项目都是以图标方式来组织和管理的，用户可以扩展或压缩某一类型文件的图标。如果某种类型的文件存在一个或多个，那么在其相应图标的左边就会出现一个加号（+），单击这个加号可以列出这种类型的所有文件（扩展图标）。此时加号将变成减号（–），单击这个减号可以隐去文件列表（压缩图标）。

1. 移动窗口

将鼠标光标放置在项目管理器的标题栏上，单击并拖动鼠标即可将项目管理器拖动到任意地方。

2. 调整窗口尺寸

将鼠标光标放置在项目管理器窗口的顶、底、边、角上时，光标形状变为上下、左右、十字形状，通过拖动光标可修改窗口尺寸。

3. 压缩和恢复窗口

项目管理器窗口不是一般的窗口，它具有工具栏窗口的性质。双击项目管理器窗口的标题栏，可使其像其他的工具栏那样被放置在屏幕的上方。此时单击项目管理器中的工具，系统将打开相应的窗口。例如，当用户单击项目管理器中的“文档”时，系统将打开图 2.12 所示的“文档”管理窗口。

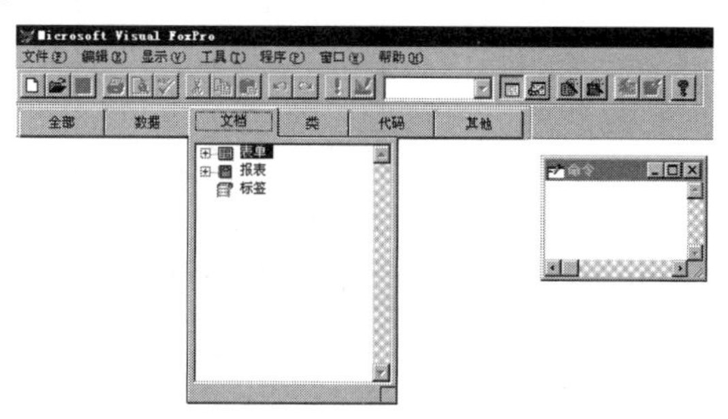

图 2.12 打开项目管理器中的“文档”管理窗口

要想恢复项目管理器的窗口形式，只需双击项目管理器工具栏中任意空白区（工具栏外区域）即可。

此外，单击项目管理器窗口右上角的“↑”可使项目管理器窗口仅显示各个表头，如图 2.13 所示。当用户单击某一表头时，系统将弹出相应的小窗口来显示该类型的文件信息，如图 2.14 所示。单击压缩窗口中的“↓”可恢复窗口。

图 2.13 项目管理器的表头显示形式

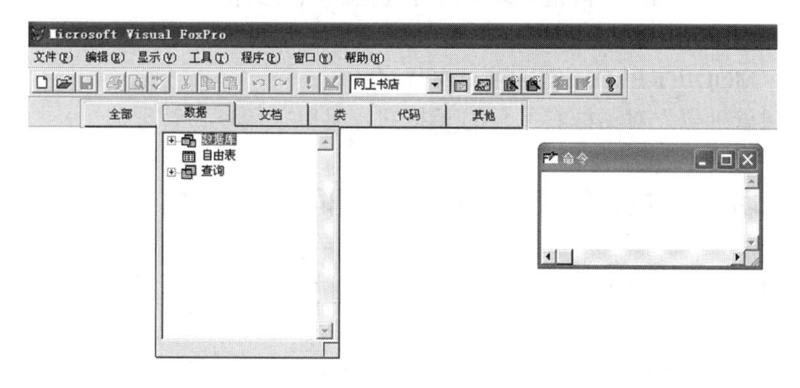

图 2.14 单击“数据”选项卡打开的小窗口

4. 将表头移离项目管理器

用户可通过鼠标拖动项目管理器中任何选项卡使之离开项目管理器，此时在项目管理器上的相应选项卡变成灰色（不可用）。要恢复一个选项卡并将其放回原来的位置，可单击选项卡上方的☒按钮或单击其标题并拖动其回原位。单击选项卡的按钮可使该选项卡始终处于其他窗口的上面，再次单击它将取消这种状态。图 2.15 为将“文档”选项卡移离项目管理器后的界面。

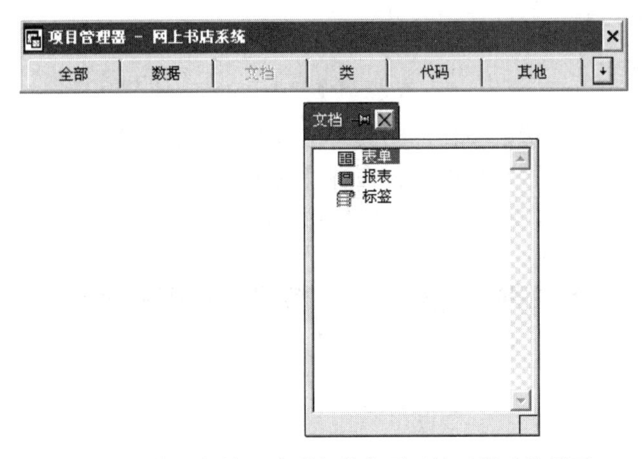

图 2.15　将“文档”选项卡移离项目管理器后的界面

5. 关闭项目管理器

单击项目管理器右上角的☒按钮可以关闭项目管理器。但是，当用户关闭项目管理器后，数据库、数据库表、数据库视图、自由表等文件均不会自动关闭，此时用户必须通过命令窗口使用 CLOSE DATABASE 和 USE 命令来关闭。

2.3.5　打开与关闭项目文件

打开项目文件的方法如下。

（1）选择“文件”菜单的“打开”命令选项，在弹出的“打开”对话框中选择要打开的项目文件，然后单击“确定”按钮，即可打开选定的项目文件。

（2）使用命令打开项目文件。

命令格式：MODIFY PROJECT <项目文件名>

单击“项目管理器”对话框右上角的☒按钮，可以关闭项目管理器。

2.3.6　将项目文件编译成应用程序文件和可执行文件

用户可以进一步将项目文件编译成扩展名为.app 的应用程序文件或扩展名为.exe 的可执行文件。扩展名为.app 的应用程序可在 Visual FoxPro 环境下通过“程序”菜单中的“运行”命令运行；扩展名为.exe 的可执行文件可以在 Windows 环境下直接运行。

1.“连编选项”对话框按钮

打开项目管理器，从“项目”菜单中选择“连编”命令选项或单击项目管理器中的“连编”按钮时，将出现“连编选项”对话框，如图 2.16 所示。利用它可以创建一个自定义应用程序或者刷新现有项目，对话框中各选项意义如下。

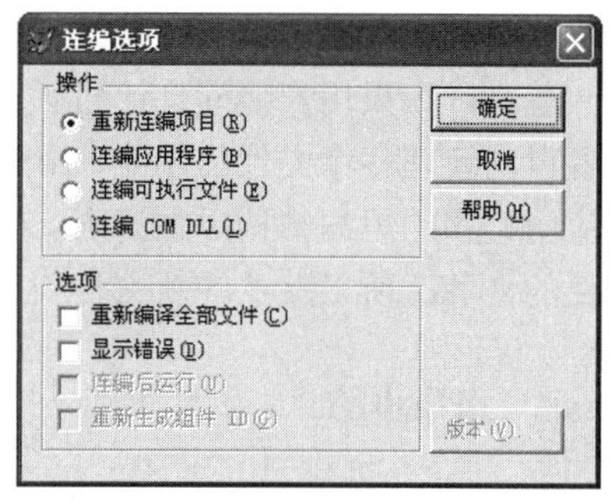

图 2.16 “连编选项”对话框

重新连编项目：创建和连编项目文件，该选项对应于 BUILD PROJECT 命令。

连编应用程序：连编项目，并创建一个.app 文件。该选项对应于 BUILD APP 命令。

连编可执行文件：由一个项目创建可执行文件，该选项对应于 BUILD EXE 命令。

连编 COM DLL：使用项目文件中的类信息，创建一个具有.dll 文件扩展名的动态链接库。

重新编译全部文件：重新编译项目中的所有文件，并对每个源文件创建其对象文件。

显示错误：连编完成后，在一个编辑窗口中显示编译时的错误信息。

连编后运行：连编应用程序之后，指定是否运行它。

重新生成组件 ID：安装并注册包含在项目中的 OLE 服务程序。选定时，该选项指定当用户连编程序时生成新的 GUID（全局唯一标识）。只有“类”菜单“类信息”对话框中标识为“OLE Public”的类能被创建和注册。当用户选定“连编可执行文件”或“连编 COM DLL”，并已经连编包含 OLE Public 关键字的程序时，该选项可用。

版本：显示“EXE 版本”对话框，允许用户指定版本号及版本类型。当从“连编选项”对话框中选择“连编可执行文件”或“连编 COM DLL”时，该按钮被激活。

2. 编译项目文件为应用程序文件

若要把项目文件编译成应用程序，首先应打开项目管理器，在项目管理器中进行如下操作。

（1）单击“连编”命令按钮，此时在屏幕上将弹出如图 2.16 所示的“连编选项”对话框，以便用户选择编译文件的类型。

（2）在“操作”选项中选取“连编应用程序”单选按钮，在“选项”选项中选择“重新编译全部文件”和“显示错误”两个复选按钮，然后单击“确定”命令按钮。

（3）稍后，在屏幕上将弹出“另存为”对话框，用户可设置保存应用程序文件的路径和文件名。

（4）单击“确定”命令按钮便可将项目文件编译成应用程序文件。

3. 编译项目文件为可执行文件

编译项目文件为可执行文件也在项目管理器中进行，操作步骤如下。

（1）单击项目管理器的“连编”命令按钮，此时在屏幕上将弹出“连编选项”对话框，让用户选择编译文件类型。

（2）在“操作”选项中选取“连编可执行程序”单选按钮，在“选项”选项中选择“重新编译全部文件”和“显示错误”两个复选按钮，并单击“确定”命令按钮。

（3）稍后，在屏幕上将弹出“另存为”对话框，用户可设置保存可执行文件的路径和文件名。

（4）单击“确定”命令按钮便开始编译项目文件为可执行文件。

总之，如果用户要建立比较大的应用程序，那么项目管理器是极好的选择，它可帮助开发者自动管理各个文件的功能、用途、位置等信息，并以图形方式分类显示不同类型的文件，使应用程序的组织结构更加清晰。在 VFP 6.0 中，系统推荐使用项目管理器来完成生成其他文件的任务，所以默认的新文件类型是项目文件。

本章小结

1. 所谓动态菜单指当程序执行某项功能时，系统主菜单和主菜单下的子菜单的增加和减少；所谓弹出菜单则指当用户处于某些特定区域时单击鼠标右键而弹出的一个菜单。

2. 用户可以根据需要定制个性化工具栏。

3. 和其他的文本窗口一样，命令窗口也是一个可以编辑的窗口，可以在命令窗口中进行各种编辑操作，如插入、删除、块复制、剪切等，或者用光标和滚动条在整个命令窗口中上下移动。

4. 为了方便操作，增强命令的可读性，在命令窗口输入命令时可以使用续行符和行缩进。

5. 为了可视化地设计应用程序，Visual FoxPro 6.0 提供了设计器、向导和生成器。其中设计器是用来创建特定类型对象的开发环境。向导是一种快捷的设计工具，用于帮助用户快速创建文件。生成器由一系列选项卡组成，用于简化表单、复杂控件和参照完整性代码的创建和修改。

6. 项目管理器是用来管理文件的，但是项目文件（.PJX）中所保存的并非它所包含的文件，而仅是对这些文件的引用。

7. 在项目管理器中，将项目文件所包含的全部文件分为五类，即数据、文档、类、代码和其他。

8. 在项目管理器中是以图标方式来组织和管理文件的。项目管理器窗口具有工具栏窗口的性质，用户可以根据需要定制项目管理器。

9. 项目管理器窗口中拥有很多的按钮，且是随用户所选文件的不同而变化的。用户可以通过这些按钮进行创建、修改、预览、运行文件等操作。

10. 用户可以使用项目管理器中的“连编”按钮连编项目文件，将其编译成扩展名为.app 的应用程序文件或扩展名为.exe 的可执行文件。对于扩展名为.app 的应用程序可在 Visual FoxPro 环境下通过“程序”菜单中的“运行”命令运行；扩展名为.exe 的可执行文件能在 Windows 环境下直接运行。

习题 2

一、填空

1. VFP 6.0 用户界面主要由__________、__________、__________、__________及__________组成。

2. 在 VFP 6.0 中选择菜单有两种方法：一种是__________，另一种是__________。

3. 选择“窗口”菜单中的__________命令选项，可以打开命令窗口。

4. VFP 6.0 提供了三类支持可视化设计的辅助工具，即__________、__________和__________。

5. 项目文件的扩展名为__________。

6. 项目管理器是用来管理__________的。

7. 在 VFP 6.0 中，应用程序文件的扩展名为__________，可执行文件的扩展名为__________。

二、选择

1. 下面哪个不是 VFP 6.0 的可视化设计的辅助工具？__________。

A．设计器　　B．项目管理器　　C．向导　　D．生成器

2. 在使用项目管理器时，如果需要创建文件，利用“文件”菜单中的“新建”命令创建的文件__________。

A．属于当前打开的项目　　B．不属于任何项目

C．属于任何项目　　D．以上都不正确

3. 关于 VFP 6.0 命令格式的规则，下面叙述错误的是__________。

A．每条命令必须以命令动词开头

B．命令动词太长，最小保留 4 个字符

C．FOR 和 WHILE 引导的条件子句是有区别的

D．命令动词后面的子句顺序是不能调换的

4. 下面关于项目及项目中的文件的叙述，不正确的一项是__________。

A．项目中的文件不是项目的一部分

B．项目中的文件表示该文件与项目建立了一种关联

C．项目中的文件是项目的一部分

D．项目中的文件是独立存在的

三、问答题

1. 什么是动态菜单、快捷菜单？
2. 命令窗口的功能是什么？
3. 请简述设计器、向导、生成器的作用。
4. 什么是项目管理器？有何作用？
5. 项目管理器由几个选项卡组成？每个选项卡各管理哪些文件？
6. 项目管理器中有哪些常用的按钮？各有何功能？
7. 对项目管理器窗口可以进行哪些操作？

四、操作题

1. 认识 VFP 6.0 用户界面

（1）启动 VFP 6.0。

（2）认识 VFP 6.0 主窗口界面中的对象。

（3）依次打开菜单栏上的“文件”、“编辑”、“显示”、“格式”、“工具”、“程序”、“窗口”、“帮助”菜单，观察其中的命令选项、快捷键。

（4）打开“文件”菜单，将鼠标依次放在每一个命令选项上，观察状态栏的显示信息。

（5）对其他 7 个菜单项做与（4）相同的操作。

（6）依次打开 VFP 6.0 提供的 11 种工具栏，将鼠标放在不同的工具按钮上，观察按钮的名称。

（7）熟悉命令窗口。

（8）退出 VFP 6.0。

实验

实验　创建项目文件

1. 实验目的

（1）掌握创建项目文件的方法。

（2）掌握定制项目管理器的方法。

2. 实验内容

（1）创建项目文件。

创建一个项目文件：学生成绩管理，将其保存在“D:\学生管理”文件夹中。

（2）定制项目管理器

① 将“学生成绩管理”项目管理器压缩起来。

② 将“数据”选项卡设置为浮动状态的选项卡。

第 3 章　数据库编程基础

本章知识目标

- 了解 Visual FoxPro 6.0 的数据类型
- 了解常量、变量、字段、数组、函数的含义及使用方法
- 了解操作符的使用规则
- 理解函数的含义及使用方法

3.1　数 据 类 型

VFP 6.0 提供了多种数据类型，数据类型是对于变量允许的值和值的范围的说明。一旦为数据指明了类型，这些数据便能够被存储，能够通过数据变量和数组对数据进行处理。VFP 6.0 的数据类型分为两大类，一类适用于变量和数组，另一类适用于表中字段。

数据类型（Data Type）是决定变量或字段存储何种类型数据的属性，即数据的存储方式和使用方式。表 3.1 列出了 VFP 6.0 的主要数据类型。

表 3.1　VFP 6.0 数据类型

类　型	中 文 名 称	类 型 说 明	大　　小	范　　围
Character	字符型	任意文本	254 个字符	任意字符
Character（Binary）	字符型（二进制）	任何不经代码页修改的字符型数据	254 个字符	任意字符
Numeric	数值型	整数或小数	8 个字节	0.9999999999E−19～0.9999999999E+20
Integer	整型	整数值	4 个字节	−2147483647～2147483646
Float	浮点型	与数值型相同	在内存中占 8 个字节 在表中占 1～20 个字节	0.9999999999E−19～0.9999999999E+20
Double	双精度型	双精度浮点数	8 个字节	+/−4.94065645841247E−324～+/−8.9884656743115E307
Date	日期型	月、日、年	8 个字节	公元前 1 年 1 月 1 日{^0001-01-01}～公元 9999 年 12 月 31 日{^9999-12-31}
DateTime	日期时间型	月、日、年和时、分、秒	8 个字节	公元前 1 年 1 月 1 日{^0001-01-01}～公元 9999 年 12 月 31 日{^9999-12-31}，上午 00:00:00 时到下午 11:59:59 时

续表

类 型	中文名称	类型说明	大 小	范 围
Currency	货币型	货币值的数量	8 个字节	−922337203685477.5808～+922337203685477.5807
Logical	逻辑型	“真”或“假”的布尔值	1 个字节	“真”（.T.）或“假”（.F.）
General	通用型	OLE 对象的引用	在表中占 4 字节	只受可用内存空间的限制
Memo	备注型	数据块的引用	在表中占 4 字节	只受可用内存空间的限制
Memo（Binary）	备注型（二进制）	任何不经代码页修改的备注字段数据	在表中占 4 字节	只受可用内存空间的限制

1. 字符型

字符型数据是描述不具有计算能力的文字数据类型，是常用的数据类型之一，由字母、数字、空格、符号和标点等组成。字符型的字段、内存变量、数组元素等存储的是名称、地址、提示信息，以及不用于算术运算的数字等形式的文本信息。

字符型字段或变量的长度介于 1～254 字节之间，每个字符占用一个字节。

2. 数值型

数值型数据是用于表示数量的一种数据类型，由数字 0～9、符号（+/–）和小数点组成。数值型既可以用于表中对字段进行定义，也可以用于内存变量和数组元素。

在表中，数值型数据的长度介于 1～20 字节之间。在内存中，数值型数据占用 8 个字节，值介于−0.9999999999E+19～+0.9999999999E+20 之间。

对于数值型字段，在设计时可以决定小数位数，小数位的长度是整个字段长度的一部分。例如，如果数值字段的长度定为 6 位，小数定为 4 位，则字段的最大值可以是 9.9999。

3. 整型

整型数据用于存取不包含小数部分的数值。在表中，整型字段占用 4 个字节，而且用二进制形式表示，因此，整型比数值型字段占用的空间要少得多。

整型数据占用 4 个字节，值介于−2147483647～2147483646 之间。

4. 浮点型

浮点型数据与数值型数据完全等价，只是在存储形式上采取浮点格式。

5. 双精度型

双精度型数据用于存取数值型数据，提供更高的数值精度。双精度型数据只用于表中字段的定义，并采用固定存储长度的浮点数形式，其小数点位置是由输入的数值来决定的。双精度型数据占用 8 个字节，取值范围介于+0.94065645841247E–324～+0.988456743115E+307 之间。

6. 日期型

日期型数据用于存储表示日期的一种数据类型。每个日期型数据的存储格式为“yyyymmdd”，其中 yyyy 表示年，占用 4 个字节；mm 表示月，占用 2 个字节；dd 表示日，

占用 2 个字节。日期型字段或变量的格式有多种，最常用的格式为 mm/dd/yyyy。

日期型数据占用 8 个字节，取值为{01/01/0001}～{12/31/9999}。

7. 日期时间型

日期时间型数据用于存储日期和时间值。日期时间型字段或变量的存储格式为“yyyymmddhhmmss”，其中，yyyy 表示日期中的年，mm 表示月，dd 表示日，hh 表示时（占用 2 个字节），mm 表示分（占用 2 个字节），ss 表示秒（占用 2 个字节）。日期时间型数值既可以只包含日期值或只包含时间值，也可以同时包含日期值和时间值。如果省略日期，则将自动加上“1899 年 12 月 30 日”这个日期；如果省略时间，则自动加上午夜零点这个时间。

日期时间型中的日期部分的取值介于{01/01/0001}～{12/31/9999}之间，时间部分的取值介于 00:00:00 am～11:59:59 p.m.之间。

对于日期和时间来说，都有如下的等价关系：

{00:00:00AM}等价于午夜{12:00:00AM}

{00:00:00PM}等价于中午{12:00:00PM}

从{00:00:00}～{11:59:59}等价于从{12:00:00AM}～{11:59:59AM}

从{12:00:00}～{23:59:59}等价于从{12:00:00PM}～{11:59:59PM}

8. 货币型

货币型数据用于代替数值型数据的货币值，在数值前加上货币符号“$”。货币型数据只允许最多有 4 位小数。如果小数位数超过 4 位，系统则在计算之前将对这个货币值进行四舍五入处理。

货币型字段或变量的取值范围介于-922337203685477.5808～922337203685477.5807 之间，占用 8 个字节的存储空间。

9. 逻辑型

逻辑型数据用于存储只有两个值的数据，是一种高效的存储方法，存入的值为真（.T.）和假（.F.）两种状态。

10. 通用型

通用型数据用于存储 OLE 对象。通用型字段中并没有保存真正的 OLE 对象，而只是保存了一个对 OLE 对象的引用。每个 OLE 对象的具体内容可以是电子表格、字处理器的文档和图片等，这些 OLE 对象是由其他支持 OLE 的应用程序建立的。

通用型字段在表中的长度为 4 个字节，而 OLE 对象的实际内容、类型和数据量则取决于建立该 OLE 对象的服务器，以及是连接还是嵌入 OLE 对象。如果采用连接 OLE 对象方式，则表中只包含对 OLE 对象中数据的引用说明，以及对创建该 OLE 对象的应用程序的引用说明。如果是采用嵌入 OLE 对象方式，则表中除包含对创建该 OLE 对象的应用程序的引用之外，还包含 OLE 对象中的实际数据。这时，通用型字段的长度仅受限于内存的可用空间。

11. 备注型

备注型字段用于表中数据块的存储。VFP 6.0 的备注可以包含任意的数据，只要适用于字符串的所有内容，都可以写入备注中。由于备注型只用于表中，因此内存中没有备注型的变量和数组元素。

在表中，备注型字段只包含 4 个字节，并用这 4 个字节来引用备注的实际内容。备注的实际内容的多少只受内存可用空间的限制，但它们是以块的方式存放的。

3.2 常量与变量

3.2.1 常量

常量（constant）指在程序的整个操作过程中始终保持不变的量。常量用于描述现实生活中固定不变的数据，相当于数学中的常量。每个常量都有一个数据类型，字符型、数值型、浮点型、日期型、日期时间型、货币型、逻辑型常量是常用的常量。

1. 字符型常量

字符型常量由字符型数据组成。字符型常量必须用定界符括起来，定界符可以是单引号“′”、双引号“″”、方括号“[ ]”，并且必须成对使用。

例如：‘0001’、“数据库”、[“胸有凌云志，无高不可攀。”]都是字符型常量。

当字符型常量本身含有某种定界符时，应该选择另外一种定界符。例如：[“胸有凌云志，无高不可攀。”]是一个字符型常量，其中双引号是字符型常量的一部分，方括号才是定界符。

2. 数值型常量

数值型常量由数值型数据组成，包含数字 0～9、符号（+/–）和小数点。

例如：3.1415926、9762、–0.56 都是数值型常量。

3. 浮点型常量

浮点型常量由浮点型数据组成，是数值型常量的浮点格式。

例如：-52E+16、36E-9 都是浮点型常量。

4. 日期型常量

日期型常量由日期型数据组成。日期型数据的存储格式为“yyyymmdd”，默认显示格式为 mm/dd/yyyy。对于日期型常量，必须用花括号“{”和“}”括起来。对于空值的日期常量，则可以用“{}”或“{/}”表示。

例如：{^2009/05/16}、{^2008/01/01}都是日期型常量。

日期型的格式取决于以下 SET 命令的设置。

```
SET DATE
SET MARK TO
SET CENTURY ON/OFF
```

5. 日期时间型常量

日期时间型常量由日期时间型数据组成。日期时间型数据的存储格式为“yyyymmddhhmmss”，

对于日期时间型的常量，必须用花括号“{”和“}”括起来。描述一个空的日期时间型数值，必须用“{:}”来表示。

例如：{^1994/01/05 10:00am}是日期时间型常量。

6. 货币型常量

货币型常量由货币型数据组成，用来保存货币值，在数值前加上货币符号“$”。货币型数据只允许最多有 4 位小数，如果小数位数超过 4 位，系统则在计算之前将对这个货币值进行四舍五入处理。

例如：Moremoney=$645.7235 定义了一个货币型的变量。

7. 逻辑型常量

逻辑型常量由逻辑型数据组成。逻辑型数据只有真和假两种值。在 VFP 6.0 中，真用.T.或.t.表示，假用.F.或.f.表示。

3.2.2　变量

变量（variable）用于存储用户定义的任一数据类型，在程序运行过程中其值可以动态改变。VFP 6.0 中的变量一般分为字段变量和内存变量。

1. 字段变量

字段变量是存储在数据表中的变量，是指数据表中已定义的任意一个字段。在一个数据表中，同一个字段名下有若干个数据项，而数据项的值取决于该数据项所在记录行的变化，所以称它为字段变量。

字段变量的数据类型有：字符型、货币型、数值型、浮点型、日期型、日期时间型、双精度型、整型、逻辑型、备注型、通用型、字符型（二进制）、备注型（二进制）。

2. 内存变量

内存变量是存储在内存中的变量。用户定义的内存变量是一种临时工作单元，它独立于数据表，通常用来保存运算的中间结果，或用于控制程序流程。内存变量可以分为系统内存变量和用户自定义的内存变量。

系统内存变量是 Visual FoxPro 自动创建和命名的变量，以下画线作为开始字符。例如，_PAGENO 就是一个系统内存变量。

用户自定义内存变量是用户自己定义的内存变量。每一个内存变量都必须有一个固定的名称，由字母、数字和下画线组成，**但不能以数字作为开始字符**，长度可以达到 128 个字符。

给内存变量命名时要注意以下三个问题：

◎　一般不使用 Visual FoxPro 的关键字作为内存变量名。

◎　因为系统内存变量名以下画线作为开始字符，所以命名内存变量时，一般不以下画线作为开始字符，以避免与系统内存变量重名。

◎　内存变量最好不与字段变量同名，当内存变量与字段变量同名时，字段变量优先，这时如要引用内存变量，可以在内存变量名前加“M.”来访问它。

（1）内存变量赋值命令

格式一：<内存变量> = <表达式>

将右边表达式的值赋给左边的内存变量。例如：

```
nMyVariable ="数据库"
```

格式二：STORE <表达式> TO <内存变量表>

将命令中表达式的值同时赋给一组内存变量。例如：

```
STRORE 123 TO nMyVariable1,nMyVariable2,nMyVariable3
```

执行该命令后，内存变量 nMyVariable1、nMyVariable2、nMyVariable3 的值均为 123。

（2）内存变量输出命令

```
格式：?/ ?? <表达式>
```

输出表达式的值。“?”表示换行输出，“??”表示不换行输出。例如：

```
?? nMyVariable1,nMyVariable2,nMyVariable3
结果为：123            123            123
```

3.3 运算符与表达式

VFP 6.0 中常用的运算符有算术运算符、字符运算符、日期时间运算符、关系运算符和逻辑运算符。用运算符把常量、变量、字段、对象属性、数组、函数等连接起来的式子称为表达式。单独一个常量、变量或函数也可看做是一个表达式。

1. 算术运算符与算术表达式

算术运算符用于对数值型数据进行算术运算，算术运算符如表 3.1 所示。

表 3.1 算术运算符

运 算 符	操 作	示 例	结 果
( )	用于构成一个子表达式，改变操作的顺序	(12-3)*(18/6)	27
**或^	乘方运算	3^3	27
%	求余运算	16%9	7
*	乘法运算	3*6	18
/	除法运算	49/7	7
+	加法运算	5+3	8
-	减法运算	118-25	93

算术运算符的优先级依次为括号、乘方、乘法和除法、求余、加法和减法。同级运算从左到右依次计算。

算术运算符连接数值型数据可以组成算术表达式，算术表达式的运算结果为数值型数据。

2. 字符运算符与字符表达式

字符运算符用于字符串的连接运算，其运算结果是将两个字符串连接起来。字符运算符如表 3.2 所示。

表 3.2　字符运算符

运　算　符	操　　作	示　　例	结　　果
+	连接两个字符串	"This is "+"a book"	"This is a book"
-	连接两个字符串时，将前一字符串尾部的空格移到后一个字符串的尾部	"This is "-"a book"	"This isa book "
$	包含比较运算，用于确定一个字符串是否包含在另一个字符串中	"mother" $ "Grandmother"	.T.

字符运算符的优先级是+、-、$。同级运算从左到右依次计算。

字符运算符连接字符型数据可以组成字符表达式，字符表达式的运算结果为字符型数据。

3. 逻辑运算符与逻辑表达式

逻辑运算符用于对逻辑型数据进行运算，运算的结果仍然是一个逻辑型数据。逻辑运算符如表 3.3 所示。

表 3.3　逻辑运算符

运　算　符	操　　作	示　　例	结　　果
NOT（或!）	逻辑非，用于取反一个逻辑值	!(3>4)	.T.
AND	逻辑与，用于对两个逻辑值进行与操作	(8>6) AND (3>4)	.F.
OR	逻辑或，用于对两个逻辑值进行或操作	(8>6) OR (3>4)	.T.

逻辑运算符的运算规则如表 3.4 所示。

需要说明的是 a≤x≤b，应该表示为 a<=x AND x<=b。

逻辑运算符的优先级是括号、NOT（或!）、AND、OR。同级运算从左到右依次计算。

用逻辑运算符组成的表达式是逻辑表达式，逻辑表达式的运算结果仍然为逻辑型数据。

表 3.4　逻辑运算符运算规则

A	B	A AND B	A OR B	NOT A
.T.	.T.	.T.	.T.	.F.
.T.	.F.	.F.	.T.	.F.
.F.	.T.	.F.	.T.	.T.
.F.	.F.	.F.	.F.	.T.

4. 关系运算符与关系表达式

关系运算符用于对字符型、数值型、日期型数据进行比较运算，然后返回一个逻辑值来表示所比较的关系是否成立。关系运算符如表 3.5 所示。

表 3.5　关系运算符

运　算　符	操　　作	示　　例	结　　果
<	小于比较运算	5<6	.T.
>	大于比较运算	5>6	.F.
=	等于比较运算	5=6	.F.
<>，#，!=	不等于比较运算	5<>6	.T.
<=	小于或等于比较运算	5<=6	.F.
>=	大于或等于比较运算	5>=6	.F.
==	字符串等于比较运算	'ABC'=='ACC'	.F.

只有相同类型的数据才能进行比较，因此使用关系运算符比较数据时，运算符两边的数据类型必须相同。关系运算符两边的表达式只能是数值型、字符型、日期时间型。关系运算符比较数据的法则是：

◎ 数值按其大小进行比较。

◎ 字符按其 ASCII 码值的大小进行比较。

◎ 字符串按从左到右的顺序，依次比较每一个位置上的字符，直到得出比较结果为止。

◎ 日期型数据按日期的先后进行比较。

关系运算符的优先级相同，按从左到右的顺序依次进行运算。

用关系运算符组成的表达式是关系表达式，关系表达式的运算结果为逻辑型数据。

5. 日期时间运算符与日期时间表达式

对于日期型和日期时间型数据，只有“+”和“–”两个运算符，如表 3.6 所示。

表 3.6 日期时间运算符

运 算 符	操 作	示 例	结 果
+	相加运算	{1986/01/01}+10	{1986/01/11}
–	相减运算	{1997/10/23}-{1997/10/10}	13

用日期时间运算符组成的表达式是日期时间表达式。两个日期型数据相减，结果是一个数值型数据（两个日期相差的天数）。一个日期型数据和一个表示天数的数值型数据相加，结果仍然是日期型数据。一个日期型数据和一个表示天数的数值型数据相减，结果仍然是日期型数据。

6. 运算符的优先级

在字符运算符、日期时间运算符、算术运算符、关系运算符、逻辑运算符混合运算的表达式中，VFP 6.0 会按一定的顺序进行计算，各种运算符的优先顺序如表 3.7 所示。

表 3.7 运算符优先顺序

优 先 顺 序	运算符类型	运 算 符
1	算术运算符	–（取负）
2		**或^（乘方）
3		*、/（乘法和除法）
4		%（取余运算）
5		+、–（加法和减法）
6	字符运算符	+、–（字符串连接）
7	关系运算符	<、>、=、<>、<=、>=、==
8	逻辑运算符	NOT（逻辑非）
9		AND（逻辑与）
10		OR（逻辑或）

运算符的优先级为算术运算符>字符运算符>关系运算符>逻辑运算符。当运算符的优先级相同，按从左到右的顺序依次进行运算。另外，可以使用括号改变运算符的优先顺序，强制表达式的某些部分优先运算。

3.4 数　　组

数组是按一定顺序排列的一组内存变量，数组中的各个变量被称为数组元素，每个数组元素在内存中独占一个内存单元，视为一个简单的内存变量。为了区分不同的数组元素，每一个数组元素都是通过数组名和下标来访问的。

在 VFP 6.0 系统环境下，同一个数组元素在不同时刻可以存放不同类型的数据，在同一个数组中，每个元素的值可以是不同的数据类型。

1. 定义数组

数组必须先定义后使用，定义数组命令的基本格式如下。

命令格式：

DIMENSION|DECLARE <数组名> （<下标 1>[，<下标 2>]）[,<数组名> （<下标 1>[，<下标 2>]）…]

命令功能：定义一维数组或二维数组。

参数说明：

数组名：指定数组的名字。数组名命名规则与内存变量命名规则相同。

下标：如果只有下标 1，则定义的是一维数组；如果有下标 1 和下标 2，则定义的是二维数组。依次类推，还可以定义三维数组。

…：表示可以按前面的格式重复。

数组变量刚定义时，每个数组元素的初值均为逻辑假值（.F.)。系统规定，数组下标从 1 开始编号。

【例 3-1】　定义一个一维数组和一个二维数组。

```
DIMENSION ArrayName（4），ArrayNum（3,2）
```

上面的命令定义了一个一维数组 ArrayName，定义了一个二维数组 ArrayNum。其中一维数组 ArrayName 包含 4 个数组元素，分别是 ArrayName（1）、ArrayName（2）、ArrayName（3）、ArrayName（4）。二维数组 ArrayNum 包含 6 个数组元素，分别是 ArrayNum（1,1）、ArrayNum（1,2）、ArrayNum（2,1）、ArrayNum（2,2）、ArrayNum（3,1）、ArrayNum（3,2）。

2. 给数组元素赋值

内存变量的赋值命令也可以给数组元素赋值。给数组元素赋值时，可以分别给数组元素赋不同的值，也可以给一个数组的全部元素赋同一个值。

【例 3-2】　给数组赋值。

```
ArrayName='FoxPro'
ArrayNum(1,1)=16
STORE 22 TO ArrayNum(2,2)
```

其中，第一条命令给 ArrayName(4)数组的四个元素赋了相同的值：FoxPro；第二条命令给数组元素 ArrayNum(1,1)赋值为 16；第二条命令给数组元素 ArrayNum(2,2)赋值为 22。

数组提供了一种对信息快速排序的方法。当信息存于数组中时，可以方便地对它们进行查询、排序等操作——可以从数组中提取或保存数据，也可以将表中的数据转化为数组的形式或者将数组中的数据存于表中。VFP 对数组的大小和类型不加任何限制，唯一的限制是内存空间的大小。

3.5 函　　数

所谓函数就是针对一些常见问题预先编好的一系列子程序，在应用时当遇到此类问题就可以调用相应的函数。

VFP 6.0 提供了大量的系统函数供编程人员使用。函数有函数名、参数（有的函数默认参数）和函数值三个要素。函数的一般形式：

```
函数名(自变量表)
```

其中，函数名是系统规定的。自变量表可以是一个自变量或多个自变量，也可以为空，即：函数名()，函数名后面的括号不能省略。

1. 函数类型

所谓函数的类型就是函数值的类型。了解函数的类型很重要，可以通过这些函数所带的文档来了解，也可以使用 TYPE 函数。例如：

```
?TYPE("DATE()")                    &&显示 D，表明 DATE()是日期型函数
```

使用 TYPE 函数时要注意括号内的双引号不能省略。

2. 常用函数

VFP 6.0 提供了大量的系统函数供编程人员使用，了解和掌握常用函数的功能和使用方法，会起到事半功倍的作用。VFP 6.0 提供的常用函数如表 3.8 所示。

表 3.8　常 用 函 数

类　型	函　数	功　能	示　例	结　果
数值函数	RAND(表达式)	产生 0～1 之间的随机数		
	SQRT(表达式)	求平方根	SQRT(16)	4.00
	INT(表达式)	返回表达式的整数部分	INT(6.36)	6
	MOD(表达式 1，表达式 2)	求表达式 1 除以表达式 2 的余数	MOD(9,2)	1
	ABS(表达式)	求表达式的绝对值	ABS(-6)	6
字符串函数	SUBSTR(字符串表达式,n[,m])	从字符串表达式中提取从第 n 个字符开始的 m 个字符的子串。若省略 m，则取从第 n 个字符开始的所有字符	SUBSTR(Beijing,4)	jing
	LEFT(字符串表达式,n)	从字符串表达式的左边取长度为 n 的子串	LEFT(Beijing,3)	Bei
	RIGHT(字符串表达式,n)	从字符串表达式的右边取长度为 n 的子串	RIGHT(Beijing,4)	jing
	LEN(字符串表达式)	求字符串表达式的长度	LEN(Beijing)	7
	UPPER(字符串表达式)	将字符串表达式中的小写字母转换为大写字母，其余不变	UPPER(Bei)	BEI
	LOWER(字符串表达式)	将字符串表达式中的大写字母转换为小写字母，其余不变	LOWER(Bei)	bei

续表

类　型	函　　数	功　　能	示　　例	结　　果
日期函数	DATE()	返回系统当前日期		
	YEAR(表达式)	取日期表达式的年份值	YEAR(^2009/05/16)	2009
	MONTH(表达式)	取日期表达式的月份值	MONTH(^2009/05/16)	5
	DAY(表达式)	取日期表达式中日的数值	DAY(^2009/05/16)	17
	CTOD(表达式)	将字符串表达式转换为日期	CTOD("05/16/09")	05/16/09
	DTOC(表达式)	将日期表达式转换为字符串	DTOC(^2009/05/16)	"05/16/09"

3. 调用函数

（1）将函数的返回值赋给某个变量

```
dToday = DATE()
```

使用变量 dToday 保存当前系统日期。

（2）在 VFP 6.0 命令中包含函数调用

```
CD GETDIR()
```

使用 GETDIR()函数的返回值设置默认路径。

（3）在活动输出窗口中输出返回值

```
? TIME()
```

在 VFP 6.0 主窗口中输出当前系统时间。

（4）调用函数但不保存其返回值

```
SYS(2002)
```

关闭临时表。

（5）函数嵌套

```
? DOW(DATE())
```

输出今天是星期几。

本章小结

1. 数据类型是对于变量允许的值和值的范围的说明。VFP 6.0 提供了多种数据类型：字符型、数值型、整型、浮点型、双精度型、日期型、日期时间型、货币型、逻辑型、通用型、备注型。

2. VFP 6.0 的数据类型分为两大类，一类适用于变量和数组，另一类适用于表中字段。

3. 常量指在程序的整个操作过程中始终保持不变的量。每个常量都有一个数据类型，字符型、数值型、浮点型、日期型、日期时间型、货币型、逻辑型常量是常用的常量。

4. 变量用于存储用户定义的任一数据类型，在程序运行过程中其值可以动态改变。VFP 6.0 中的变量一般分为字段变量和内存变量。

5. 字段变量是存储在数据表中的变量，指数据表中已定义的任意一个字段。内存变量是存储在内存中的变量。系统内存变量是 Visual FoxPro 6.0 自动创建和命名的变量，以下画线作为开始字符。

6. VFP 6.0 中常用的运算符有算术运算符、字符运算符、日期时间运算符、关系运算符和逻辑运算符。

7. 运算符的优先级为：算术运算符>字符运算符>关系运算符>逻辑运算符。当运算符的优先级相同，按从左到右的顺序依次进行运算。

8. 数组是按一定顺序排列的一组内存变量，数组中的各个变量称为数组元素。VFP 6.0 对数组的大小和类型不加任何限制，唯一的限制是内存空间的大小。

9. 所谓函数就是针对一些常见问题预先编好的一系列子程序，在应用时当遇到此类问题就可以调用相应的函数。

习题 3

一、填空

1. VFP 6.0 的数据类型分为两大类，一类适用于__________，另一类适用于__________。
2. 数据类型是决定变量或字段存储何种类型数据的属性，即数据的__________和__________。
3. __________指在程序的整个操作过程中始终保持不变的量。
4. __________用于存储用户定义的任一数据类型，在程序运行过程中其值可以动态改变。
5. VFP 6.0 中的变量一般分为__________和__________。
6. VFP 6.0 中常用的运算符有__________、__________、__________、__________和__________。
7. VFP 6.0 提供了大量的系统函数供编程人员使用。函数有__________、__________和__________三个要素。
8. 表达式 35/5*3 的运算结果是__________。
9. 用一条命令给 A1、A2 同时赋以数值 20 的语句是__________。
10. 命令?LEN("THIS IS MY BOOK")的结果是__________。
11. DATE()返回值的数据类型是__________。
12. 字符型常量是用__________、__________或__________括起来的字符串。
13. 关系表达式的运算结果只有两个值：__________和__________。
14. 设工资=1200，职称=“教授”，逻辑表达式：工资>1000.AND.（职称="教授".OR.职称="副教授"）的值是__________。
15. SUBSTR("1999",3))的值是__________。
16. 如果一个表达式中包含算术运算、关系运算、逻辑运算时，则运算的优先级最高的是__________。
17. 如果一个表达式中包含算术运算、关系运算、逻辑运算时，则运算的优先级最低的是__________。

二、选择

1. 下面的说法中正确的是__________。
   A．在 Visual FoxPro 中使用一个普通变量之前要先声明或定义
   B．在 Visual FoxPro 中数组的各个数据元素的数据类型可以不同
   C．定义数组以后，系统为数组的每个数据元素赋以数值 0
   D．数组的下标下限是 0
2. 以下常量中格式正确的是__________。
   A．$2.34E　　B．"联想"计算机　　C．.False.　　D．{^2002 / 9 / 25}
3. Visual FoxPro 内存变量的数据类型不包括_____。
   A．数值型　　B．货币型　　C．备注型　　D．逻辑型
4.DIMENSION a(3,4)语句定义的数组元素个数是__________。
   A．12　　B．7　　C．20　　D．24
5. 逻辑表达式只有__________两个值。
   A．真(.T.)和假(.F.)　　B．0 和 1　　C．1 和 1　　D．正和负

6．下面字段名表达正确的是__________。

A．2003　　B．modify　　C．china_1　　D．￥dollars

7．对数值进行求四舍五入的函数是__________。

A．MOD()　　B．MAX()　　C．ROUND()　　D．SQRT()

8．DATE()函数__________。

A．返回当前系统日期

B．返回以字符类型表示的<日期表达式>代表该天是星期几

C．返回当前的系统时间

D．返回当前的系统日期和时间

三、问答题

1. Visual FoxPro 6.0 提供了哪些数据类型？
2. 什么是常量？在 Visual FoxPro6.0 中可以使用哪些常量？
3. 什么是变量？变量有哪些形式？
4. 在 Visual FoxPro 6.0 中变量中的命名规则是什么？
5. Visual FoxPro 6.0 提供了哪些运算符？
6. Visual FoxPro 6.0 共有几种表达方式？根据什么确定表达式的类型？

第 4 章　数据库和表

本章知识目标

- 掌握数据库设计方法和创建方法
- 掌握使用表设计器和表向导创建表的方法
- 掌握表和数据库的操作方法
- 理解工作区的概念
- 掌握创建表间关系的方法

数据库和表对于数据库应用系统来说是两个非常重要的概念，初学者如果能深入透彻地理解数据库、表和关系，将会为后面的学习打下良好的基础，同时也将给用 Visual FoxPro 开发数据库应用程序带来一定的帮助。

在 Visual FoxPro 6.0 中，表是关系数据库管理系统中处理数据的基本单元，扩展名为.DBF。数据库主要用来组织和联系表，其扩展名为.DBC。一个数据库中一般包含一个或多个相互关联的表、本地视图、远程视图、到远程数据源的连接和存储过程。

本章主要介绍创建数据库和表的方法，使用数据库和表的方法，索引的建立和使用方法，使用多个表的方法等。

4.1　数据库设计方法

在 Visual FoxPro 中，数据库是开发应用程序的基础，数据库设计得好坏是决定应用程序能否开发成功的关键。正确地构造表的结构，合理地设计数据库，不仅可以准确地提供信息，高效地维护数据，还可以方便用户操作，提高用户的工作效率，起到事半功倍的作用。

4.1.1　数据库设计步骤

无论使用 Visual FoxPro 开发任何数据库应用程序，数据库的设计方法基本上都是一样的。

1. 确定应用程序的目的

确定所设计的应用程序所具备的功能、应用范围、所需要的信息，以及如何使用这些信息。

2. 收集和规划数据

根据所设计的应用程序的功能，收集所要的数据。再根据数据间的关系，把数据划分成

若干个相对独立的部分，每一部分存储在一个表中。

3. 确定表的结构

为每个表确定要保存的信息，即字段个数、字段名称、字段数据类型、字段大小等。

4. 确定表间关系

根据数据的规划原则和程序设计过程中使用数据的需要，确定数据库中表间数据的关系，即如何在表间建立数据的横向联系。

5. 定义数据库增强特性

确定实体完整性规则、参数完整性规则、有效性检验和其他特性等。

6. 改进表的结构

反复分析所需的数据，以免遗漏或出现不必要的重复，确保设计方案考虑全面，表的结构正确合理。

4.1.2　数据库设计方法举例——网上书店系统

以“网上书店系统”为例，说明数据库的设计方法。“网上书店系统”是一个典型的中小型电子商务网站，涵盖了电子商务网站的基本功能。“网上书店系统”的主要功能是按照商品类别对商品进行分类显示，用户可以网上浏览商品，对于感兴趣的商品，可以进行购买，购买商品的用户必须是本系统的注册用户，注册用户只有登录到本系统中，才能购买商品。用户选择商品后，可以将商品添加到购物车中，并能对购物车中的商品进行预览，在购物车中，会显示商品的价格及从购物车中将商品删除的选项。此外，本系统还提供了在线下达订单的及订单预览功能，使用户在网上实现对商品的采购。由于实现本系统需要创建十几个表文件，比较复杂，因此只选择其中的四个表，实现系统的部分功能。

1. 确定应用程序的目的

根据“网上书店系统”的要求，建立的数据库要能够存储用户的基本信息、商品信息（书的信息）和订货信息等。另外根据用户要求，数据库还要具有根据各种情况进行统计和查询的功能。例如统计每一本书的销量，统计用户本次的订货信息并生成订单，统计用户单位时间内的消费总额，查询符合各种条件的商品信息等。根据以上分析，明确应处理哪些数据，如何处理数据，以及如何生成各种报表。

2. 收集和规划数据

用户的要求往往是非常多的，根据用户的要求和上面的分析所收集到的数据也是非常繁杂的。如何给数据进行分类，如何确定数据间的关系，就是这一步要解决的问题，这一步也是较难、较关键的一步。

通过上面的分析，明确了应用程序的功能，于是把要处理的数据分成三类：用户基本信息、商品信息（书的信息）、订货信息和订单。

在设计数据库中的表时要注意：

（1）把数据按照应用程序的功能和数据间的关系进行合理的分类。

（2）根据数据的分类确定所需要的表的个数及表中要存储的信息。

（3）在确定表中信息时尽量避免重复。

3. 确定表的结构

根据表的用途确定表中要存放的信息，从而进一步确定表的结构，即表中字段个数、字段名称、字段数据类型和字段大小等。

表4.1～表4.4是为网上书店系统设计的四个表的结构。

表4.1 用户基本信息数据表结构

字段名称	数据类型	字段长度	小数位数
用户名	字符型	20	
密码	字符型	10	
电子邮箱	字符型	80	
姓名	字符型	20	
性别	字符型	2	
国家	字符型	80	
城市	字符型	80	
区县	字符型	80	
地址	字符型	80	
邮政编码	字符型	6	
电话	字符型	80	

表4.2 商品信息数据表结构

字段名称	数据类型	字段长度	小数位数
商品编号	字符型	10	
书名	字符型	80	
图片	通用型	4	
作者	字符型	80	
出版社	字符型	80	
出版时间	日期型	8	
版次	数值型	2	
印刷时间	日期型	8	
ISBN	字符型	13	
所属分类	字符型	20	
定价	货币型	8	
售价	货币型	8	
简介	备注型	4	

表 4.3　订货信息数据表结构

字段名称	数据类型	字段长度	小数位数
订单编号	字符型	16	
商品编号	字符型	10	
书名	字符型	80	
定价	货币型	8	
售价	货币型	8	
数量	数值型	5	

表 4.4　订单数据表结构

字段名称	数据类型	字段长度	小数位数
用户名	字符型	20	
订单编号	字符型	16	
收货人	字符型	20	
国家	字符型	80	
城市	字符型	80	
区县	字符型	80	
地址	字符型	80	
邮政编码	字符型	6	
电话	字符型	20	
送货方式	字符型	20	
付款方式	字符型	20	

4. 确定表间关系

为了方便程序设计，把要处理的数据分成了若干个相互独立的表。但在程序设计时，表中的数据并不是绝对独立的，有时只需要一个表中的数据，有时需要两个表，甚至是多个表中的数据，这就要求数据库中不同表间的数据能够按照一定的关系重新进行组合，这个关系就是要建立的表间关系。

在上面建立的四个表中，可以通过“用户名”字段建立用户基本信息表与订单表的关联，通过“商品编号”字段建立商品信息表与订货信息表的关联，通过“订单编号”字段建立订货信息表与订单表的关联。

5. 定义数据库的增强特性

确定实体完整性规则，参照完整性规则，有效性检验和其他特性。具体实现方法后面将做具体介绍。

4.2　创建数据库和表

在 Visual FoxPro 6.0 中，表有两种类型，即自由表和作为数据库一部分的数据库表，它们的扩展名都为.DBF。数据库表和自由表可以相互转换，当一个自由表被添加到某一个数据库中时就成了数据库表，当数据库表从数据库中移出时就成了自由表。数据库表只能属于一个数据库，如想将数据库表添加到其他数据库中时，应先将其变为自由表，然后再添加到其他数据库中。

4.2.1 创建数据库

创建数据库有三种方法：使用数据库设计器，使用数据库向导，使用命令。用户可以在项目管理器中创建数据库文件，也可以通过“文件”菜单创建数据库文件。

1. 在项目管理器中创建数据库

项目管理器用来组织和管理项目中的文件。使用 Visual FoxPro 6.0 开发应用程序时，一般都是在项目管理器中创建和管理文件。下面以建立“网上书店”数据库为例说明在项目管理器中建立数据库的过程。

（1）打开“网上书店系统”项目管理器。

（2）单击“数据”选项卡，然后选择“数据库”选项，如图 4.1 所示。也可以选择“全部”选项卡，单击“数据”前的“+”，再选择“数据库”选项，然后单击“新建”按钮。

（3）弹出如图 4.2 所示的“新建数据库”对话框，单击“新建数据库”按钮，此时系统会打开“创建”对话框。

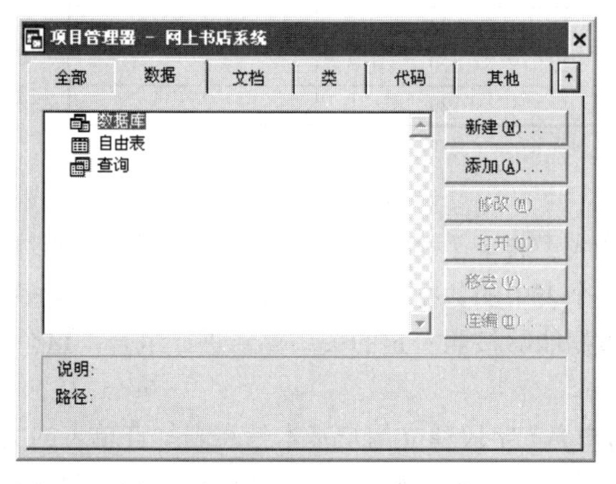

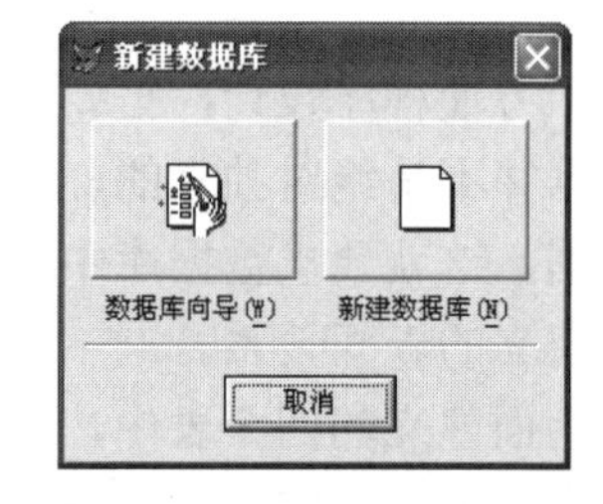

图 4.1 选择“数据”选项卡中的“数据库”选项

图 4.2 “新建数据库”对话框

（4）单击“保存在”右侧的按钮，从打开的下拉列表中确定保存文件的路径为“D:\网上书店系统”。在“数据库名”右侧的文本框中输入数据库文件名“网上书店”，如图 4.3 所示。然后单击“保存”按钮，此时系统会显示数据库设计器窗口，如图 4.4 所示。

【说明】 如果读者在学习第 1 章配置系统环境时，已将“默认目录”修改为“网上书店系统”，系统会将工作时建立的文件自动保存在默认工作目录中。

至此，数据库已经建立完毕，里面没有任何内容，是一个空的数据库。单击数据库设计器窗口的“关闭”按钮，返回项目管理器。这时可以看到项目管理器中已经出现了“网上书店”数据库文件，而且其下自动包含了表、本地视图、远程视图、连接和存储过程五项内容，如图 4.5 所示。读者可以向已建好的数据库中添加表和其他对象。另外，在项目管理器窗口下部的文件说明区域可以看到所建立的数据库文件的路径及文件名。

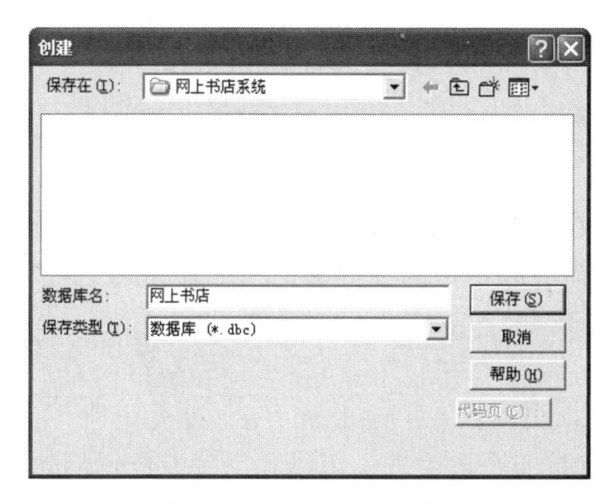

图 4.3　“创建”对话框

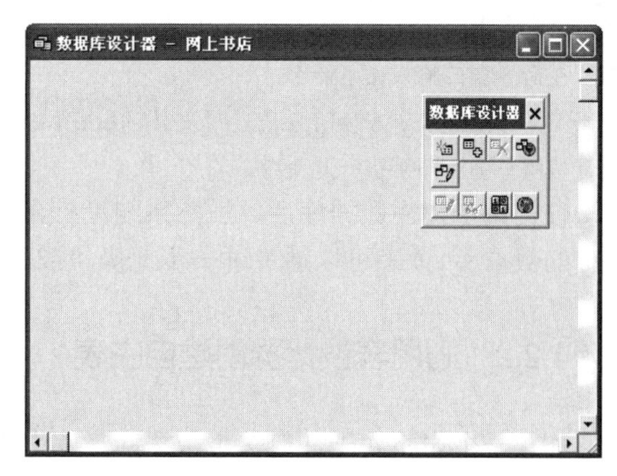

图 4.4　数据库设计器

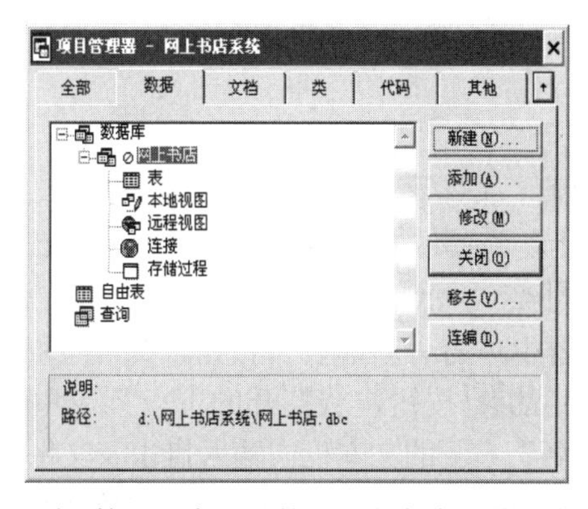

图 4.5　项目管理器中显示的“网上书店”数据库的内容

2. 通过“文件”菜单创建数据库

也可以不使用项目管理器而单独建立一个数据库文件，需要时，再把它添加到项目管理器中。具体操作方法如下：

（1）在系统菜单中，选择“文件”下拉菜单中的“新建”选项，此时系统将打开“新建”选择框。

（2）选择“数据库”单选按钮，然后单击“新建文件”按钮，此时系统会打开“创建”对话框。

（3）单击“保存在”右侧的▼按钮，从打开的下拉列表中确定保存文件的路径，在“数据库名”右侧的文本框中输入数据库文件名，然后单击“保存”按钮，此时系统会显示数据库设计器窗口。当然，这时建立的数据库里面也没有任何内容，是一个空的数据库。

3. 通过命令创建数据库

命令格式：

```
CREATE DATABASE [数据库名|?]
```

功能：创建一个数据库并以独占的方式打开它。

参数说明：

数据库名：指定要创建的数据库的名称。

? 或不带任何参数：显示创建对话框，用于指定要创建的数据库的名称。

【例 4-1】 在 D 盘“网上书店系统”文件夹下建立一个数据库文件：网上书店。

在命令窗口输入如下命令：

```
CREATE DATABASE D:\网上书店系统\网上书店.DBC
```

按回车键后即可执行此命令。

使用命令建立数据库后，虽然系统没有显示数据库设计器，但它确实存在，而且也是一个空的数据库。读者可以通过进一步地操作或使用命令和函数向数据库中添加表和其他对象。

4.2.2 利用表设计器创建自由表

如果一个表不属于任何一个数据库，那么它就是一个自由表。可以利用表设计器创建自由表，在需要时，再把它添加到数据库中。以表 4.1 中确定的“用户基本信息”表结构为例，说明在项目管理器中利用表设计器创建自由表的过程。

1. 启动表设计器

（1）打开“网上书店系统”项目管理器。

（2）单击“数据”选项卡，选择“自由表”选项，然后单击“新建”命令按钮，系统会给出“新建表”选择框，如图 4.6 所示。

（3）在“新建表”选择框中单击“新建表”按钮，系统会打开“创建”对话框。

（4）单击“保存在”右侧的▼按钮，从打开的下拉列表中确定保存文件的路径为“D:\网上书店系统”。在“输入表名”右侧的文本框中输入自由表文件名“用户基本信息”，然后单击“保存”按钮，即可启动表设计器，如图 4.7 所示。（表设计器窗口包含“字段”、“索引”和“表”三个选项卡。）

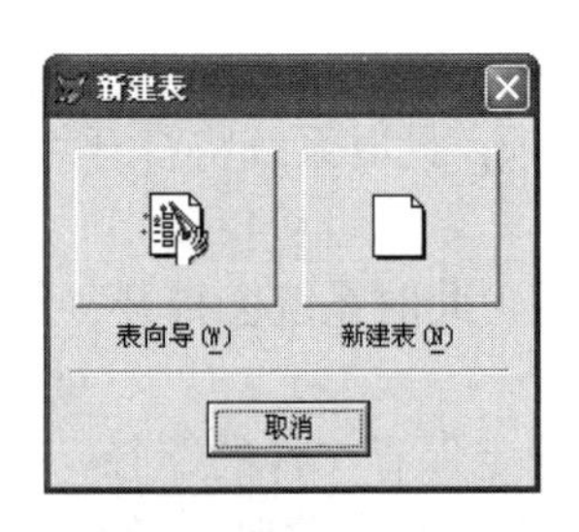

图 4.6 “新建表”选择框

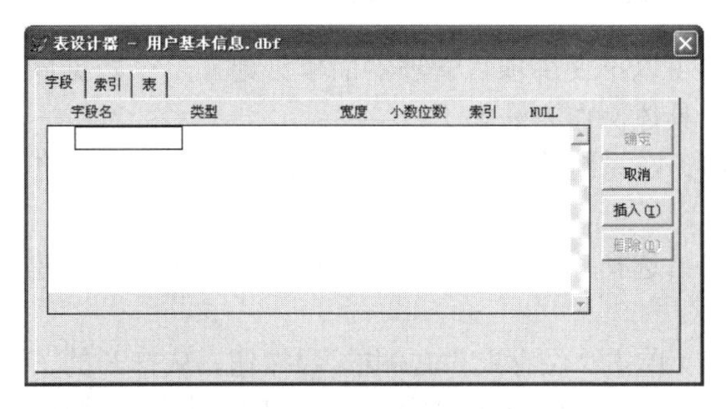

图 4.7 表设计器

另外，使用菜单也可以创建自由表。使用菜单启动表设计器的方法如下：

（1）关闭所有处于打开状态的数据库文件。

（2）选择“文件”下拉菜单中的“新建”选项，或选择“常用”工具栏上的“新建”按钮，打开“新建”选择框。

（3）选择文件类型中的“表”单选按钮，然后单击“新建文件”按钮，打开“创建”对话框。

（4）在“输入表名”文本框中输入文件名，在“保存在”下拉列表中确定保存文件的文件夹，然后单击“保存”按钮， 即可打开如图 4.7 所示的表设计器。

2. 输入表结构

根据表 4.1“用户基本信息”表结构输入。

（1）单击“字段”选项卡，在“字段名”下方单击，出现输入提示符后，输入第一个字段的字段名“用户名”，此时系统将自动在“类型”下显示“字符型”，在“宽度”下显示 10。

（2）字段类型是一个下拉列表，列表中给出了供选择的所有数据类型。由于本字段是字符型，所以无需再做选择。如果需要设置字段类型，可以单击“类型”下边的▾按钮，并从显示的列表中选择所需的字段类型。

（3）在“宽度”处输入或选择“微调”按钮设置宽度值为 20。

（4）该字段没有小数位数，所以不需设置该选项的值。如果需要设置“小数位数”，其设置方法与设置宽度值的方法相同。

至此第一个字段的定义已输入完毕，如图 4.8 所示。输入下一字段定义时，首先用鼠标在下一行空白栏处单击，出现输入提示符后即可按上面介绍的方法输入其他字段的定义。这里不再介绍其他字段定义的输入过程，请读者根据“用户基本信息”表结构自行完成。

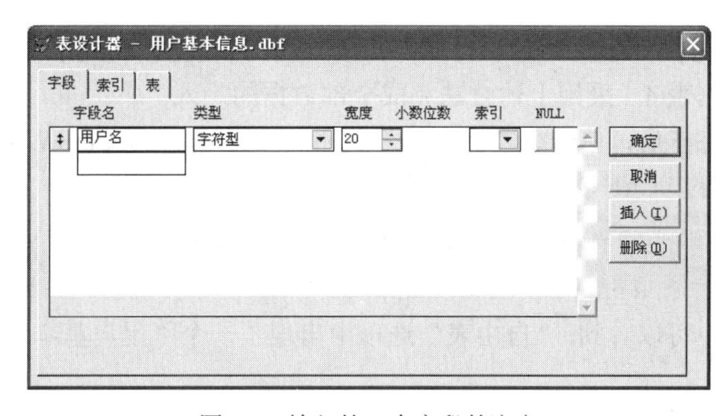

图 4.8　输入第一个字段的定义

3. 保存表结构

表结构输入完毕后，单击“确定”按钮，系统会显示如图 4.9 所示的对话框，询问“现在输入数据记录吗？”。如不需输入，请单击“否”按钮。这里请单击“是”按钮，系统打开“用户基本信息”编辑窗口，如图 4.10 所示，用于输入数据。

图 4.9　“现在输入数据记录吗？”提示对话框

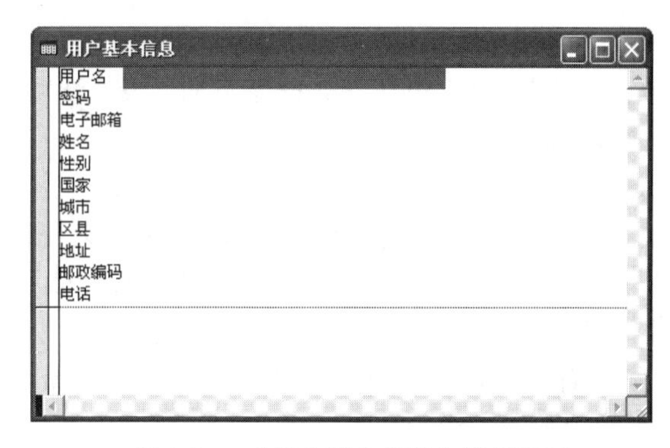

图 4.10　“用户基本信息”编辑窗口

4. 输入数据

用户基本信息.dbf 表中数据如表 4.5 所示。

表 4.5 用户基本信息表数据

用户名	密码	电子邮箱	姓名	性别	国家	城市	区县	地址	邮政编码	电话
YIFANG	111111	YI@sohu.com	易芳	女	中国	北京	西城区	花园 1 号	100000	64378116
LIYU	222222	LI@sohu.com	李育	男	中国	北京	东城区	花园 2 号	100001	62254386
YIYI	333333	YI@sina.com	依依	女	中国	上海	虹口区	花园 3 号	100002	62527548
ZHANGHAO	444444	HAO@sina.com	张浩	男	中国	广州	白云区	花园 4 号	100003	65270001
FANGUANG	555555	FAN@263.com	繁光	男	中国	上海	徐汇区	花园 5 号	100004	32520860
YUYAN	666666	YU@263.com	雨雁	女	中国	天津	河北区	花园 6 号	100005	83456071
LIUYU	777777	LIU@sohu.com	刘玉	女	中国	北京	朝阳区	花园 7 号	100006	73528653
…	…	…	…	…	…	…	…	…		

（1）在“用户名”字段处单击，出现输入提示符后，输入“YIFANG”，并按 Enter 键使光标跳到下一个字段。

（2）在“密码”字段处输入“111111”，并按 Enter 键使光标跳到下一个字段。

（3）请读者依据表 4.5 采用上述方法完成全部数据的录入。

（4）数据输入完毕后，单击编辑窗口的“关闭”按钮 ✖ 或按 Ctrl+W 组合键保存数据，返回项目管理器。若按 Ctrl+Q 组合键则放弃保存。

【说明】 （1）输入“性别”字段的值时，由于输入的字符数与该字段的宽度相同，所以光标会自动跳到下一个字段。（2）输入完一条记录后，系统会自动添加下一条记录。

在项目管理器中可以看到，“自由表”选项中出现了一个“用户基本信息”表。

4.2.3 利用表设计器创建数据库表

所谓数据库表是指属于某个数据库的表，因此在创建数据库表之前，必须先打开相应的数据库。若该数据库不存在，就要先创建一个数据库。

下面以表 4.2“商品信息”表结构为例，介绍使用项目管理器创建数据库表的方法。

1. 启动表设计器

（1）打开“网上书店系统”项目管理器。

（2）选择“网上书店”数据库下的“表”选项，如图 4.11 所示。单击“新建”命令按钮，打开“新建表”选择框。

（3）单击“新建表”按钮，系统会打开“创建”对话框。

（4）在“保存在”下拉列表中确定保存文件的文件夹为“D:\网上书店系统”，在“输入表名”文本框中输入数据库表文件名“商品信息”，然后单击“保存”按钮，即可启动“表设计器”，如图 4.12 所示。

可以看到，数据库表设计器具有一些自由表设计器所没有的选项，各个选项的功能及使用方法将在后面介绍。

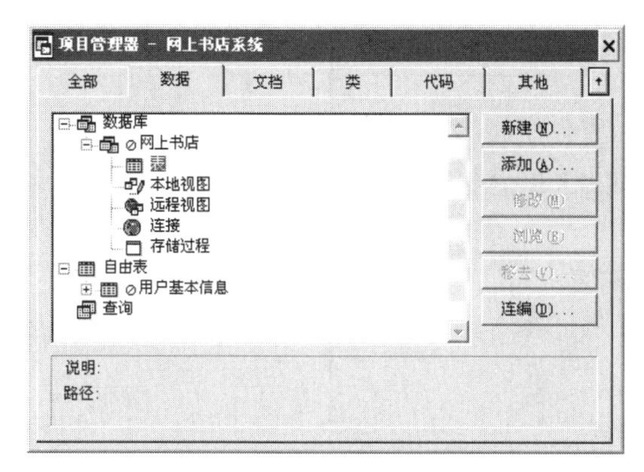

图 4.11　选择“网上书店”数据库下的“表”选项

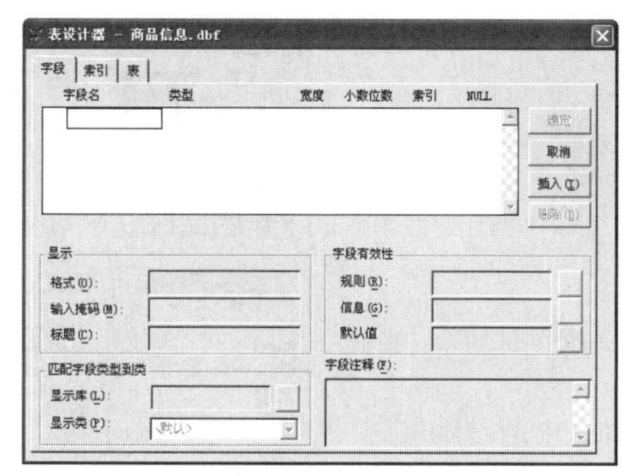

图 4.12　数据库“表设计器”

另外，使用菜单也可以创建数据库表。使用菜单启动数据库表设计器的方法如下：

（1）打开或新建一个数据库文件。

（2）选择“文件”下拉菜单中的“新建”选项，或选择“常用”工具栏上的“新建”按钮，打开“新建”选择框，

（3）选择文件类型中的“表”单选按钮，单击“新建文件”按钮，打开“创建”对话框。

（4）在“保存在”下拉列表中确定保存文件的文件夹，在“输入表名”文本框中输入文件名，然后单击“保存”按钮，即可打开如图 4.12 所示的数据库“表设计器”。

2. 输入数据库表结构

输入数据库表结构的方法与输入自由表结构完全相同，请读者按照表 4.2 的内容自行录入。

3. 保存表结构

表结构输入完毕后，单击“确定”按钮，系统会显示一个对话框，询问“现在输入数据记录吗？”，请单击“否”按钮，返回项目管理器，表中数据留待以后输入。

在项目管理器中可以看到，“网上书店”数据库下的“表”选项中出现了“商品信息”数据库表文件。

4.2.4　利用表向导创建表

利用表向导创建表时，既可以创建自由表，也可以创建数据库表。下面以表 4.4“订单”的表结构为例，说明利用表向导创建数据库表的过程。

1. 启动表向导

（1）打开“网上书店系统”项目管理器，选择“网上书店”数据库下的“表”选项，然后单击“新建”命令按钮，系统会给出“新建表”选择框。

（2）在“新建表”选择框中，单击“表向导”按钮，进入表向导步骤 1，如图 4.13 所示。

2. 选择字段

表向导步骤 1 用于从不同“样表”中选取所需字段进行组合，形成新表结构。“样表”列表框中列出了一些可供选取的表。图中各选项的功能如下：

图 4.13　表向导步骤 1

加入按钮：如果“样表”列表框中没有所需的表，可通过加入按钮添加所需的表到“样表”列表框中。

可用字段：当从“样表”列表框中选择了一个表时，这个表中的所有字段将在可用字段列表框中显示出来。

选定字段：用于显示所选取的字段。

▸：把从“可用字段”列表框中选定的一个字段移到“选定字段”列表框中。

▸▸：把“可用字段”列表框中的所有字段移到“选定字段”列表框中。

◂：把从“选定字段”列表框中选定的一个字段移到“可用字段”列表框中。

◂◂：把“选定字段”列表框中所有字段移到“可用字段”列表框中。

（1）添加表

“样表”列表框中没有所需的表，因此单击“加入”按钮，打开“打开”对话框，选取“D:\网上书店系统”文件夹下的“用户基本信息”表，然后单击“添加”按钮返回表向导步骤 1。可以看到“用户基本信息”表已经被添加到“样表”列表框中了。

（2）选取字段

选择“样表”列表框中的“用户基本信息”表，在“可用字段”列表框中列出了该表的所有字段。单击▸▸按钮，将“可用字段”列表框中的所有字段移到“选定字段”列表框中。选择“选定字段”列表框中“密码”字段，单击◂按钮，将该字段移到“可用字段”列表框中。采用上述方法，依次将“电子邮箱”和“性别”两个字段从“选定字段”列表框移到“可用字段”列表框中，结果如图 4.14 所示。然后单击“下一步”按钮，进入表向导步骤 1a，如图 4.15 所示。

3. 确定创建表的类型

该步骤用于选择是创建自由表还是创建数据库表。本例要创建数据库表，所以选择“将表添加到下列数据库”选项，并选择“网上书店”数据库，在“表名”文本框中输入“订单”。然后单击“下一步”按钮，进入表向导步骤 2，如图 4.16 所示。

4. 修改字段设置

表向导步骤 2 用于修改字段设置，包含字段名、标题、类型、宽度等。但是只有属于数

据库的表才能修改每个字段的标题，而且该数据库必须打开。

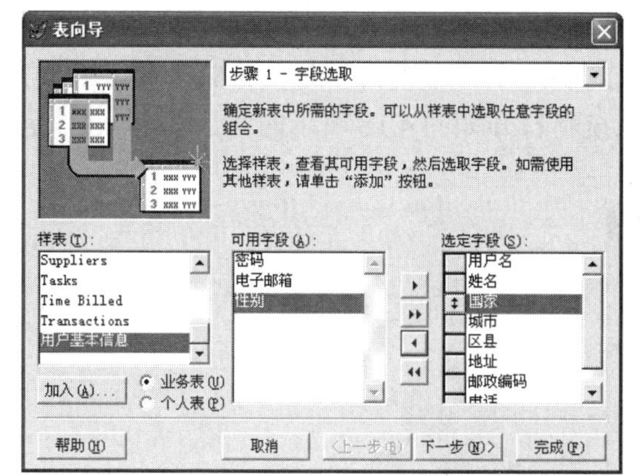

图 4.14　从“用户基本信息”表中选取所需字段

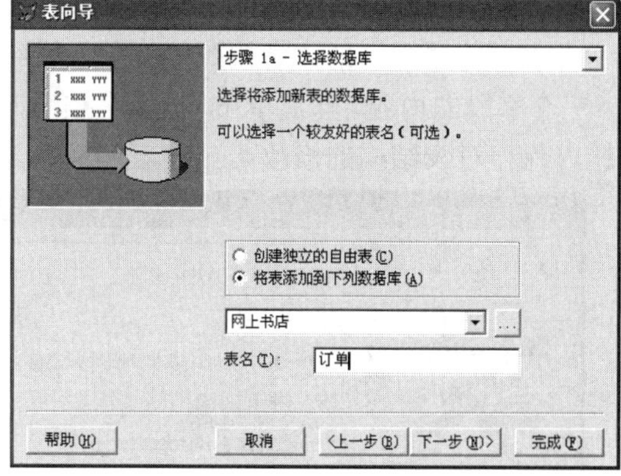

图 4.15　表向导步骤 1a

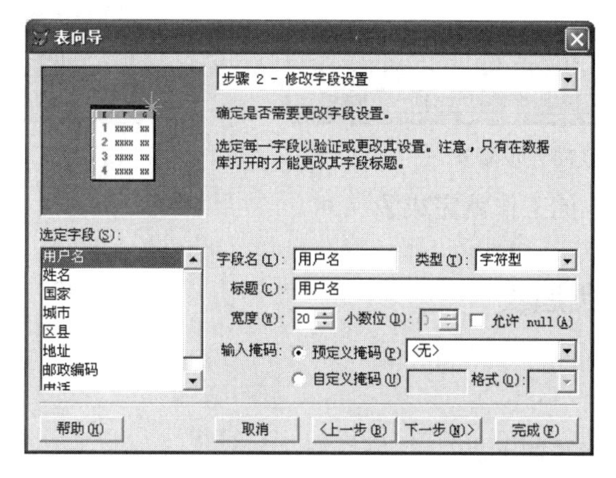

图 4.16　表向导步骤 2

在“选定字段”列表中，选择“姓名”字段，将其字段名修改为“收货人”，标题也修改为“收货人”。这时选定字段中的“姓名”字段将变为“收货人”。然后单击“下一步”按钮，进入表向导步骤 3。

5. 建立索引

表向导步骤 3 用于建立索引。本例不建立索引，因此单击“下一步”按钮，进入表向导步骤 3a。

6. 建立关系

表向导步骤 3a 用于创建表间的关系。由于本例不需要建立表间关系，因此单击“下一步”按钮，进入表向导步骤 4，如图 4.17 所示。

7. 完成

如果此时新表已建好，请选择“保存表以备将来使用”选项。现在“订单”表还没有建好，所以选择“保存表，然后在表设计器中修改该表”选项，然后单击“完成”按钮。此时会打开“另存为”对话框，在“保存在”下拉列表中确定保存文件的文件夹为“D:\网上书店系统”，在“输入表名”文本框中输入表名“订单”，然后单击“保存”按钮，系统会显示表设计器，供用户修改表结构。

在表设计器中，请读者按照“订单”表结构输入“订单编号”、“送货方式”和“付款方式”三个字段的内容，然后单击“确定”按钮，系统将打开如图 4.18 所示的对话框，单击“是”按钮，保存对表结构的修改。

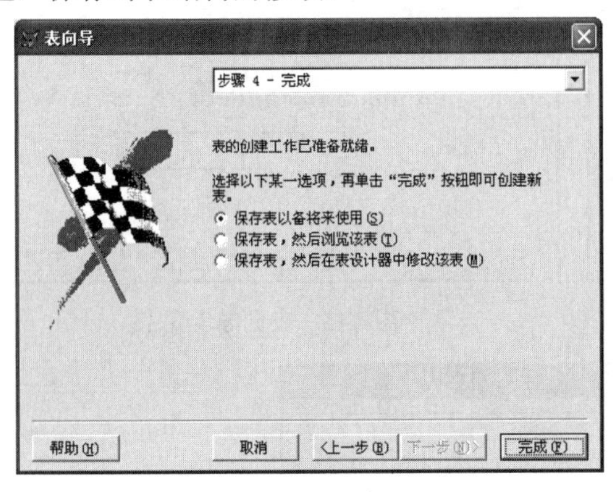

图 4.17　表向导步骤 4

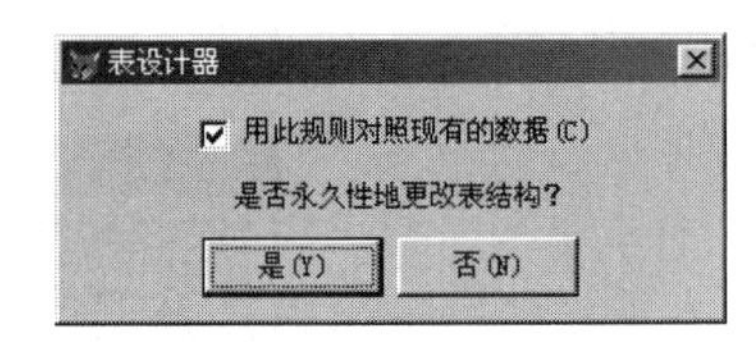

图 4.18　确认是否修改表结构

至此利用向导创建表的工作就完成了。

4.2.5　使用命令创建表

1. 使用命令创建表

创建表命令的常用格式如下。

命令格式：

CREATE[表名|?]

功能：建立一个新的 Visual FoxPro 表。

参数说明：

表名：指定要创建表的表名。

？：显示创建对话框，提示输入所创建表的表名。

（1）使用命令创建自由表

【例 4-2】　在 D:\网上书店系统文件夹下创建自由表文件“订货信息.dbf ”。

首先应关闭所有打开的数据库文件，然后在命令窗口键入如下命令：

```
CREATE D:\网上书店系统\订货信息
```

执行该命令后，系统将打开如图 4.7 所示的表设计器，此时读者就可以输入表结构了。

（2）使用命令创建数据库表

【例 4-3】　在“D:\网上书店系统”文件夹下创建属于“网上书店”数据库的表文件“订货信息.dbf ”。

首先应打开“网上书店”数据库文件，然后在命令窗口键入如下命令：

```
CREATE D:\网上书店系统\订货信息
```

执行该命令后，系统将打开如图 4.12 所示的表设计器，此时读者就可以输入表结构了。

2. 使用命令复制表结构

如果要创建的表与某个已经存在的表结构部分相同，则可以使用复制表结构的方法创建新表。复制表结构命令的常用格式如下。

命令格式：

COPY STRUCTURE TO 表文件名 [FIELDS 字段列表]

功能：复制当前表的结构创建一个新表。

参数说明：

表文件名：创建的新表表名。

FIELDS 字段列表：选择[FIELDS 字段列表]，只将“字段列表”指定的字段复制到新表。默认该选项，则把所有字段复制到新表。

【例 4-4】 使用复制表结构命令，在“D:\网上书店系统”文件夹下创建属于“网上书店”数据库的表文件“订货信息.dbf”。

首先应打开“网上书店”数据库文件，再将商品信息.dbf 表设置为当前表，然后在命令窗口输入如下命令：

```
COPY STRUCTURE TO D:\网上书店系统\订货信息 FIELDS 商品编号,书名,定价,售价
```

执行此命令后，系统将创建一个表文件“订货信息”，其中包含 4 个字段：商品编号、书名、定价和售价。由于创建的表结构与表 4.3 所确定的“订货信息”表结构不完全相同，因此还要对其进行修改，具体修改方法将在后面介绍。

【说明】 如果执行此命令时没有处于打开状态的表文件，系统将显示“打开”对话框，以便用户打开提供表结构的表。

4.3　维护表结构

正确、合理地设计表结构是应用程序能否开发成功的关键。所以确定好表结构后，通常还要对其进行进一步的改进和完善。例如添加字段，删除重复的字段，修改某一字段的字段名、类型和宽度，重新建立索引，重新设置字段验证和记录验证等。修改表结构可以通过表设计器，也可以使用命令来完成。

4.3.1　添加字段

在【例 4-4】中使用复制表结构命令创建了数据库表文件“订货信息.dbf”，该表结构中包含了 4 个字段：商品编号、书名、定价和售价，与表 4.3 所确定的“订货信息”表结构不完全相同，还缺少订单编号和数量两个字段，现将这两个字段添加到订货信息表文件中。

1. 将数据库表文件“订货信息”添加到“网上书店系统”项目管理器中

（1）打开“网上书店系统”项目管理器。

（2）单击“数据”选项卡，选择“网上书店”数据库下的“表”选项， 然后单击“添加”命令按钮，打开“打开”对话框。

（3）在“查找范围”下拉列表中确定“D:\网上书店系统”，选择“订货信息”表文件，然后单击“确定”按钮返回项目管理器，这时会发现“订货信息”表文件已经被添加到“网上书店系统”项目管理器中，如图 4.19 所示。

2. 向“订货信息”表文件中添加字段

（1）打开“网上书店系统”项目管理器。

（2）单击“数据”选项卡，再选择“网上书店”数据库下的“表”选项下的“订货信息”表文件，然后单击“修改”命令按钮，即可打开其“表设计器”。

（3）在“表设计器”中，选择“商品编号”字段，然后单击“插入”按钮，即可在“商品编号”字段前添加一个新字段，如图 4.20 所示。

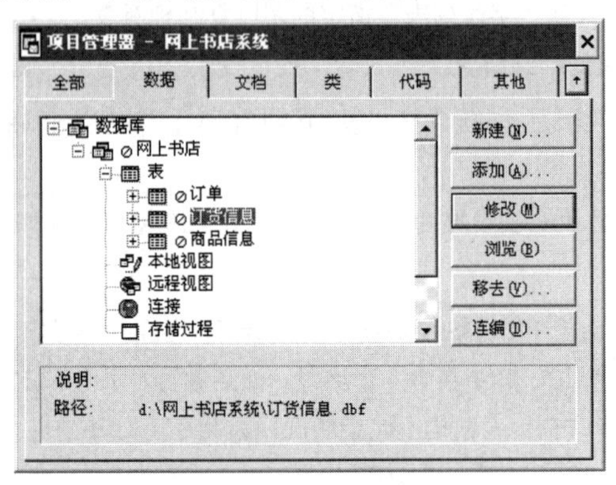

图 4.19　将数据库表文件“订货信息”添加到项目管理器中

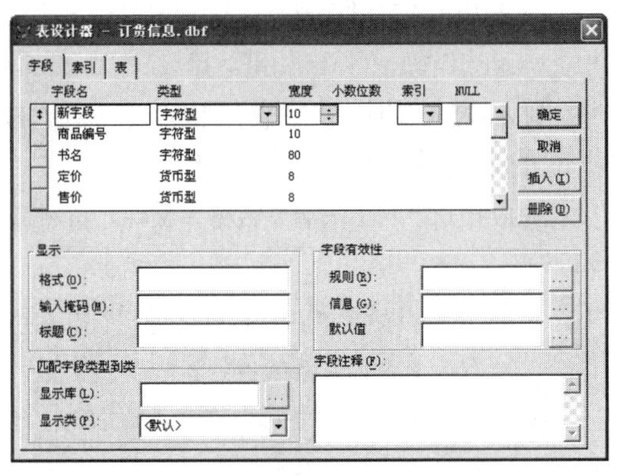

图 4.20　在“商品编号”字段前添加一个新字段

（4）输入字段名“订单编号”，类型为“字符型”，宽度为“16”。

（5）在“售价”字段下面再输入两个字段。第一个字段名为“数量”，类型为“数值型”，宽度为“5”。第二个字段名为“总价”，类型为“货币型”，宽度为“8”。

（6）单击“确定”按钮，系统将显示如图 4.18 所示的对话框。

（7）单击“是”按钮，保存修改的结果。如果放弃修改，请单击“否”按钮。

4.3.2　删除字段

（1）打开“网上书店系统”项目管理器。

（2）选择“订货信息”表文件，然后单击“修改”命令按钮，即可打开其“表设计器”。

（3）选择要删除的字段“总价”。

（4）单击“删除”按钮，即可将该字段删除。

（5）单击“确定”按钮，系统将显示如图 4.18 所示的对话框。

（6）单击“是”按钮，保存修改的结果。

4.3.3　修改字段内容

修改字段内容时，关于该字段的所有内容都可以进行修改，像字段名、类型、宽度、显示方式、字段验证和字段注释等。修改字段的操作非常简单，只要在表设计器中，单击要修改的字段，即可使用文本编辑方式修改其各部分内容。

【注意】　修改字段类型属性时，Visual FoxPro 将对数据进行转换，这样可能导致数据丢失。减少字段宽度和小数位数时，也可能导致数据丢失。因此，在修改表结构前一定要对表结构进行备份，以免丢失数据。

4.3.4　改变字段位置

（1）打开“表设计器”。

（2）将鼠标指针移向某字段左边的按钮，使之变成上下箭头形状。

（3）按住鼠标左键不放并向上或向下拖动至所需的位置，释放鼠标左键后即可将指定字段移动到所需的位置。

使用这种方法可以任意改变字段在表中的排列顺序。

4.3.5　使用命令修改表结构

命令格式：

```
MODIFY STRUCTURE
```

功能：调用表设计器，以便修改表的结构。

在没有打开任何表的情况下执行此命令，系统将显示“打开”对话框，用户可在此选择需要修改表结构的表文件，否则系统将自动显示当前表的表设计器。

【例 4-5】　使用命令修改“商品信息”表的结构。

（1）关闭所有的表文件和数据库文件。

（2）在命令窗口输入命令“MODIFY STRUCTURE”，按 Enter 键后，系统将执行此命令并打开“打开”对话框。

（3）确定“搜索”路径为“D:\网上书店系统文件夹”，选择“商品信息”表文件，并单击“确定”按钮，系统将打开其“表设计器”。

（4）根据需要修改表结构。

（5）单击“确定”按钮，保存修改的结果。

4.4　编 辑 数 据

完成了建立表的工作之后，就可以用表来存储、组织和处理信息了。如何向表中添加数据，如何观察表中信息，如何修改表中数据，以及如何删除表中无用的数据，是这一节要介绍的主要内容。

4.4.1　添加记录

前面已完成表结构的设计，下面开始向表中输入记录数据。当在表设计器中输入完表结构后，单击“确定”按钮时，系统将弹出如图 4.9 所示的对话框，询问是否立即输入记录数据，若单击“是”按钮，系统会立即打开表的浏览窗口以便输入数据。若单击“否”按钮，表示不立即输入数据，此时可用下面的方法向表中添加记录。

1. 添加记录

现在向“商品信息”表中添加记录，其表中数据如表 4.6 所示。

表 4.6　商品信息表数据

商品编号	书　　名	图片	作　　者	出 版 社	出版时间	版次	印刷时间	ISBN	所属分类	定价	售价	简介
0001	数据库应用基础——Visual FoxPro 6.0（第 2 版）		李红	电子工业出版社	2005-4-1	1	2005-4-1	9787121007828	计算机	19	14.30	
0002	藏地密码		何马	重庆出版社	2008-4-1	1	2008-4-1	9787536679870	小说	24.80	14.80	
0003	海盗之谜		卢孟来	内蒙文化出版社	2009-9-1	1	2009-9-1	9787806757413	历史	32	22.80	
0004	小淘气尼古拉的故事（全 10 册）		戈西尼	中国少年儿童出版社	2006-12-1	1	2007-6-1	20458875	少儿	92	55.20	
0005	美式口语乐翻天		金善永	中国传媒大学出版社	2009-10-1	1	2009-10-1	9787811277302	外语	35	22.80	
0006	2009 中国自助游		中国自助游	东方出版中心	2009-1-1	3	2009-1-1	9787801864284	旅游	39.80	21.90	
…	…	…	…									

（1）打开“网上书店系统”项目管理器。

（2）单击“数据”选项卡，选择“商品信息”表，然后单击“浏览”命令按钮，打开其浏览窗口。

（3）选择系统菜单中“显示”下拉菜单下的“追加方式”选项，系统会在表的末尾添加一条空记录，并显示一输入框，如图 4.21 所示。

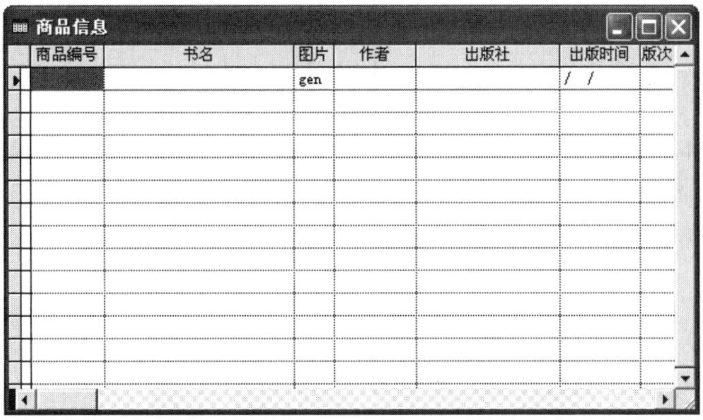

商品信息

商品编号	书名	图片	作者	出版社	出版时间	版次
		gen			/ /	

图 4.21 “商品信息”表浏览窗口

（4）使用前面介绍的方法，根据表 4.6 给出的数据向表中添加记录。

（5）“图片”字段是通用型，其输入方法如下。

◎ 双击表示通用型字段的 gen 或按[Ctrl+PgDn]组合键，打开通用型字段的编辑窗口。

◎ 选择“编辑”下拉菜单下的“插入对象”选项，打开“插入对象”对话框。由于图书的图片已事先扫描好，因此选择“由文件创建”单选按钮。

◎ 单击“浏览”按钮，打开“浏览”对话框，找到指定的照片后，单击“打开”按钮，返回“插入对象”对话框，此时屏幕显示如图 4.22 所示。

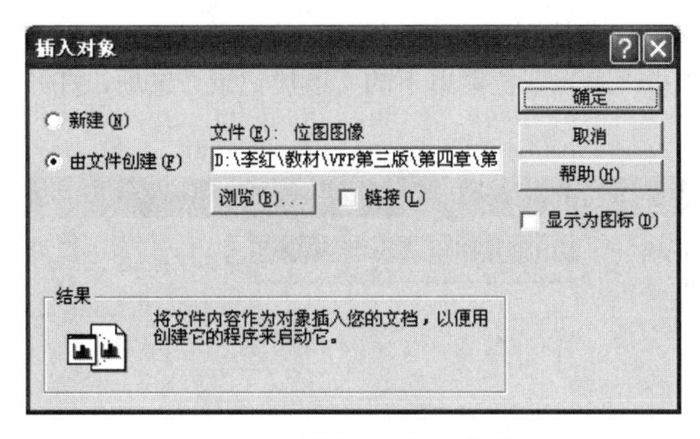

图 4.22 “插入对象”对话框

◎ 单击“确定”按钮，选定的照片即被添加到通用字段编辑窗口，如图 4.23 所示。

◎ 单击窗口的“关闭”按钮 ☒ 保存数据。

◎ 按 Enter 键使光标跳到下一个字段。

（6）“简介”字段是备注型，输入时请双击表示备注型字段的 memo 或按[Ctrl+PgDn]组合键，打开备注型字段的编辑窗口，输入数据，如图 4.24 所示，然后单击窗口的“关闭”按钮保存数据。

图 4.23　插入图片的效果

图 4.24　备注型字段的编辑窗口

（7）输入完一条记录后，系统会自动添加下一条记录。请使用上述方法输入其他记录的数据。

（8）所有数据输入完毕后，可单击浏览窗口的关闭按钮☒，或按[Ctrl+W]组合键保存修改，也可以按[Ctrl+Q]组合键放弃修改来关闭浏览窗口。

另外，还可以通过选择系统菜单中“表”下拉菜单下的“追加新记录”选项来添加记录。但与使用“追加方式”添加记录不同的是，这种方式一次只允许添加一条记录，也就是说输入完一条记录后，系统不会自动追加下一条记录，如想再添加一条记录，必须再选择一次“追加新记录”选项。

2. 从指定文件中向当前表添加记录

如果希望从指定表中读取记录，可以采用以下方法。现在直接从“商品信息”表中读取“商品编号”、“书名”和“出版社”3 个字段的值到“商品库存”（在作业中已建立了“商品库存”表）表中。具体操作步骤如下。

（1）打开“商品库存”表的浏览或编辑窗口。

（2）选择系统菜单中“表”下拉菜单下的“追加记录”选项，打开“追加来源”对话框，如图 4.25 所示。

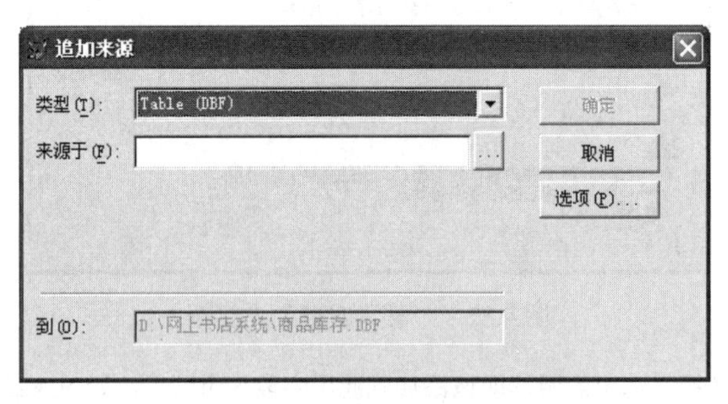

图 4.25　“追加来源”对话框

（3）首先从“类型”右侧的下拉列表中选择读取数据表的类型。本例由于是从“商品信息”表中读取数据，所以无需修改“类型”文本框中的值。

（4）单击“来源于”右侧的按钮…，打开“打开”文件对话框，确定“搜索”路径为“D:\网上书店系统”文件夹，选择“商品信息”表文件，然后单击“确定”按钮。

（5）单击“选项”按钮，打开“追加来源选项”对话框，如图 4.26 所示。

（6）单击“字段”按钮，可打开“字段选择器”对话框，用于选择所需字段。

（7）从“来源于表”下拉列表中选择“商品信息”表。

（8）选择“所有字段”列表中的“商品编号”字段，再单击“添加”按钮，将其添加到“选定字段”列表框中。

（9）依次选择“所有字段”列表中的“书名”和“出版社”两个字段，再单击“添加”按钮，将其添加到“选定字段”列表框中，如图 4.27 所示。

图 4.26　“追加来源选项”对话框

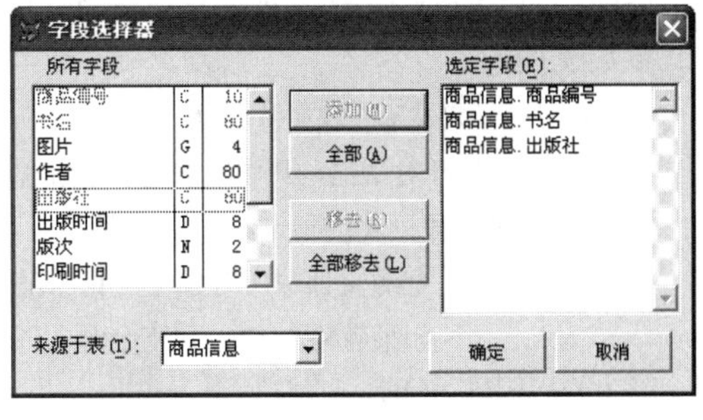

图 4.27　“字段选择器”对话框

（10）单击“确定”按钮，返回“追加来源选项”对话框。

（11）如果只读取表中符合条件的记录，可以单击“For”按钮，打开“表达式生成器”，以便设计筛选记录的条件。本例要读取指定字段的所有记录，所以无须设置条件。

（12）单击“确定”按钮，返回“追加来源”对话框。

（13）单击“确定”按钮，系统会自动把“商品信息”表中“商品编号”、“书名”和“出版社”3 个字段的值添加到“商品库存”表的末尾，如图 4.28 所示。

商品库存

商品编号	书名	出版社	数量
0001	数据库应用基础-Visual FoxPro 6.0（第2版）	电子工业出版社	
0002	藏地密码	重庆出版社	
0003	海盗之谜	内蒙文化出版社	
0004	小淘气尼古拉的故事(全10册)	中国少年儿童出版社	
0005	美式口语乐翻天	中国传媒大学出版社	
0006	2009中国自助游	东方出版中心	

图 4.28　添加记录后的结果

（14）单击浏览窗口的“关闭”按钮保存输入的数据。

这种方式可从选定文件向当前所在的表中一次添加多条记录。

3. 使用命令向表中添加记录

（1）APPEND

命令格式：

```
APPEND[BLANK]
```

功能：在当前表的末尾添加一条或多条新的记录。

参数说明：

BLANK：在当前表的末尾添加一条空记录。

（2）APPEND FROM

命令格式：

```
APPEND FROM  表名|?
[FIELDS  字段列表]
[FOR  条件]
```

功能：从一个文件中读入记录，并添加到当前表的尾部，如图 4.28 所示。

参数说明：

表名：指定从哪个文件中读入记录。

?：显示打开对话框，从中可以选择从哪个表中读入记录。

FIELDS 字段列表：指定添加哪些字段。

FOR 条件：把源文件中所有条件为真的记录追加到当前选定表中，直到到达当前源文件的末尾。如果省略 FOR，则整个源文件都被追加到当前选定表中。

（3）INSERT-SQL

命令格式：

```
INSERT INTO  表名[(字段名 1[,字段名 2,…])]
  VALUES(表达式 1[,表达式 2,…])
```

功能：将一条包含有指定字段的记录追加到表的末尾。

参数说明：

表名：要追加记录的表名。

[(字段名 1[,字段名 2,…])]：指定新记录中插入值的字段。

VALUES(表达式 1[,表达式 2,…])：指定新记录中字段的值。如果省略字段名，那么必须以表结构中字段的顺序指定字段值。

【例 4-6】 使用命令从“商品信息”表中读取“商品编号”、“书名”和“出版社”三个字段的值到“商品库存”表中。

```
APPEND FROM d:\网上书店系统\商品信息.dbf FIELDS  商品编号,书名,出版社
```

4.4.2 删除记录

如果表中存在一些已没有用的记录，就要从表中将这些没用的记录删除，从而提高数据库的处理效率。删除记录有两种含义，一种是将记录从磁盘上删除，另一种只是在一些记录前加上删除标记，并不真从磁盘上删除这些记录。若去掉其前面的删除标记，该记录即可恢复成一般记录。

在 Visual FoxPro 中，删除表中记录分为两步，首先给要删除的记录添加上删除标记，然后再删除这些带有删除标记的记录。

1. 删除一条记录

（1）打开“商品信息”表的浏览窗口或编辑窗口。

可以看到在第一条记录前有一个右向箭头，它是记录指针，可以上下移动，用于指向当前记录。在每一个字段前，可以看到一个小白框，是用于存放删除标记的。如是黑颜色，表

示给记录添加了删除标记。

（2）单击要删除记录前的小方框，使之变成黑颜色，如图 4. 29 所示。

商品编号	书名	图片	作者	出版社	出版时间	版次
0001	数据库应用基础-Visual Fo	Gen	李红	电子工业出版社	04/01/05	1
0002	藏地密码	gen	何马	重庆出版社	04/01/08	1
0003	海盗之谜	gen	卢孟来	内蒙文化出版社	09/01/09	1
0004	小淘气尼古拉的故事(全10册	gen	戈西尼	中国少年儿童出版社	12/01/06	1
0005	美式口语乐翻天	gen	金善永	中国传媒大学出版社	10/01/09	1
0006	2009中国自助游	gen	中国自助游	东方出版中心	01/01/09	3
		gen			/ /	

图 4.29　给记录添加了删除标记

（3）在系统菜单中，选择“表”下拉菜单下的“彻底删除”选项，系统会弹出确认对话框，如图 4.30 所示，询问是否确实要删除记录。如确实要删除记录，请单击“是”按钮，否则单击“否”按钮。

（4）单击“关闭”按钮，关闭浏览窗口。

2. 删除多条记录

（1）打开“商品信息”表的浏览窗口或编辑窗口。

（2）移动记录指针，使之指向要删除的记录，如第二条记录。

（3）在系统菜单中，选择“表”下拉菜单下的“删除记录”选项，打开“删除”对话框，如图 4.31 所示。

图 4.30　删除记录确认对话框

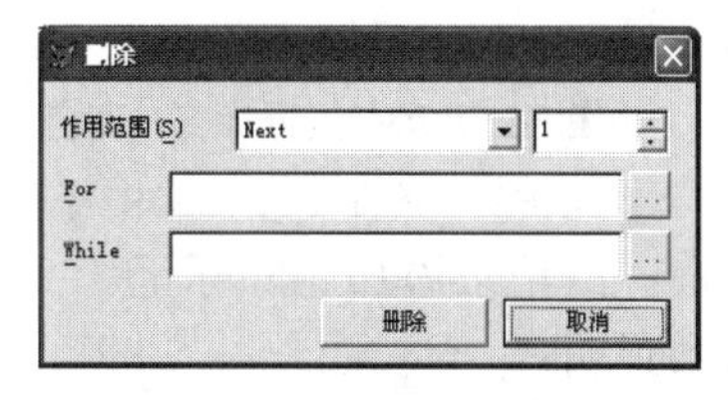

图 4.31　“删除”对话框

（4）可以在该对话框中设置删除记录的条件。“作用范围”，“For”和“While”都是用于设置删除记录的条件的。单击“For”和“While”右侧的按钮，可打开表达式生成器，以设置删除条件。这里通过“作用范围”设置删除条件：在其右侧第一个文本框的下拉列表中选择“Next”选项，在第二个文本框中输入或通过微调设置其值为 5。

（5）单击“删除”按钮，即可为符合条件的记录添加删除标记，如图 4.32 所示。

商品编号	书名	图片	作者	出版社	出版
0001	数据库应用基础-Visual Fo	Gen	李红	电子工业出版社	04/(
0002	藏地密码	gen	何马	重庆出版社	04/(
0003	海盗之谜	gen	卢孟来	内蒙文化出版社	09/(
0004	小淘气尼古拉的故事(全10册	gen	戈西尼	中国少年儿童出版社	12/(
0005	美式口语乐翻天	gen	金善永	中国传媒大学出版社	10/(
0006	2009中国自助游	gen	中国自助游	东方出版中心	01/(
		gen			/

图 4.32　为符合条件的记录添加了删除标记

（6）在系统菜单中，选择“表”下拉菜单下的“彻底删除”选项，系统会弹出确认对话框，如图4.30所示，询问是否确实要删除记录。如确实要删除记录，请单击“是”按钮，否则单击“否”按钮。

（7）单击“关闭”按钮，关闭浏览窗口。

3. 取消删除标记

添加了删除标记的记录，如果没有被彻底删除，还有机会将其恢复为一般记录，操作方法如下。

（1）打开“商品信息”表的浏览窗口或编辑窗口。

（2）单击第一条记录前的小方框，使之变成白颜色，即取消了第一条记录的删除标记。

（3）移动记录指针，使之指向第二条记录。

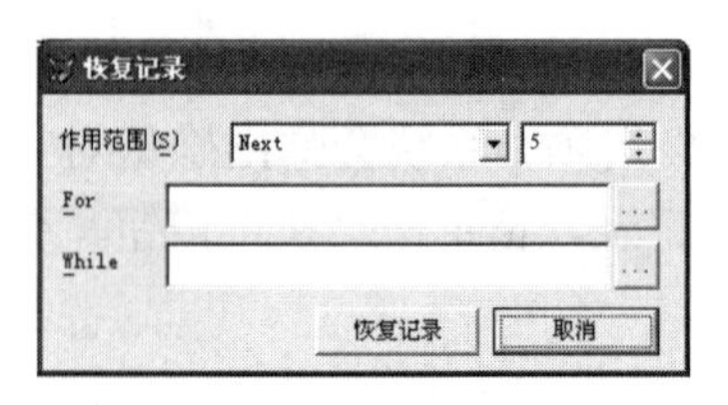

图4.33 “恢复记录”对话框

（4）在系统菜单中，选择“表”下拉菜单下的“恢复记录”选项，打开“恢复记录”对话框，如图4.33所示。该对话框同“删除”对话框的形式一样，在此可以设置恢复记录的条件

（5）在“作用范围”右侧第一个文本框的下拉列表中选择“Next”选项，在第二个文本框中输入或通过微调设置其值为5。

（6）单击“恢复记录”按钮，即可取消符合条件的记录的删除标记。

（7）单击“关闭”按钮，关闭浏览窗口。

4. 删除记录的相关命令

（1）给记录添加删除标记命令

命令格式：

DELETE FROM[数据库名!]表名
  [WHERE 条件1[AND|OR 条件2…]]

功能：给记录添加删除标记。

参数说明：

[数据库名!]表名：指定做删除标记的记录所在的表。

[WHERE 条件1[AND|OR 条件2…]]：指定做删除标记的记录要满足的条件。

（2）取消删除标记命令

命令格式：

RECALL [FOR 表达式]

功能：去掉所选表中指定记录的删除标记。

参数说明：

FOR 表达式：指定记录满足的条件。

（3）删除做了删除标记记录命令

命令格式：

PACK[MEMO][DBF]

功能：从当前表中永久地删除已做了删除标记的记录。它要求表必须以独占的方式打开，同时更新表及索引。

参数说明：

MEMO：删除备注文件中未使用的空间，但不删除做了标记的记录。

DBF：删除做了标记的记录，但不影响备注文件。

（4）删除表中全部记录的命令

命令格式：

ZAP[In 工作区号|表别名]

功能：删除表中的全部记录，只留下表结构。

参数说明：

In 工作区号：指定表所在的工作区号。

表别名：指定表的别名。

如果省略了这两个子句，则删除当前工作区内的表的记录。

4.4.3　修改记录

打开表的浏览窗口或编辑窗口后，就可以修改表中记录了。在修改记录时，对于字符型、数值型、逻辑型和日期型的字段，可以直接在相应的字段中单击，出现输入提示符后，就可以按照编辑文本的方式进行修改了。

对于备注型和通用型字段，Visual FoxPro 不允许直接修改。可以双击当前记录的备注型（通用型）字段或按 Ctrl+PgDn 组合键，打开其编辑窗口进行修改。另外还可以使用 REPLACE 命令来修改记录。

命令格式：

```
REPLACE 字段名 1 WITH 表达式 1
  [,字段名 2 WITH 表达式 2...]
  [FOR 条件]
```

功能：更改表中记录的内容。

参数说明：

字段名 1 WITH 表达式 1 [,字段名 2 WITH 表达式 2...]：指定第一个字段的数据由第一个表达式的值更新，指定第二个字段的数据由第二个表达式的值更新，依次类推。

FOR 条件：指定只有使逻辑表达式 1（Expression1）的值为真的记录中的字段数据才会更改。

4.5　浏览数据

在对数据进行操作时，如添加记录，删除记录，修改记录，查看记录等，都要用到浏览窗口。掌握浏览窗口的使用方法和特性，会给工作带来很大的方便。这里主要介绍如何启动浏览窗口查看数据，定位记录，定制浏览窗口，以及浏览窗口的编辑功能等。

4.5.1　浏览窗口的显示模式

1. 启动浏览窗口

打开“用户基本信息”表的浏览窗口。

（1）打开“网上书店系统”项目管理器。

（2）单击“数据”选项卡，选择“用户基本信息”表文件。

（3）单击“浏览”按钮，即可打开“用户基本信息”表的浏览窗口。

这时，可以看到在第一条记录的左侧有一个黑色的三角，这是记录指针，其指向的记录为当前记录。

除了可以在项目管理器中启动浏览窗口之外，还可以在系统菜单中，选择“文件”下拉菜单下的“打开”选项，在“打开”文件对话框中选择要浏览的表，然后单击“确定”按钮。这时指定表被打开，但屏幕是一空白区域，没有显示任何内容。在系统菜单中，选择“显示”下拉菜单下的“浏览”选项，即可启动该表的浏览窗口。

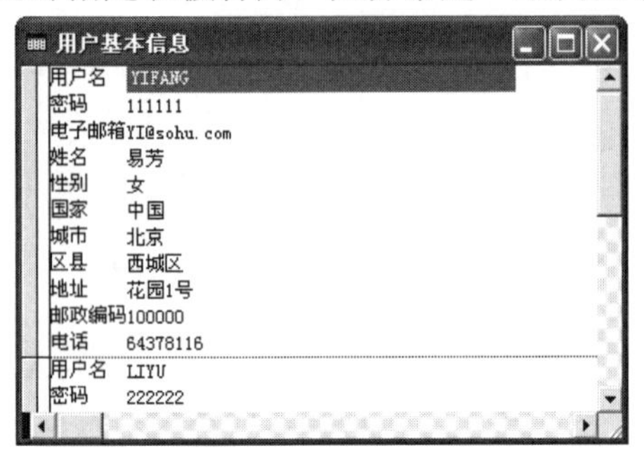

图 4.34 “用户基本信息”表的编辑窗口

2. 浏览窗口的显示模式

浏览窗口有两种显示模式：浏览和编辑，下面以编辑的模式显示“用户基本信息”表中记录。在打开“用户基本信息”表浏览窗口的情况下，选择“编辑”下拉菜单下的“编辑”选项，即可打开“用户基本信息”表的编辑窗口，如图 4.34 所示。

4.5.2 定位记录

无论是在浏览窗口还是在编辑窗口，都可以通过使用滚动条在表中进行上、下、左、右移动以观察不同的记录和字段。但当表中记录较多时，使用上述方法查找某一条记录就显得太笨拙了，为此 Visual FoxPro 提供了定位记录的功能，具体操作方法如下。

（1）打开表的浏览窗口。

（2）在系统菜单中，选择“表”下拉菜单下的“转到记录”选项，打开其子菜单。子菜单中包含六个选项，各选项的功能如下。

第一个：将记录指针移到表的首部，指向第一条记录。

最后一个：将记录指针移到表的尾部，指向最后一条记录。

下一个：记录指针向下移动一个位置，指向当前记录的下一条记录。

上一个：记录指针向上移动一个位置，指向当前记录的上一条记录。

记录号：选择此选项时将弹出“转到记录”对话框，如图 4.35 所示，通过输入或微调按钮确定记录号，然后单击“确定”按钮，即可将记录指针指向该记录号所对应的记录。

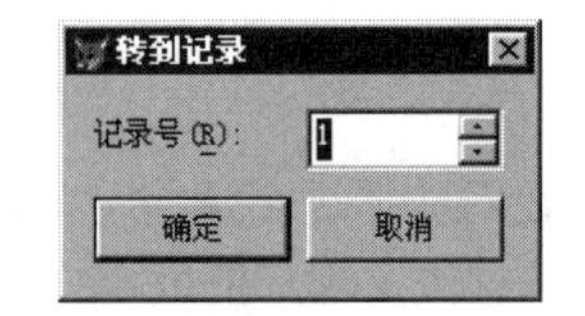

图 4.35 “转到记录”对话框

定位：选择此选项时将弹出“定位记录”对话框，用于设置查找记录的条件，其使用方法与删除对话框相同。设置条件后，单击“确定”按钮，此时记录指针将指向满足条件的第一条记录。

（3）浏览完表中数据后，单击“关闭”按钮 ☒，关闭浏览窗口。

另外还可以使用命令来定位表中数据。与“表”下拉菜单下“转到记录”选项子菜单的前五个选项相对应的命令依次为：

① GO TOP

移动记录指针，使其指向第一条记录。

② GO BOTTOM

移动记录指针，使其指向最后一条记录。

③ SKIP 1

记录指针向下移动一个位置，指向当前记录的下一条记录。

④ SKIP -1

记录指针向上移动一个位置，指向当前记录的上一条记录。

该命令的一般格式为 SKIP [记录数]。其功能是以当前记录为标准，移动记录指针。如果“记录数”为正数，记录指针向文件尾移动；如果“记录数”为负数，记录指针向文件头移动。默认[记录数]，则记录指针下移一条记录。

⑤ GO 记录号

将记录指针指向该记录号所对应的记录。

4.5.3　在浏览窗口中过滤显示

在实际工作中，常常要浏览表中数据。读者可以浏览表中所有数据，也可以只浏览所需数据。下面介绍在浏览窗口中浏览数据的方法。

1. 浏览表中所有数据

下面浏览“用户基本信息”表中的所有数据。

（1）打开“网上书店系统”项目管理器。

（2）单击“数据”选项卡，选择“用户基本信息”表文件。

（3）单击“浏览”按钮，打开其浏览窗口。

（4）浏览表中数据，然后单击“关闭”按钮 ☒，关闭浏览窗口。

2. 在浏览窗口中过滤显示

用 Visual FoxPro 开发应用程序时，表中的记录数和字段数都是相当大的，在浏览窗口中不可能同时显示出来。这时，可以利用过滤显示的功能，只在浏览窗口显示需要的字段和记录，方便读者浏览。

下面浏览“用户基本信息”表中“城市”为“北京”的所有记录。

（1）打开“用户基本信息”表的浏览窗口。

（2）在系统菜单中，选择“表”下拉菜单下的“属性”选项，打开“工作区属性”对话框，如图 4.36 所示。

（3）选择字段。

① 选择“字段筛选指定的字段”单选按钮。

② 单击“字段筛选”按钮，打开“字段选择器”对话框。

③ 选择“所有字段”列表框中的“用户名”字段，单击“添加”按钮，将其添加到“选定字段”列表框中。

④ 使用同样的方法，将“所有字段”列表框中的“姓名”、“性别”、“城市”三个字段

添加到“选定字段”列表框中，如图 4.37 所示。

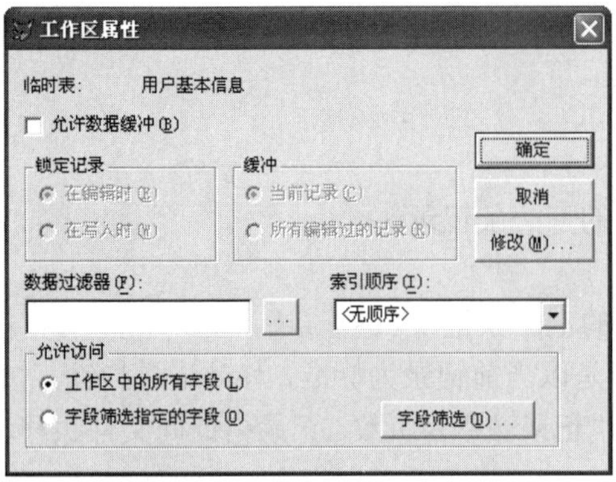

图 4.36 “工作区属性”对话框

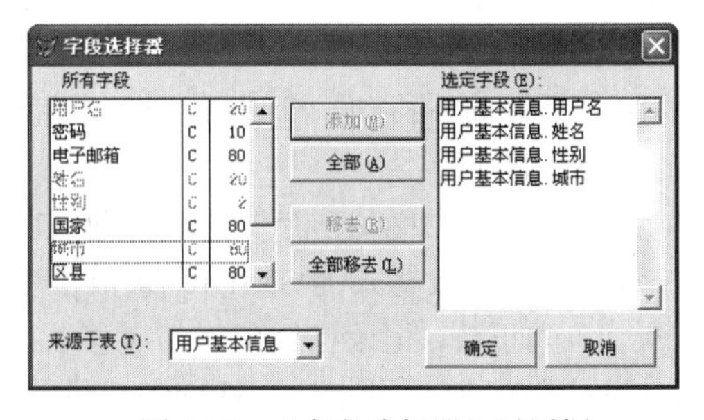

图 4.37 “字段选择器”对话框

⑤ 单击“确定”按钮返回。

（4）筛选数据。

① 单击“数据过滤器”右侧的...按钮，打开表达式生成器。

② 双击“字段”列表框中的“城市”字段，从“逻辑”下拉列表中选择“=”，最后输入：‘北京’，如图 4.38 所示。

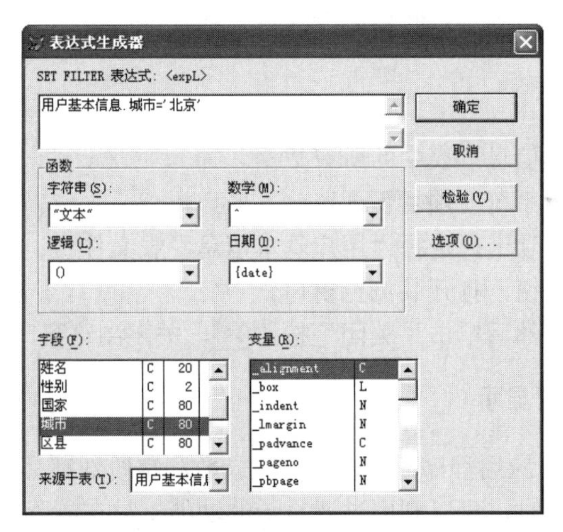

图 4.38 设置的筛选条件

③ 设置好显示记录的条件后，单击“确定”按钮返回。

（5）单击“确定”按钮，其显示结果如图 4.39 所示。

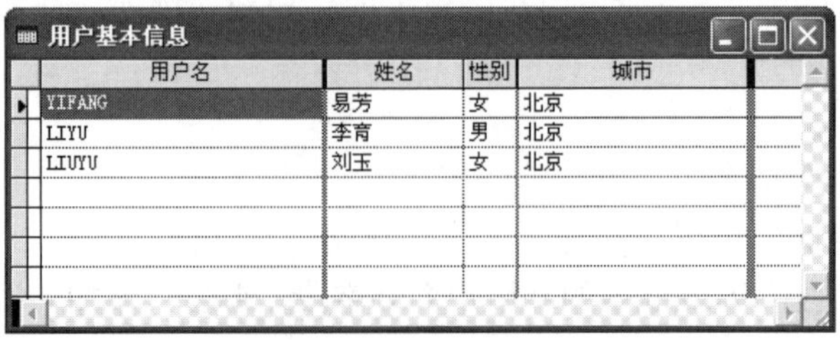

用户名	姓名	性别	城市
YIFANG	易芳	女	北京
LIYU	李育	男	北京
LIUYU	刘玉	女	北京

图 4.39 过滤显示结果

（6）单击“关闭”按钮☒，关闭浏览窗口。

3. 使用命令浏览数据

（1）BROWSE 命令

命令格式：

```
BROWSE
  [FIELDS 字段列表] [FOR 条件]
```

功能：打开浏览窗口，显示当前表中的记录。

参数说明：

FIELDS 字段列表：指定在浏览窗口显示的字段。

FOR 条件：只显示满足条件的记录。若省略该选项，则显示所有记录。

（2）DISPLAY 命令

命令格式：

```
DISPLAY [ALL] [FIELDS 字段列表]
```

功能：显示当前表的指定数据。

参数说明：

ALL：显示所有记录。若省略该选项，则只显示当前记录。

FIELDS 字段列表：只显示指定字段的数据。若省略该选项，显示所有字段。

4.5.4　定制浏览窗口

浏览窗口是一个非常有用的工具，掌握浏览窗口的使用方法和特性，会给工作带来很大的方便。这里主要介绍定制浏览窗口方法。

1. 调整字段的显示顺序

在对记录进行操作时发现，字段按照它们在表中的先后顺序依次显示出来，这种显示方式并不十分理想，可以通过下面的方法改变字段的这种显示顺序。

方法一：

① 打开“商品信息”表的浏览窗口。

② 将鼠标指针移到“定价”的列标题上，使之成为向下的箭头。

③ 按下鼠标左键，并向左拖动至“书名”字段之后，然后释放鼠标左键。

方法二：

① 选择要移动的字段“定价”。

② 在系统菜单中，选择“表”下拉菜单下的“移动字段”选项，这时该字段标题头变成黑色，光标变成带左右箭头的十字。

③ 用键盘的左右箭头将“定价”字段移回原来的位置，然后按 Enter 键。

使用这种方法，可以很方便地调整字段在浏览窗口中的显示顺序，而无需修改字段在表中的排列顺序。

2. 调整字段的显示宽度

在浏览窗口中，字段的显示宽度是由表中该字段的字段宽度所决定的。由于字段宽度是该字段可能达到的最大长度，所以字段以这种宽度显示出来，有时显得不太美观。读者可以通过下面的方法来调整字段的显示宽度。

方法一：

① 将鼠标指针移至“书名”和“图片”字段列标头的分隔线上，使之变成带左右箭头的十字，形成调整光标。

② 按住鼠标左键并拖动至合适的位置，然后释放鼠标左键，即可改变字段的显示宽度。

方法二：

① 选择要调整宽度的字段“书名”。

② 在系统菜单中，选择“表”下拉菜单下的“调整字段大小”选项，这时该字段标题头变成黑色，光标变成带左右箭头的十字，形成调整光标。

③ 使用键盘的左右箭头来调整字段宽度。

3. 设置浏览窗口分区

（1）设置浏览窗口分区

Visual FoxPro 可以将一个浏览窗口分割成两个独立的窗格，其操作方法如下：

① 将鼠标移至窗口左下角的黑色小方块上，使之变成左右两个箭头。

② 按住鼠标左键并向右拖动至合适的位置，然后释放鼠标左键，即可将浏览窗口分割成两部分，如图 4.40 所示。

商品信息

商品编号	书名	图片	作者	出版社
0001	数据库应用基础-Visual Fo	Gen	李红	电子工
0002	藏地密码	gen	何马	重庆出
0003	海盗之谜	gen	卢孟来	内蒙文
0004	小淘气尼古拉的故事（全10	gen	戈西尼	中国少
0005	美式口语乐翻天	gen	金善永	中国传
0006	2009中国自助游	gen	中国自助游	东方出
		gen		

商品编号	书名	图片	作
0001	数据库应用基础-Visual Fo	Gen	
0002	藏地密码	gen	
0003	海盗之谜	gen	
0004	小淘气尼古拉的故事（全10	gen	
0005	美式口语乐翻天	gen	
0006	2009中国自助游	gen	
		gen	

图 4.40　拆分后的浏览窗口

在系统菜单中，“表”下拉菜单下的“链接分区”选项前有一对勾，这是链接标记，说明现在两个窗格是相互关联的，即在一个窗格中移动记录指针，另一个窗格中的记录指针也会随之移动。如果单击“表”下拉菜单中的“链接分区”选项，除掉链接标记，同时也去除了两个窗格间的链接，这时两个窗格间的记录指针就不会同时移动了。

分割浏览窗口后，两个窗格还可以不同的模式显示数据。选择一个窗格，然后在系统菜单中，选择“显示”下拉菜单下的“编辑”选项，这个窗格即可变成编辑显示模式。

（2）切换浏览分区

当操作完左窗格中的数据想转去操作右窗格的数据时，其操作方法如下：

① 只需在右窗格中单击一下即可。

② 在系统菜单中，选择“表”下拉菜单下的“切换分区”选项，即可在两个窗格间进行切换。

（3）改变窗口大小

在操作过程中，如想改变窗口大小，其操作方法如下：

① 将鼠标指针移至右窗格左下角的小黑方块上拖动鼠标即可。

② 在系统菜单中，选择“表”下拉菜单下的“调整分区大小”选项，然后通过键盘的左右箭头即可移动。

4. 打开/关闭网格线

取消网格线的操作非常简单，只需在系统菜单中选择“显示”下拉菜单下的“网格线”选项，去除其前面的“对勾”。

若想再显示网格线，可以在系统菜单中，选择“显示”下拉菜单下的“网格线”选项。

5. 改变字体

为了使浏览窗口的显示更加美观，还可以改变显示的字体。在系统菜单中，选择“表”下拉菜单中的“字体”选项，打开“字体”对话框，如图 4.41 所示。在此选择所需的字体和字号，然后单击“确定”按钮，即可改变浏览窗口的字体。

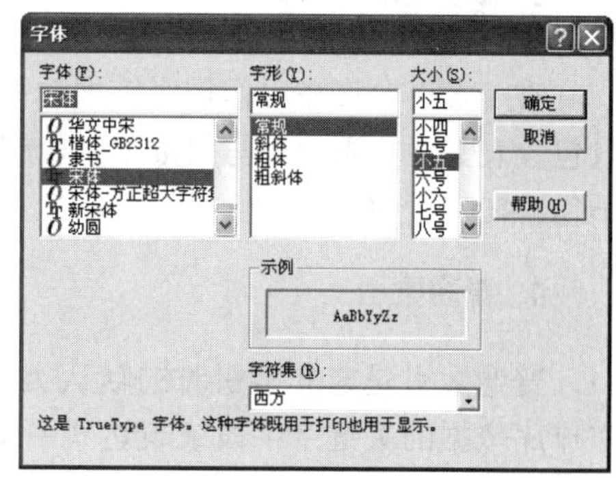

图 4.41　“字体”对话框

4.6 使 用 索 引

在 Visual FoxPro 中，当创建一个表后向表中输入记录时，这些记录间存在着一定的顺序关系，即这些记录会按输入的顺序存储在表中。但是在实际应用中，用户需要按照多种不同的顺序使用表中的记录，这时就要根据要求对表中记录进行调整。如果按照表中记录的物理顺序进行调整，即对记录进行排序，将会花费大量的时间，因为记录的物理顺序只有一个，而记录的使用顺序却可以有多个。建立索引就是一种排序的方法，用索引进行排序不会改变表中记录的物理顺序，也不会建立一个新表。一个表可以拥有多个索引，用户也就可以按多种不同的顺序来使用表中的记录了。

索引是对表中某一特定的字段或表达式按照一定的规则进行排序，并根据排序的结果建立索引文件。在 Visual FoxPro 中，建立索引文件实际上是建立一个包含指向.dbf 文件记录的指针文件，通过指针建立起索引文件和原表的对应关系。索引文件和表文件是分开存储的，但是索引文件不能独立使用，必须与原表一起工作。

4.6.1　索引的分类

在 Visual FoxPro 中，把用作排序依据的字段称为关键字字段或索引关键字。根据对索引关键字的不同要求，将索引分为 4 种类型。

1. 主索引

在主索引中，用作排序依据的关键字字段或表达式中不允许出现重复值，否则系统将产生错误。只有数据库表才能建立主索引，并且一个数据库表只能建立一个主索引。

2. 候选索引

候选索引也不允许在用作排序依据的关键字字段或表达式中出现重复值，它是作为一个表中主索引的候选者出现的。一个表虽然只允许建立一个主索引，但却可同时建立多个候选索引。

3. 唯一索引

唯一索引允许在用作排序依据的关键字字段或表达式中出现重复值，但在唯一索引中，只包含表文件中第一个与关键字字段或表达式相匹配的记录，对于那些具有重复值的记录则不包含在唯一索引中。

4. 普通索引

普通索引是建立索引时的默认类型，可用于记录排序和搜索记录。普通索引允许在用作排序依据的关键字字段或表达式中出现重复值，而且一个表中可以建立多个普通索引。

4.6.2 索引文件类型

在 Visual FoxPro 中，索引文件有两种结构：一种是传统的.idx 索引文件，只有一个索引关键字表达式；另一种是复合索引文件.cdx，包含了多个索引关键字表达式。这些索引关键字表达式称为索引标记(tag)。复合索引文件就好像是将多个.idx 文件合成在一个文件中一样。复合索引文件又分为两种：结构复合索引文件.cdx 和独立复合索引文件.cdx。

1. 结构复合索引文件

当用户使用表设计器创建表或修改表结构时，可以在“索引”选项卡中建立索引。VisualFoxPro 系统会自动为其生成一个.cdx 结构复合索引文件，并赋予结构复合索引文件与表名相同的文件名。结构复合索引文件会随表文件的打开而自动打开，随表文件的关闭而自动关闭。当用户对表中记录进行添加、修改和删除操作时，系统会自动对.cdx 结构复合索引文件进行维护，使其和新的.dbf 文件相匹配。另外，结构复合索引文件还是数据库表间建立永久关系的基础。

2. 独立复合索引文件

独立复合索引文件不能在表设计器的“索引”选项卡中建立，只能使用命令另行建立。当用户打开表文件时，独立复合索引文件不会被自动打开，必须使用命令才能将其打开。独立复合索引文件.cdx 可以看作是多个.idx 文件的组合，而实际上.idx 索引文件也是完全可以加入到.cdx 文件中的。

3. 独立单项索引文件

独立单项索引文件只包含一个索引关键字表达式，它需要使用命令建立，保存在.idx 文件中，该文件不会随表文件的打开而自动打开。.idx 索引文件主要是用于与原来的 FoxBASE

和 FoxPro 的索引相兼容的。

4.6.3　建立索引文件

通过表设计器的“索引”选项卡只能建立结构复合索引文件，独立复合索引文件和独立单项索引文件都需要使用命令另行建立。

1. 建立结构复合索引文件

下面为表“订单”建立索引。

（1）打开“订单”表的“表设计器”。

（2）单击“索引”选项卡。

（3）在“索引名”下方单击，出现输入提示符后，输入索引名“订单编号”。

（4）从“类型”下拉列表中选择索引类型为“主索引”。

（5）在“表达式”下方单击，出现输入提示符后，输入索引关键字“订单编号”。

（6）在“排序”下方有一个按钮，箭头向上表示按升序排列，箭头向下表示按降序排列。若不指定排序方式，系统默认是按升序排列。本例按降序排列，因此单击“排序”按钮，使其变成向下的箭头，如图 4.42 所示。

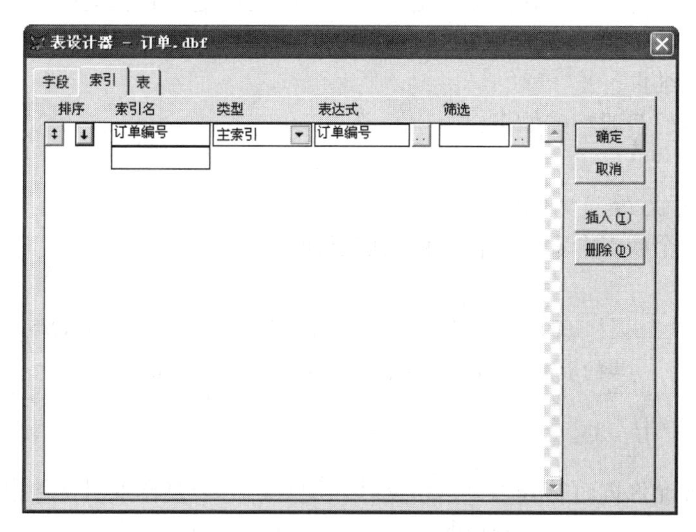

图 4.42　为“订单”表建立索引

（7）单击“确定”按钮，系统显示一个确认对话框。

（8）单击“是”按钮，保存对表结构的修改。

2. 建立独立复合索引文件

通过 INDEX 命令建立独立复合索引文件。

命令格式：

```
INDEX ON 关键字 TAG 索引名 [OF 复合索引文件名]
        [FOR 条件] [DESCENDING]
```

功能：创建一个索引文件。

- 参数说明：

  关键字：指定索引表达式。

  OF 复合索引文件名：把索引存放在指定的复合索引文件中。若省略该选项，索引存放在结构复合索引文件中。

  FOR 条件：只为满足条件的记录建立索引。若省略该选项，则为所有记录建立索引。

  DESCENDING：指定索引顺序为降序。若省略该选项，则索引顺序为升序。

【例 4-7】 以“订单编号”字段为索引关键字，为“订货信息”表建立索引，索引名为“订单编号”，按降序排序，索引保存在独立复合索引文件订单编号.cdx 中。

在命令窗口输入如下命令：

```
USE D:\网上书店系统\订货信息
INDEX ON 订单编号 TAG 订单编号 OF D:\网上书店系统\订单编号 DESCENDING
```

4.6.4 索引文件的引用

1. 打开索引文件

在 Visual FoxPro 中，索引文件不能单独使用，必须与它所对应的表文件一起使用。而且，使用索引文件之前要先将其打开。除了结构复合索引文件是随着表文件的打开而自动打开之外，独立复合索引文件和.idx 索引文件都需要使用命令另行打开，否则这些索引文件将无法使用，也不会得到维护。

打开索引命令的一般格式如下。

命令格式：

SET INDEX TO [索引文件列表]

功能：打开一个或多个索引文件，供当前表使用。

参数说明：

索引文件列表：要打开的索引文件列举，各文件名之间用逗号分隔。若省略该选项，则关闭当前表的所有打开的索引文件，结构复合索引文件除外。

2. 设置当前索引

Visual FoxPro 允许同时打开多个索引文件，而且，一个复合索引文件也可以包含多个索引，但在同一时刻，只能有一个索引起作用，该索引称为当前索引。

设置当前索引命令的一般格式如下。

命令格式：

SET ORDER TO 索引名 [OF 索引文件名]

功能：将指定的索引设置为当前索引。

参数说明：

OF 索引文件名：指定的索引所在的独立复合索引文件。若省略该选项，则说明指定的索引在当前表的结构复合索引文件中。

3. 删除索引文件

对于已经没有用的.cdx 索引文件中的某些索引标识要及时进行处理。如这些索引标识仍

留在索引文件中，那么当打开索引文件后，系统将会花时间来维护这些已无用的索引标识，从而降低系统的工作效率。

（1）删除结构复合索引文件

对于结构复合索引文件，可以在表设计器的“索引”选项卡中删除，删除方法如下。

① 打开表设计器。

② 选择“索引”选项卡。

③ 单击要删除的索引，再单击“删除”按钮。

【注意】 结构复合索引文件，也可以使用命令删除。

（2）删除独立复合索引文件

独立复合索引文件只能使用命令删除，删除索引命令的一般格式如下。

命令格式：

```
DELETE TAG 索引名 1 [OF 索引文件名 1]
  [,索引名 2[OF 索引文件名 2]]…
```

功能：从复合索引文件中删除指定的索引。

参数说明：

索引名 1 [OF 索引文件名 1] [,索引名 2[OF 索引文件名 2]]…：指定要删除的索引及索引所在的复合索引文件。

4.6.5 记录排序

若要根据需要改变记录在表中的显示顺序，可以使用索引对表中记录进行排序。下面按“售价”字段的降序显示“商品信息”表中的记录。

（1）在命令窗口输入如下命令：

```
USE D:\网上书店系统\商品信息
INDEX ON 售价 TAG 售价 OF D:\网上书店系统\售价 DESCENDING
```

（2）打开“商品信息”表的浏览窗口，此时表中记录是按输入顺序显示的。

（3）在系统菜单中，选择“表”下拉菜单中“属性”选项，打开“工作区属性”对话框。

（4）从“索引顺序”下拉列表中选择“售价”选项，如图 4.43 所示，并单击“确定”按钮返回浏览窗口。此时浏览窗口如图 4.44 所示，表中记录是按“售价”字段的降序排列的。

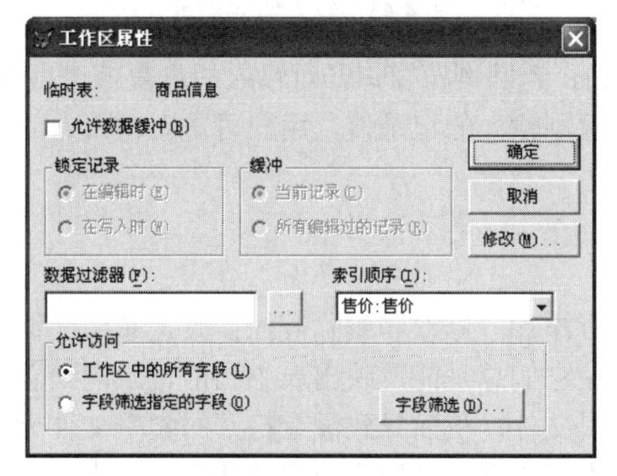

图 4.43　从“索引顺序”下拉列表中选择“售价”选项

商品信息

出版社	出版时间	版次	印刷时间	Isbn	所属分类	定价	售价	简介
中国少年儿童出版社	12/01/06	1	06/01/07	20458875	少儿	92.0000	55.2000	memo
中国传媒大学出版社	10/01/09	1	10/01/09	9787811277302	少儿	35.0000	22.8000	memo
内蒙文化出版社	09/01/09	1	09/10/09	9787806757413	历史	32.0000	22.8000	memo
东方出版中心	01/01/09	3	01/01/09	9787801864284	旅游	39.8000	21.9000	memo
重庆出版社	04/01/08	1	04/01/08	9787536679870	小说	24.8000	14.8000	memo
电子工业出版社	04/01/05	1	04/01/05	9787121007828	计算机	19.0000	14.3000	Memo
	/ /		/ /			0.0000	0.0000	memo

图 4.44　表中记录按“售价”字段的降序排列

（5）单击浏览窗口的关闭按钮，关闭浏览窗口。

4.6.6　控制重复输入

当对表中记录进行修改或添加操作时，如果为该表建立了索引，Visual FoxPro 会自动检验新输入的数据是否满足索引的规定。因此可以利用主索引和候选索引对索引关键字字段值唯一性的要求来控制字段值的重复输入。

下面通过具体实例来说明控制字段值重复输入的方法。

（1）打开“商品信息”表的浏览窗口。

（2）在系统菜单中，选择“表”下拉菜单中的“属性”选项，打开“工作区属性”对话框。

（3）从“索引顺序”下拉列表中选择“商品编号”选项，并单击“确定”按钮，返回浏览窗口。

（4）在系统菜单中，选择“显示”下拉菜单中的“追加方式”选项，然后输入记录，在“商品编号”字段下输入“0001”。

（5）当光标移离该记录时，系统马上对刚输入的记录进行检验，由于“商品编号”字段出现了重复值，系统给出警告，如图 4.45 所示。

图 4.45　输入错误提示

（6）单击“确定”按钮，返回浏览窗口，对输入的重复值进行修改。也可以单击“还原”按钮，这时系统将自动删除刚输入的记录值，用户可重新输入。

4.6.7　索引维护

当用户对表中记录进行添加，修改和删除等操作时，希望能够马上调整这个表建立的每个索引标识和索引文件，使它们总是能反映出表中当前记录的最新状态。但是系统只会自动维护打开的索引标识和索引文件，从而导致没有打开的索引文件无法反映出表中记录的最新状态，因此出现了无效的索引文件。当用户使用这些无效的索引文件时，将无法得到正确的

结果，甚至可能会导致系统崩溃。所以及时维护表中的索引标识和索引文件是非常必要的。

在 Visual FoxPro 中，.cdx 结构复合索引文件是随着表的打开而自动打开的，所以其中的索引标识会得到系统的自动维护。而.cdx 独立复合索引文件和.idx 索引文件则是需要用户自己维护的。用户可以在打开表的同时也打开索引文件，让系统对它们进行维护。但打开的索引文件过多，会降低系统的性能，因此 Visual FoxPro 6.0 提供了一种简单的索引维护方法——重建索引。

1. 使用菜单重建索引

（1）打开需要重建的索引文件。

（2）在系统菜单中，选择“表”下拉菜单中的“重建索引”选项。

2. 使用命令重建索引

重建索引命令的一般格式如下：

命令格式：

```
REINDEX
```

功能：为打开的索引文件重建索引。

4.7 数据库表设计器的其他功能

数据库表设计器和自由表设计器都是用来设计表结构的，但数据库表设计器还提供了一些高级功能，如：数据字段级验证和记录级验证，字段注释和表注释，指定字段的输入和显示格式等。本节主要通过具体实例来介绍数据库表设计器的这些高级功能。

4.7.1 设置字段的输入和显示格式

（1）打开“订单”表的设计器。

（2）选择“收货人”字段。

（3）在“显示”设置栏的“标题”文本框中单击，出现输入提示符后，输入“收货人姓名”，作为“收货人”字段的显示标题。

（4）选择“订单编号”字段。

（5）在“显示”设置栏的“输入掩码”文本框中单击，出现输入提示符后，输入“9999-99-99-99999”。

（6）单击“确定”按钮，系统显示如图 4.46 所示的对话框，单击“是”按钮保存修改。

（7）打开“订单”表的浏览窗口，其中“收货人”字段是按照输入的标题“收货人姓名”显示的。

（8）选择系统菜单中“显示”下拉菜单下的“追加方式”选项，系统会在表的末尾添加一条空记录，并显示一输入框，同时在“订单编号”字段值中自动出现了三个“-”，如图 4.47 所示，此时只需输入数字，如：2009110100001，就会自动成为 2009-11-01-000001。

（9）关闭浏览窗口。

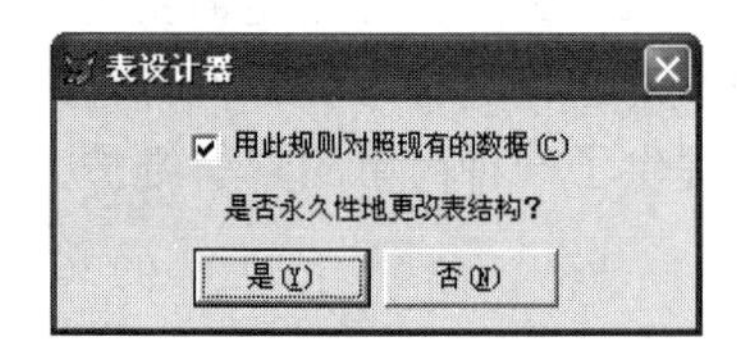

图 4.46　确认是否修改表结构提示

图 4.47　设置字段的“标题”和“输入掩码”后的表

4.7.2　设置字段级验证规则

1. 设置字段的默认值

（1）打开“商品信息”表的设计器。

（2）选择“版次”字段。

（3）在“字段有效性”设置栏的“默认值”文本框中单击，出现输入提示符后，输入“1”，如图 4.48 所示。

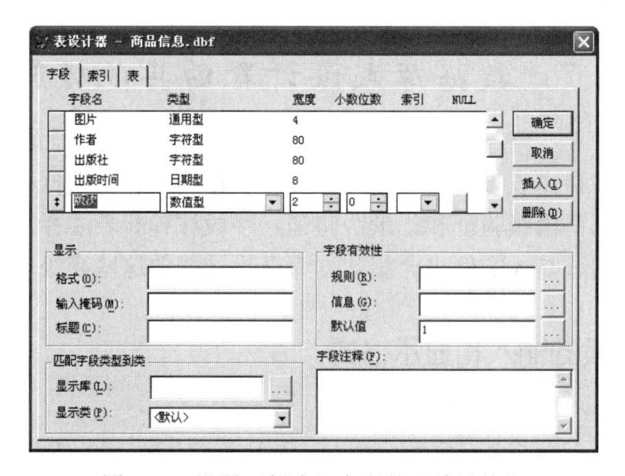

图 4.48　设置“版次”字段的“默认值”

（4）单击“确定”按钮，系统显示如图 4.46 所示的对话框，单击“是”按钮保存修改。

（5）打开“商品信息”表的浏览窗口。

（6）选择系统菜单中“显示”下拉菜单下的“追加方式”选项，系统会在表的末尾添加一条空记录，并显示一输入框，同时在“版次”字段值中自动出现“1”。

（7）输入记录时，如果此书的版次不是 1，再对其进行修改。

（8）关闭浏览窗口。

2. 设置字段的输入规则

（1）打开“商品信息”表的表设计器。

（2）选择“版次”字段

（3）单击“字段有效性”设置栏“规则”选项右侧的...按钮，打开“表达式生成器”窗

口。在此设置表达式：版次>0.AND.版次<100，如图 4.49 所示，然后单击“确定”按钮返回表设计器。

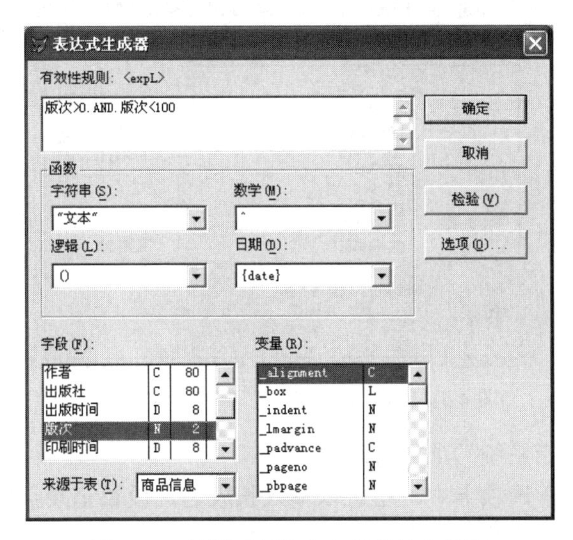

图 4.49　设置“版次”字段的输入规则

（4）在“字段有效性”设置栏的“信息”文本框中输入：‘版次应在 1～99 之间’。

（5）单击“确定”按钮，系统显示如图 4.46 所示的对话框，单击“是”按钮保存修改。

（6）打开“商品信息”表的浏览窗口。

（7）选择系统菜单中“显示”下拉菜单下的“追加方式”选项，系统会在表的末尾添加一条空记录，并显示一输入框，在输入“版次”字段值时，如果输入的值不在设置的规则范围内，当把光标移动到其他字段后就会出现一个警告窗口，如图 4.50 所示。其中显示的提示信息就是在“信息”选项中输入的内容。

图 4.50　输入错误提示信息

（8）选择“确定”按钮返回，并对其进行修改。也可单击“还原”按钮，取消刚才的输入。

（9）关闭浏览窗口。

4.7.3　设置字段注释

（1）打开“订货信息”表的设计器。

（2）选择“订单编号”字段。

（3）单击“字段注释”下的空白栏，出现输入提示符后，输入“订单编号由系统自动生成”。

（4）单击“确定”按钮，系统显示如图 4.46 所示的对话框，单击“是”按钮保存修改。

（5）在项目管理器中，选择“订货信息”表中的“订单编号”字段，刚输入的注释显示在项目管理器的底部，如图 4.51 所示。

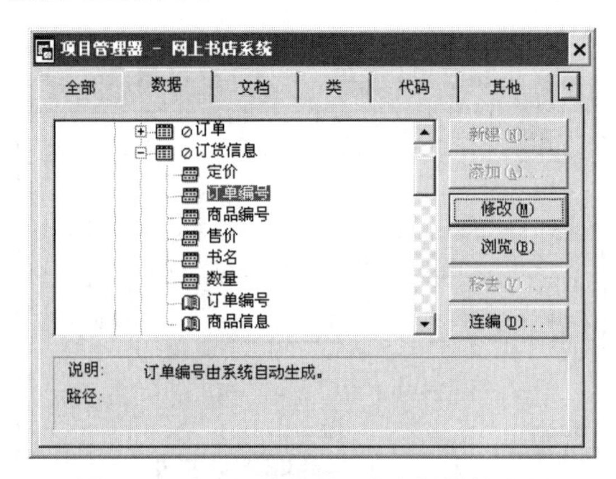

图 4.51　为“订单编号”字段设置的注释

（6）关闭“网上书店系统”项目管理器。

在表设计器的“表”选项卡中，还可以输入长表名，设置记录级验证规则，插入、修改和删除记录触发器、表注释等，这里就不再一一介绍了。

4.8　使用数据库

在 Visual FoxPro 6.0 中，给数据库赋予了新的含义，包括数据表、本地视图、远程视图、连接和存储过程。本节主要介绍数据库的使用方法。

4.8.1　向数据库中添加表

在 Visual FoxPro 6.0 中，表有数据库表和自由表两种，虽然它们的扩展名都是.dbf，但它们之间还是有一定区别的。自由表独立存在，不属于任何数据库。而数据库表属于某一个数据库，也只能属于一个数据库。可以将自由表添加到一个数据库中成为数据库表，而属于某一个数据库的数据库表就不能被添加到另一个数据库中。如需要添加，必须先将其从它所属的数据库中移出，成为自由表后，才能被添加到另一个数据库中。

下面以“网上书店”数据库和“用户基本信息”自由表为例，介绍将自由表添加到一个数据库中的方法。

1. 使用项目管理器添加表

（1）打开“网上书店系统”项目管理器，选择“网上书店”数据库下的“表”选项，然后单击“添加”按钮。

（2）在随后打开的“打开”文件对话框中，选择“D:\网上书店系统”文件夹中的自由表“用户基本信息”，并单击“确定”按钮。

（3）在项目管理器中可以看到自由表“用户基本信息”已被添加到指定的数据库中，如图 4.52 所示，另外在数据库设计器中也会显示新添加的表。

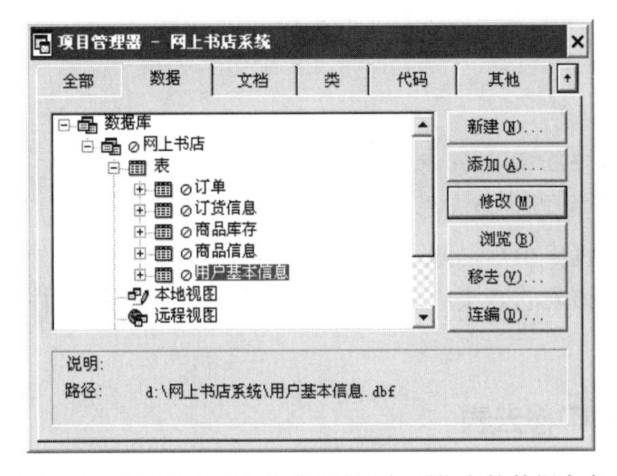

图 4.52　将“用户基本信息”表添加到指定的数据库中

2. 使用数据库设计器添加表

（1）启动“网上书店”数据库设计器。

（2）在系统菜单中，选择“数据库”下拉菜单中的“添加表”选项。

（3）在随后打开的“打开”文件对话框中，选择“D:\网上书店系统”文件夹中的自由表“用户基本信息”，并单击“确定”按钮。

（4）添加后的结果同“使用项目管理器添加表”的方法，新添加的表会在数据库设计器中显示，如图 4.53 所示，也会在项目管理器中显示。

图 4.53　将“用户基本信息”表添加到指定的数据库中

3. 使用命令添加表

使用 ADD TABLE 命令可以完成向数据库中添加自由表的工作，但要求数据库必须处于打开的状态。

命令格式：

ADD TABLE 自由表名|?

功能：向当前数据库中添加表。

参数说明：

自由表名：指定添加到数据库中的表名。

？：显示“打开”对话框，从中可以选择添加到数据库中的表。

【例 4-8】 将“D:\网上书店系统”文件夹中的自由表“用户基本信息”添加到“网上书店”数据库中。

在命令窗口键入如下命令：

```
OPEN DATABASE D:\网上书店系统\网上书店
ADD TABLE D:\网上书店系统\用户基本信息
```

自由表被添加到数据库中后，除了会自动获得数据库表的特性外，Visual FoxPro 6.0 还会自动修改其表头，在该表的表头中加入其所属数据库的路径和文件名，表明该表已属于这个数据库。

4.8.2 从数据库中移去表

自由表可以被添加到数据库中成为数据库表，同样数据库表也可以从数据库中移去成为自由表，以“网上书店”数据库为例，说明从数据库中移去表的方法。

1. 使用项目管理器移去表

（1）在“网上书店系统”项目管理器中，选择“网上书店”数据库下的“商品库存”表，单击“移去”命令按钮。

（2）系统会弹出选择框，询问是想把表从数据库中移去，还是想从磁盘上删除，如图 4.54 所示。单击“移去”按钮，它只会把表从数据库中移去，使之成为自由表。而“删除”按钮不仅把表从数据库中移去，还会将其从磁盘上删除。

（3）单击“移去”按钮后，系统还会给出一选择框，如图 4.55 所示，提醒你“一旦表被移出数据库，长表名和长字段名就不能被用于索引或者程序。继续吗？”，如确实想将表从数据库中移去，请单击“是”按钮，否则单击“否”按钮。

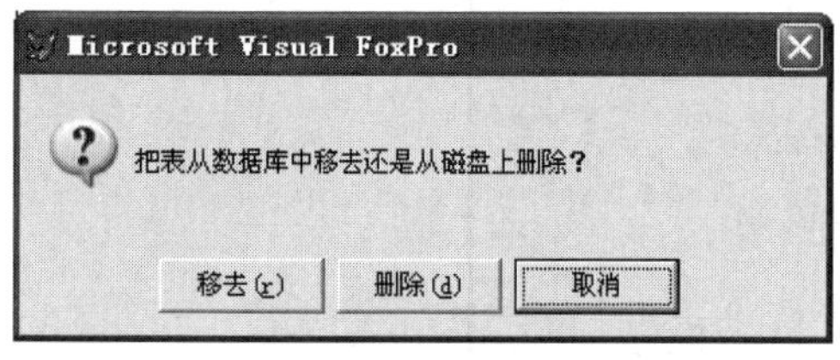

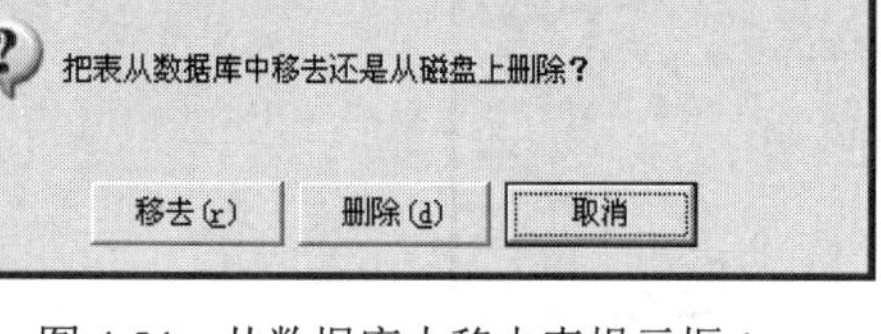

图 4.54　从数据库中移去表提示框 1

图 4.55　从数据库中移去表提示框 2

（4）表从数据库中移去后，在项目管理器中和数据库设计器中就不会再显示该表了。

2. 使用数据库设计器移去表

（1）打开“网上书店”数据库设计器。

（2）选择“商品库存”表，在系统菜单中，选择“数据库”下拉菜单中的“移去”选项，后面的操作同“使用项目管理器移去表”的方法。

（3）同样，表从数据库中移去后，在数据库的设计器和项目管理器中就不会再显示该表了。

3. 使用命令移去表

使用 REMOVE　TABLE 命令也可以把表从数据库中移去。

命令格式：

REMOVE TABLE 表名|?

[DELETE]

功能：从当前数据库中移去一个表。

参数说明：

表名：指定要从当前数据库中移去的表。

？：显示“移去”对话框，从中可以选择一个要从当前数据库中移去的表。

DELETE：指定从当前数据库中移去该表，并从磁盘上删除。

【例 4-9】 将“D:\网上书店系统”文件夹中的“商品库存”表从“网上书店”数据库中移出。

在命令窗口键入如下命令：

```
OPEN DATABASE D:\网上书店系统\网上书店
REMOVE TABLE D:\网上书店系统\商品库存
```

表从数据库中移出后，就不再具备数据表的特性了。同时 Visual FoxPro 6.0 还会自动修改该表的表头，删除其所属的数据库的路径和文件名。

4.8.3 打开数据库

在 Visual FoxPro 中，当使用数据库文件时，要先将其打开。打开数据库的方法如下。

（1）在项目管理器中，单击要打开的数据库文件名前面的“+”号，在打开该数据库的同时，也展开了它的选项。或者选择要打开的数据库文件，然后单击“打开”按钮。

数据库文件被打开后，常用工具栏上“当前数据库”显示框会显示出该数据库的文件名。

（2）在系统菜单中，选择“文件”下拉菜单中的“打开”选项，打开“打开”对话框，从“文件类型”下拉列表中选择“数据库”类型，然后选择要打开的数据库文件，单击“确定”按钮。在打开该数据库的同时，还将显示其设计器。

另外，在“打开”对话框中，还可以选择打开数据库的方式，如：以只读方式打开，以独占方式打开等。如果数据库不是以独占方式打开的，则可以让多个用户同时使用。如果数据库是以独占方式打开的，则允许用户删除其中的记录。

（3）使用 OPEN DATABASE 命令。

命令格式：

OPEN DATABASE[数据库名|?]

[EXCLUSIVE]

功能：打开一个数据库。

参数说明：

数据库名：指定要打开的数据库名。

?：显示“打开”对话框，从中选择一个已存在的数据库，或输入新建数据库名。

EXCLUSIVE：以独占方式打开数据库。

当用户需要同时使用多个数据库中的数据时，可以使用上面的方法将这些数据库同时打开。在 Visual FoxPro 6.0 中，打开一个新的数据库时，系统不会自动关闭已经打开的数据库，只是将新打开的数据库设置为当前数据库。

4.8.4 设置当前数据库

Visual FoxPro 6.0 虽然允许同时打开多个数据库，但在同一时刻，只能对其中的一个数据库进行操作。因此在用户相继打开了多个数据库的情况下，如果要使用的数据库不是当前数据库，那么必须将其设置为当前数据库后才能使用。

设置当前数据库的方法如下。

（1）如果相继打开了多个数据库，那么系统将最后打开的数据库默认为是当前数据库。

（2）单击常用工具栏“当前数据库”显示框右侧的▼，从其下拉列表中选择要设置为当前数据库的文件。

（3）使用 SET DATABASE 命令。

命令格式：

```
SET DATABASE TO [数据库名]
```

功能：指定当前的数据库。

参数说明：

数据库名：指定已打开的数据库名，使其成为当前数据库。

【例 4-10】 打开两个数据库文件，并将其中一个设置为当前数据库。

```
OPEN DATABASE D:\学生管理系统\学生管理
OPEN DATABASE D:\工资管理系统\工资管理
SET DATABASE TO D:\学生管理系统\学生管理
```

执行完前两条命令后，系统打开了“学生管理”和“工资管理”两个数据库，并将最后打开的数据库“工资管理”作为当前数据库。执行完第三条命令后，就将“学生管理”设置为当前数据库了。

4.8.5 关闭数据库

在 Visual FoxPro 中，当数据库文件使用完后，要将其关闭。关闭数据库的方法如下。

（1）在项目管理器中，选择要关闭的数据库文件，然后单击“关闭”按钮。

（2）使用 CLOSE DATABASE 命令。

命令格式：

```
CLOSE DATABASE
```

功能：关闭当前数据库。

CLOSE DATABASE 命令只能关闭当前数据库，因此要关闭的数据库文件若不是当前数据库，必须先将其设置为当前数据库后再关闭。若没有当前数据库，则关闭所有工作区内所有打开的自由表、索引和格式文件，并选择工作区 1。

【例 4-11】 关闭“D:\网上书店系统”文件夹中的“网上书店”数据库文件。

在命令窗口键入如下命令：

```
SET DATABASE TO D:\网上书店系统\网上书店
CLOSE DATABASE
```

（3）使用 CLOSE ALL 命令。

命令格式：

```
CLOSE ALL
```

功能：关闭所有打开的文件。

4.8.6　数据库中表间的关系

在程序设计时，通常需要使用数据库中的多个表，并需要在表间建立各种联系。根据两表间的联系方式，把表间关系分为：一对一关系、一对多关系、多对多关系。

1. 一对一关系

一对一关系又称 1:1，是两表间最简单的关系。若两表间建立了一对一关系，那么其中一个表中的一条记录，在另一个表中最多只有一条记录与其相对应，反之亦然。

如“商品信息”和“商品库存”两个表，这两个表中“商品编号”字段数据相同，因此可以通过“商品编号”将两表关联起来。在“商品信息”表中，“商品编号”字段为某一值的记录，在“商品库存”表中只能找到一条记录，其“商品编号”字段与之相同，反之亦然。

2. 一对多关系

一对多关系又称 1:M，是关系数据库中最常用的关系。若两表间建立了一对多关系，那么其中“一方”表中的一条记录，在“多方”表中可以有多条记录与其相对应，而“多方”表中的一条记录，在“一方”表中最多只有一条记录与其相对应。

如“用户基本信息”和“订单”两个表，其中“用户名”字段数据相同，因此可以通过“用户名”将两表关联起来。在“用户基本信息”表中，“用户名”字段为某一值的记录，在“订单”表中可以找到多条记录，其“用户名”字段都与之相同。

3. 多对多关系

多对多关系又称 M:M，是一种比较复杂的关系。若两表间建立了多对多关系，那么其中一个表中的一条记录可以与另一表中的多条记录相对应，反之亦然。

4.8.7　永久关系

Visual FoxPro 6.0 的数据库属于关系型数据库，因此可以根据需要为数据库中的表建立一定的关系。建立的这种关系被作为数据库的一部分而保存起来，所以称之为永久关系。永久关系一旦建立，便会一直存在数据库中，不用每次打开数据库时再重新建立。

1. 建立永久关系

下面通过“用户名”字段为“用户基本情况”表和“订单”表建立永久关系。

（1）打开数据库设计器

在“网上书店系统”项目管理器中，选择“网上书店”数据库文件，单击“修改”按钮，即可打开数据库设计器。

（2）建立索引

在建立永久关系之前，必须先为数据库表建立索引，并且主表中的索引必须为主索引。将光标移到“用户基本情况”表上，单击鼠标右键，从弹出的快捷菜单中选择“修改”选项，打开“用户基本情况”表的设计器。单击“索引”选项卡，将索引类型改为主索引，单击“确定”按钮，系统显示一个确认对话框，单击“是”按钮，保存对表结构的修改。

（3）建立永久关系

在“网上书店”数据库设计器中，将光标移到“用户基本情况”表的索引“用户名”上，单击并拖动光标，此时光标呈一长条状，将其拖动到“订单”表的索引“用户名”上。这时两表间会出现一条黑色的连线，用来表示两表间的关系，如图 4.56 所示。

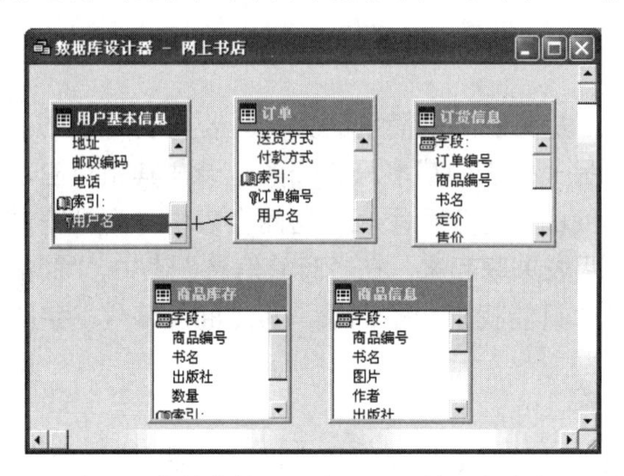

图 4.56　为“用户基本情况”表和“订单”表建立永久关系

每当在查询设计器、视图设计器或数据环境设计器中使用表时，这些永久关系将作为表间的默认连接。

2. 删除永久关系

在数据库设计器中，在两表间的连线上单击鼠标右键，从弹出的快捷菜单中选择“删除关系”选项，此时两表间的连线消失，关系被删除。

3. 编辑关系

在数据库设计器中，在两表间的连线上单击鼠标右键，从弹出的快捷菜单中选择“编辑关系”选项，打开“编辑关系”对话框，可在此编辑两表间的关系。

4.8.8　参照完整性

参照完整性是 Visual FoxPro 6.0 提供的用于确保数据库中表间关系正确的一组规则。下面介绍创建参照完整性的方法。

（1）打开“网上书店”数据库设计器。

（2）在系统菜单中，选择“数据库”下拉菜单中的“清理数据库”选项，清理数据库。

（3）在“用户基本情况”和“订单”两表间的连线上单击鼠标右键，从弹出的快捷菜单中选择“编辑参照完整性”选项，或选择“数据库”下拉菜单中的“编辑参照完整性”选项，打开“参照完整性生成器”对话框，如图 4.57 所示。其中各选项卡的功能如下。

① 更新规则选项卡

级联：当修改父表即“用户基本情况”表中某一记录的“用户名”字段值时，子表（“订单”表）中具有该用户名的记录的“用户名”字段值，将会相应改变。

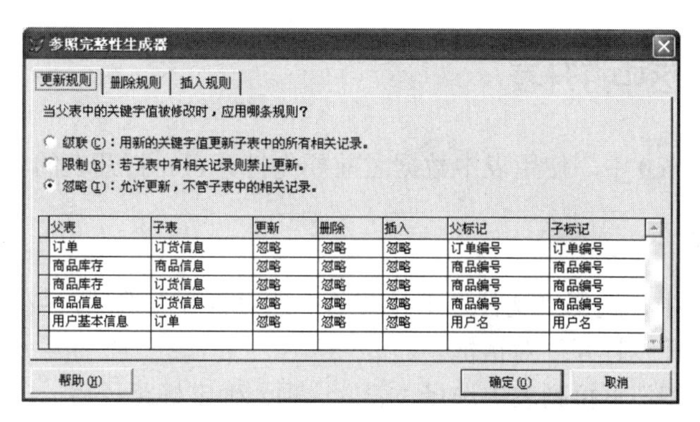

图 4.57　“参照完整性生成器”对话框

限制：当修改父表（“用户基本情况”表）中某一记录的“用户名”字段值时，如子表（“订单”表）中具有相同“用户名”的记录，将禁止该操作。

忽略：两表的更新操作互不影响。

② 删除规则选项卡

级联：当删除父表（“用户基本情况”表）中某一记录时，也将同时删除子表（“订单”表）中具有相同“用户名”字段值的记录。

限制：当删除父表（“用户基本情况”表）中某一记录时，如子表（“订单”表）中具有相同“用户名”字段值的记录，将禁止该操作。

忽略：两表的删除操作互不影响。

③ 插入规则选项卡

限制：当向子表（“订单”表）中插入记录时，如父表（“用户基本情况”表）中没有相同“用户名”字段值的记录，将禁止该操作。

忽略：两表的插入操作互不影响。

（4）这里将“更新”和“删除”规则均设置为“级联”，将插入规则设置为“限制”，然后单击“确定”按钮，系统将给出一提示框，询问“是否保存改变，生成参照完整性代码并退出？”。

（5）单击“是”按钮，系统将生成参照完整性代码（保存在数据库中），并退出“参照完整性生成器”。

4.9　使用多个表

在程序设计时，通常需要同时使用多个表，因此 Visual FoxPro 6.0 引入了工作区和表的别名这两个概念。

4.9.1　工作区

工作区是一个带有编号的区域，用于标识一个打开的表。Visual FoxPro 6.0 允许在 32767 个工作区中打开表，但一个工作区中只能打开一个表。工作区可以用它的编号来表示。当在一个工作区中打开了一个表后，也可以用表名、表别名来标识该工作区。

4.9.2　在工作区中打开表

在 Visual FoxPro 6.0 中，使用表中数据之前要先打开表。打开表的方法如下。

1. 使用菜单打开表

（1）在系统菜单中，选择“文件”下拉菜单中的“打开”选项，或单击常用工具栏上的“打开”按钮，打开“打开”对话框。

（2）从“文件类型”下拉列表中选择“表”选项，确定好路径后，选择要打开的表文件，然后单击“确定”按钮。

这种方法只能在当前工作区中打开一个表。当打开第二个表时，系统将自动关闭之前打开的表。

2. 在数据工作期中打开表

（1）在系统菜单中，选择“窗口”下拉菜单中的“数据工作期”选项，或单击常用工具栏上的“数据工作期”按钮，打开“数据工作期”窗口，如图 4.58 所示。

（2）单击“打开”按钮，打开“打开”对话框，如图 4.59 所示。

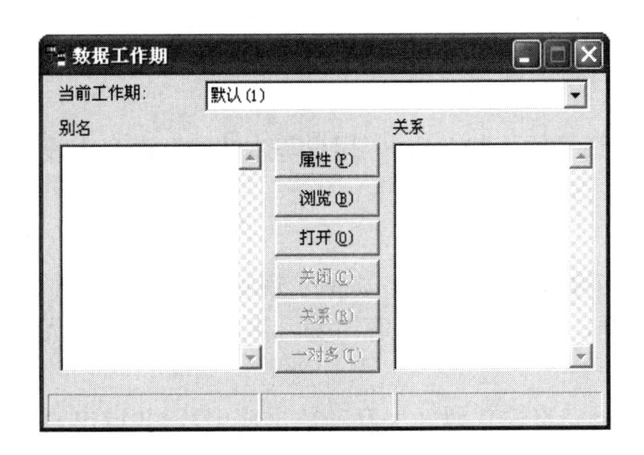

图 4.58　“数据工作期”窗口

图 4.59　“打开”对话框

（3）选择要打开的表文件，然后单击“确定”按钮。

（4）若要同时打开多个表文件，可重复（2）、（3）两步操作。如果要打开的表文件在“数据库中的表”列表框中没有显示，可以单击“其他”按钮，从打开的“打开”对话框中选择要打开的表文件。

（5）单击“关闭”按钮，关闭“数据工作期”窗口。

3. 使用命令打开表

打开表文件命令的一般格式如下。

命令格式：

USE [表文件名] [IN 工作区号] [ALIAS 别名]

功能：打开表文件。

参数说明：

IN 工作区号：在指定的工作区中打开表。如果指定的工作区号为 0，则在当前没有使用的最小工作区中打开表。

ALIAS 别名：为打开的表指定一个别名。若省略该选项，则系统自动将该表名默认为这个表的别名。

【例 4-12】　打开“D:\网上书店系统”文件夹中的“商品信息”表。

在命令窗口输入如下命令：

```
USE D:\ 网上书店系统\商品信息 IN 0
```

或在命令窗口输入：

```
SELECT 0
USE D:\网上书店系统\商品信息
```

4.9.3　关闭工作区中的表

表中数据使用完后，要关闭表文件，关闭表的方法如下。

1. 在数据工作期中关闭表

打开“数据工作期”窗口，从“别名”列表框中选择要关闭的表文件，然后单击“关闭”按钮。

2. 使用命令关闭表

关闭表文件的一般格式如下。

命令格式：

USE [IN 工作区号|表别名]

功能：关闭表文件。

参数说明：

IN 工作区号|表别名：关闭指定工作区中的表文件。若省略该选项，则关闭当前工作区中的表文件。

【例 4-13】　关闭“商品信息”表文件。

可在命令窗口输入如下命令：

```
USE IN 商品信息
```

或在命令窗口输入：

```
SELECT 商品信息
USE
```

4.9.4　使用多个表中的数据

1. 表别名

表的别名是 Visual FoxPro 用来引用工作区中打开的表的。在使用命令打开表时，可以指定一个别名。如果没有指定别名，系统则自动将该表名默认为是这个表的别名。

在 Visual FoxPro 中，别名由字母、数字和下画线组成，并且必须由字母或下画线开始，最大长度为 254 个字符。如果指定的别名中出现了不符合要求的字符时，Visual FoxPro 将自动为其创建一个别名。

无论是系统默认的别名，还是用户自己指定的别名，都可用来标识这个表，同时也可用来标识打开它的工作区，在需要使用别名的命令和函数中，也可以使用。

使用 USE 命令的 AGAIN 子句，可以在不同的工作区中多次打开同一个表。这时如果没有为该表指定别名，或指定的别名发生了冲突，Visual FoxPro 将自动赋予它一个别名。前 10 个工作区中指定的别名是从 A 到 J，从第 11 个到第 32767 个工作区中指定的别名是从 W11 到 W32767。

2. 设置当前工作区

设置当前工作区命令的一般格式如下。

命令格式：

```
SELECT 工作区号|表别名
```

功能：将指定的工作区设置为当前工作区。

例如：
```
SELECT 0
USE D:\网上书店系统\商品信息
SELECT 0
USE D:\网上书店系统\订货信息
SELECT 商品信息
```

执行完上述命令后，打开了两个表文件，并将“商品信息”表所在的工作区设置为当前工作区。

3. 使用多个表中的数据

Visual FoxPro 允许用户同时使用多个表中的数据，但是当前工作区却只有一个。为了能够在当前工作区中使用其他工作区中打开的表中的数据，可以在所用字段前加上该表的别名或工作区别名，并在别名和字段名之间用“.”或“→”来间隔。

例如：当前工作区为“商品库存”表所在的工作区，此时若想引用另一个打开的表“商品信息”表中的“定价”字段的值，则应写成：商品信息.定价或商品信息→定价。

4. 建立表间关系

当使用多个表时，会希望在一个表中记录指针的移动，但与它相关的表中的记录指针也做相应的移动。在 Visual FoxPro 6.0 中，用户可以通过在两表间建立关联来实现这种功能。其中，起决定性作用的表称为父表，与之相关的表称为子表。

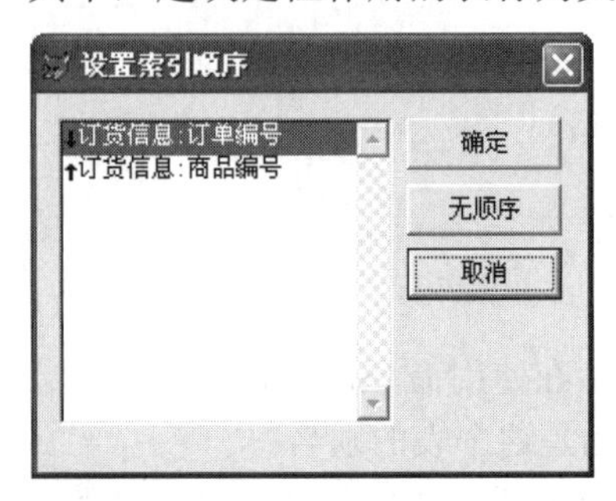

图 4.60　“设置索引顺序”对话框

（1）在“数据工作期”窗口中建立表间关系

通过“订单编号”字段为“订单”表和“订货信息”表建立关系。

① 打开“数据工作期”窗口。

② 打开“订单”和“订货信息”两个表。

③ 选择“别名”列表框中的“订单”表，单击“关系”按钮，将其添加到“关系”列表框中。

④ 选择“别名”列表框中的“订货信息”表，此时将打开“设置索引顺序”对话框，如图 4.60 所示。

⑤ 选择列表框中的“订货信息.订单编号”选项，然后单击“确定”按钮，打开表达式生成器。这时可以看到，在“SET RELATION”文本框中显示索引关键字“订单编号”。

⑥ 单击表达式生成器的“确定”按钮，返回“数据工作期”窗口。建立的两表间的关系如图 4.61 所示。

⑦ 由于“订单”和“订货信息”表间是一对多的关系，因此单击“一对多”按钮，打开“创建一对多关系”对话框，如图 4.62 所示。

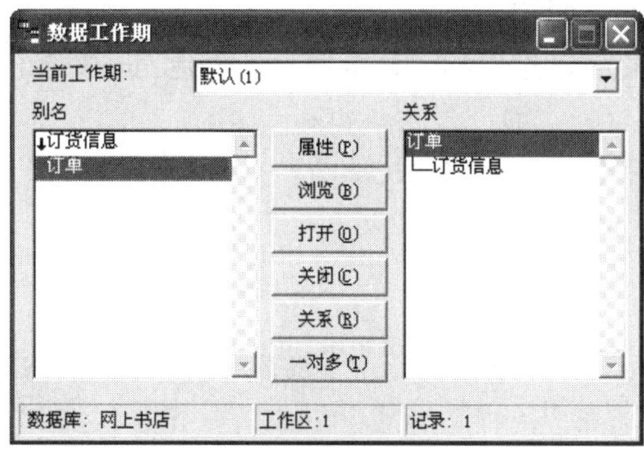

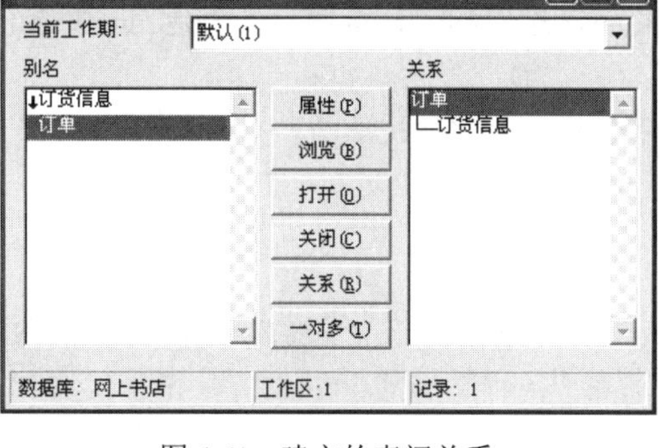

图 4.61　建立的表间关系

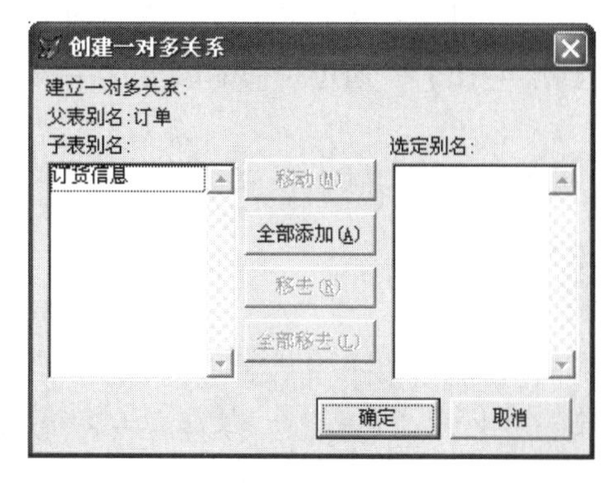

图 4.62　“创建一对多关系”对话框

⑧ 选择“子表别名”列表框中的“订货信息”，单击“移动”按钮，将其添加到“选定别名”列表框中。

⑨ 单击“确定”按钮，返回“数据工作期”窗口。这时可以看到，“关系”列表框中两表间的连线变成了双线。

⑩ 关闭“数据工作期”窗口。

用这种方法建立的表间关系是临时关系，当建立关系的表文件被关闭时，关系也就不存在了。

（2）使用命令建立一对一关系

建立表间一对一关系命令的一般格式如下。

命令格式：

SET RELATION TO [关键字 INTO 别名]

功能：以当前表为父表，建立与别名指定的表间的一对一关系。

参数说明：

关键字 INTO 别名：“关键字”是指定建立关系的关键字，“别名”是子表的别名。若省略该选项，则为取消表间关系。

【例 4-14】 通过“商品编号”字段为“商品库存”和“商品信息”表建立一对一的关系。

在命令窗口键入如下命令：

```
USE D:\网上书店系统\商品库存 IN 0
USE D:\网上书店系统\商品信息 IN 0
SELECT 商品信息
SET ORDER TO TAG 商品编号
SELECT  商品库存
SET RELATION TO 商品编号 INTO 商品信息
```

执行完上述命令后，打开“数据工作期”窗口，可以看到，已建立了“商品库存”和“商品信息”表的关系。

（3）使用命令建立一对多关系

建立表间一对多关系命令的一般格式如下。

命令格式：

```
SET SKIP TO 别名
```

功能：以当前表为父表，建立与别名指定的表间的一对多关系。

【例 4-15】 通过“商品编号”字段为“商品信息”和“订货信息”表建立一对多的关系。

应先建立两表间的一对一关系，然后再使用上述命令建立一对多的关系。

本章小结

1. 在 Visual FoxPro 6.0 中，表有两种类型，即自由表和作为数据库一部分的数据库表。数据库表和自由表可以相互转换，但数据库表只能属于一个数据库。

2. 创建表有三种方法：利用表向导创建表，利用表设计器创建表，使用命令创建表。

3. 在数据库表设计器中还可以设置数据字段级验证和记录级验证。

4. 在对表中数据进行操作时，可以根据需要定制浏览窗口，如：调整字段的显示宽度、顺序，设置浏览窗口分区、改变字体，以及过滤显示等。

5. 索引分为主索引、候选索引、唯一索引和普通索引。只有数据库表才能建立主索引，而且只能建立一个主索引。

6. 索引文件有两种结构：传统的.idx 索引文件，只有一个索引关键字表达式；复合索引文件.cdx，包含了多个索引关键字表达式。复合索引文件又分为结构复合索引文件和独立复合索引文件。

7. 利用主索引和候选索引对索引关键字字段值的唯一性要求可以控制字段值的重复输入。

8. Visual FoxPro 6.0 的数据库属于关系型数据库，因此可以根据需要为数据库中的表建立一定的关系。建立的这种关系被作为数据库的一部分而保存起来，所以称之为永久关系。

9. 在程序设计时，通常需要使用数据库中的多个表，并需要在表间建立各种联系。根据两表间的联系方式，把表间关系分为：一对一关系、一对多关系、多对多关系。

10. 工作区是一个带有编号的区域，用于标识一个打开的表。

11. 若想了解工作区的应用情况，可以使用“数据工作期”窗口。

12. 表的别名是 Visual FoxPro 6.0 用来引用工作区中打开的表的。

13. 当使用多个表时，希望一个表中记录指针的移动，但会导致与他相关的表中的记录指针也做相应的移动，这就要求在两表间建立关联。要注意的是，父表一般采取主索引类型，而子表可以根据关联类型来选择主索引或普通索引。

习题 4

一、填空

1. 在 Visual FoxPro 6.0 中，表分为__________和__________。

2. 索引分为__________、__________、__________和__________。只有数据库表才能建立__________，而且只能建立一个。

3. 利用__________和__________对索引关键字字段值的唯一性要求可以控制字段值的重复输入。

4. 根据两表间的联系方式，把表间关系分为__________，__________和__________。

5. 当使用多个表时，希望一个表中记录指针的移动，但会导致与他相关的表中的记录指针也做相应的移动，这就要求在两表间建立__________。

6. 在 VFP 6.0 中，表文件的扩展名为__________，数据库文件的扩展名为__________。

二、选择

1. 一个仓库里可以存放多个部件，一种部件可以存放于多个仓库，仓库与部件之间是__________的联系。

A．一对一　　B．多对一　　C．一对多　　D．多对多

2. 如果一个班只能有一个班长，而且一个班长不能同时担任其他班的班长，班级和班长两个实体之间的关系属于__________。

A．一对一联系　　B．一对二联系　　C．多对多联系　　D．一对多联系

3. 为了设置两个表之间的数据参照完整性，要求这两个表__________。

A．同一个数据库中的两个表　　B．两个自由表

C．一个自由表和一个数据库表　　D．没有限制

4. 用命令"INDEX on 姓名 TAG index_name "建立索引，其索引类型是__________。

A．主索引　　B．候选索引　　C．普通索引　　D．唯一索引

5. 执行命令"INDEXon 姓名 TAG index_name "建立索引后，下列叙述错误的是__________。

A．此命令建立的索引是当前有效索引

B．此命令所建立的索引将保存在.idx 文件中

C．表中记录按索引表达式升序排序

D．此命令的索引表达式是"姓名"，索引名是"index_name"

6. 执行下列一组命令之后，选择"职工"表所在工作区的错误命令是__________。

```
CLOSE ALL
USE 仓库 IN 0
USE 职工 IN 0
```

A．SELECT 职工　　B．SELECT 0　　C．SELECT 2　　D．SELECT B

三、问答题

1. 在 Visual FoxPro 6.0 中，表分为哪两种？它们之间有何异同？
2. 创建表有几种方法？
3. 如何启动表设计器和数据设计器？
4. 向表中添加记录有几种方法？各有何特点？
5. 删除记录有几种方法？删除记录与彻底删除有何不同？
6. 向表中添加记录时，备注型和通用型应如何操作？
7. 浏览窗口有何作用？
8. 如何向数据库中添加表？如何从数据库中移去表？
9. 什么是当前数据库？应如何设置？
10. 索引按对索引关键字的要求不同，可以分为几种？
11. 在 Visual FoxPro 6.0 中，索引文件类型有几种？各有何特点？

12. 索引文件有哪些应用？
13. 索引文件应如何维修？
14. 什么是工作区？在 Visual FoxPro 6.0 提供了多少个工作区？
15. “数据工作期”窗口有何作用？如何使用？
16. 什么是别名？有何作用？应如何设置表的别名？
17. 什么是永久关系？如何设置表间的永久关系？

四、操作题

1. 建立“商品库存”数据库表，其表结构如下。

字段名称	数据类型	字段长度	小数位数
商品编号	字符型	10	
书名	字符型	80	
出版社	字符型	80	
数量	数值型	3	

2. 向“商品库存”表中添加记录，其表中数据如下。

商品编号	书名	出版社	数量
0001	数据库应用基础——Visual FoxPro 6.0（第 2 版）	电子工业出版社	156
0002	藏地密码	重庆出版社	30
0003	海盗之谜	内蒙文化出版社	46
0004	小淘气尼古拉的故事（全 10 册）	中国少年儿童出版社	72
0005	美式口语乐翻天	中国传媒大学出版社	109
0006	2009 中国自助游	东方出版中心	61
…	…		

3. 建立索引

（1）以“用户名”字段为索引关键字，为“订单”表建立普通索引，索引名为“用户名”，按升序排序。

（2）以“订单编号”字段为索引关键字，为“订货信息”表建立普通索引，索引名为“订单编号”，按降序排序。

（3）以“商品编号”字段为索引关键字，为“订货信息”表建立普通索引，索引名为“商品编号”，按升序排序。

（4）以“用户名”字段为索引关键字，为“用户基本信息”表建立普通索引，索引名为“用户名”，按升序排序。

（5）以“商品编号”字段为索引关键字，为“商品信息”表建立主索引，索引名为“商品编号”，按升序排序。

（6）以“商品编号”字段为索引关键字，为“商品库存”表建立主索引，索引名为“商品编号”，按升序排序。

4. 建立永久关系

（1）通过“订单编号”建立“订单”和“订货信息”两表间的永久关系。

（2）通过“商品编号”建立“商品信息”和“订货信息”两表间的永久关系。

（3）通过“商品编号”建立“商品库存”和“订货信息”两表间的永久关系。

（4）通过“商品编号”建立“商品信息”和“商品库存”两表间的永久关系。

实验

实验一　创建数据库和表

1. 实验目的

（1）掌握使用数据库设计器创建数据库的方法。
（2）掌握使用表设计器创建表的方法。
（3）掌握使用表向导创建表的方法。

2. 实验内容

（1）创建自由表文件
① 在“学生成绩管理”项目管理器中，使用表设计器创建一个自由表“第一学期成绩”，表结构如下。

字段名	字段类型	字段宽度	小数位数
学号	字符型	6	
数学	数值型	5	1
语文	数值型	5	1
英语	数值型	5	1
政治	数值型	5	1
计算机基础	数值型	5	1
操作系统	数值型	5	1

② 在“学生成绩管理”项目管理器中，使用表向导创建一个自由表“第二学期成绩”，表结构如下。

字段名	字段类型	字段宽度	小数位数
学号	字符型	6	
数学	数值型	5	1
语文	数值型	5	1
英语	数值型	5	1
政治	数值型	5	1
办公软件	数值型	5	1
QBASIC	数值型	5	1

（2）创建数据库文件
在“学生成绩管理”项目管理器中，使用数据库设计器创建一个数据库文件“成绩管理”。
（3）创建数据库表文件
在“学生成绩管理”项目管理器中，使用表设计器创建一个数据库表“学生基本情况”，表结构如下。

字段名	字段类型	字段宽度	小数位数
学号	字符型	6	
姓名	字符型	8	
性别	字符型	2	

续表

字 段 名	字 段 类 型	字 段 宽 度	小 数 位 数
班级	字符型	6	
政治面貌	字符型	4	
职务	字符型	10	

实验二　维护表中数据

1. 实验目的

（1）掌握向表中添加记录的方法。

（2）掌握删除表中记录的方法。

（3）掌握向数据库中添加表和从数据库中移去表的方法。

2. 实验内容

（1）添加记录

① 使用键盘向“第一学期成绩”表中添加记录。

② 首先从“第一学期成绩”表文件向“第二学期成绩”表文件中追加记录（只追加“学号”字段的值），再使用键盘向“第二学期成绩”表中添加其他字段的值。

③ 使用键盘向“学生基本情况”表中添加记录。

【注意】 表中数据可以使用本班同学的名字或自行设计，每个表中至少包含 10 条记录。

（2）删除记录

将三个表中不需要的记录删除。

（3）向数据库中添加表文件

① 将自由表“第一学期成绩”添加到“成绩管理”数据库中。

② 将自由表“第二学期成绩”添加到“成绩管理”数据库中。

实验三　使 用 索 引

1. 实验目的

（1）掌握建立结构复合索引的方法。

（2）掌握使用索引对记录进行排序的方法。

2. 实验内容

（1）建立索引

① 为“学生基本情况”表建立索引。

在表设计器中，以“学号”字段为索引关键字，建立主索引，索引名为“学号”，按升序排序。

② 为“第一学期成绩”表建立索引。

在表设计器中，以“学号”字段为索引关键字，建立主索引，索引名为“学号”，按升序排序。

在表设计器中，分别以“数学”、“语文”、“英语”字段为索引关键字，建立普通索引，索引名分别为“数学”、“语文”、“英语”，按降序排序。

③ 为“第二学期成绩”表建立索引。

在表设计器中，以“学号”字段为索引关键字，建立主索引，索引名为“学号”，按升序排序。

在表设计器中，分别以“办公软件”、“QBASIC”字段为索引关键字，建立普通索引，索引名分别为“办公软件”、“QBASIC”，按降序排序。

（2）记录排序

① 分别按“数学”、“语文”、“英语”成绩的降序，浏览“第一学期成绩”表中的数据。

② 分别按“办公软件”、“QBASIC”成绩的降序，浏览“第二学期成绩”表中的数据。

实验四　建立表间关系

1. 实验目的

（1）掌握在“数据工作期”窗口建立表间关系的方法。

（2）掌握使用数据库设计器建立表间关系的方法。

2. 实验内容

（1）在“数据工作期”窗口建立表间关系

在“数据工作期”窗口，通过“学号”字段为“学生基本情况”和“第一学期成绩”表建立一对一的关系。

（2）使用数据库设计器建立表间关系

① 打开数据库设计器，通过“学号”字段为“学生基本情况”和“第二学期成绩”表建立一对一的关系。

② 创建参照完整性。

③ 打开数据库设计器，通过“学号”字段为“学习基本情况”和“第一学期成绩”表建立一对一的关系。

④ 创建参照完整性。

第 5 章　查询和视图

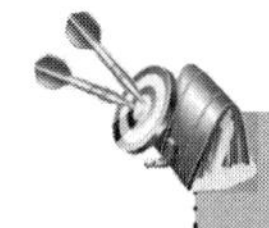

本章知识目标

- 理解查询和视图概念
- 掌握使用查询设计器和查询向导设计查询的方法
- 掌握定向输出查询文件的方法
- 了解 SQL 查询语句
- 掌握使用视图设计器设计视图的方法
- 掌握使用视图更新数据的方法

前面所做的建立数据库、向表中存储数据等大量工作，只是为应用程序的设计打了一个基础，因为表中存储的数据再多，不使用也是没有意义的。数据查询是 Visual FoxPro 6.0 中处理数据时最常用的操作之一，数据查询可以在繁杂的数据中提取用户所需要的数据，以方便用户的统计和查询工作。

视图相当于是一个定制的特殊的表，它存储于数据库中，不能独立存在，使用视图可以更新表中的记录，并把更新结果送回到源表。

5.1　创建与运行查询

在 Visual FoxPro 6.0 中，设计一个查询主要是通过指定数据源，设置筛选条件，选择所需字段，指定排序依据等工作来完成的。设计查询的方法有：利用查询设计器设计查询，利用向导设计查询和通过 SELECT-SQL 语句来创建查询。

5.1.1　查询设计器

Visual FoxPro 6.0 为用户提供了查询设计器，使用它可以非常方便地设计查询文件。下面介绍查询设计器的启动方法和使用方法。

1. 启动查询设计器

在项目管理器中打开查询设计器的方法如下：

（1）打开“网上书店系统”项目管理器。

（2）打开“网上书店”数据库文件。

（3）在项目管理器中，选择“数据”选项卡中的“查询”选项，然后单击“新建”按钮，

弹出“新建查询”对话框，如图 5.1 所示。

（4）单击“新建查询”按钮，打开“添加表或视图”对话框，如图 5.2 所示。

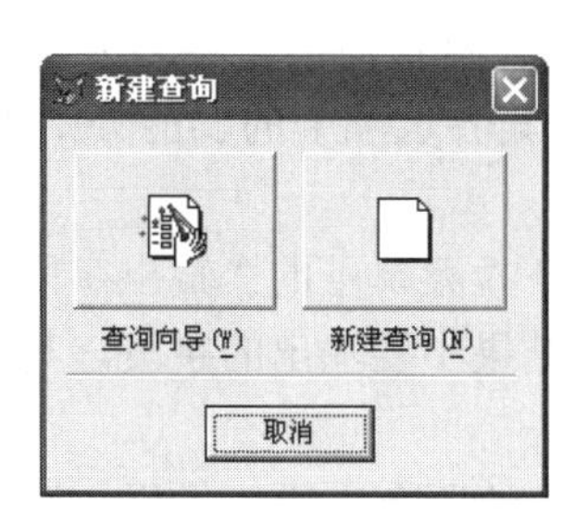

图 5.1　“新建查询”对话框

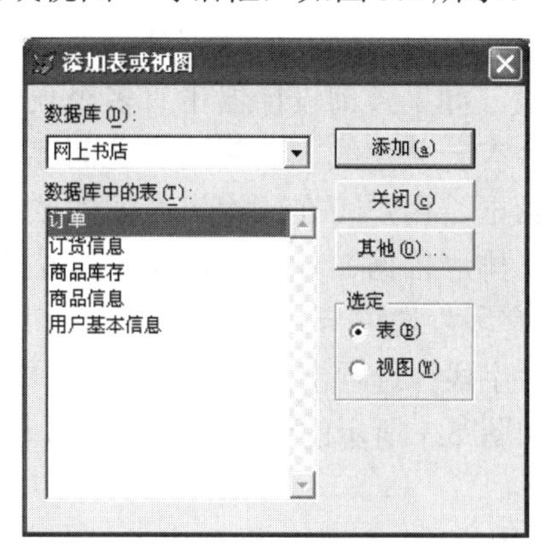

图 5.2　“添加表或视图”对话框

（5）在打开查询设计器之前，系统先让用户从当前数据库或自由表中选择查询所需的表或视图。在 Visual FoxPro 6.0 中，一个查询可以使用一系列的数据源。在“数据库中的表”列表框中列出了当前数据库中所有的表，根据查询的需要，可以从中选择一个或多个表，如需要视图还可选择视图选项。若还想选择其他数据库中的表，可以从“数据库”下拉列表中选择所需数据库，或单击“其他”按钮，打开“打开”文件对话框，从中选择所需的表文件。在此选择“商品信息”表，然后单击“添加”按钮。数据源选择完毕后，单击“关闭”按钮即可打开“查询设计器”，如图 5.3 所示。

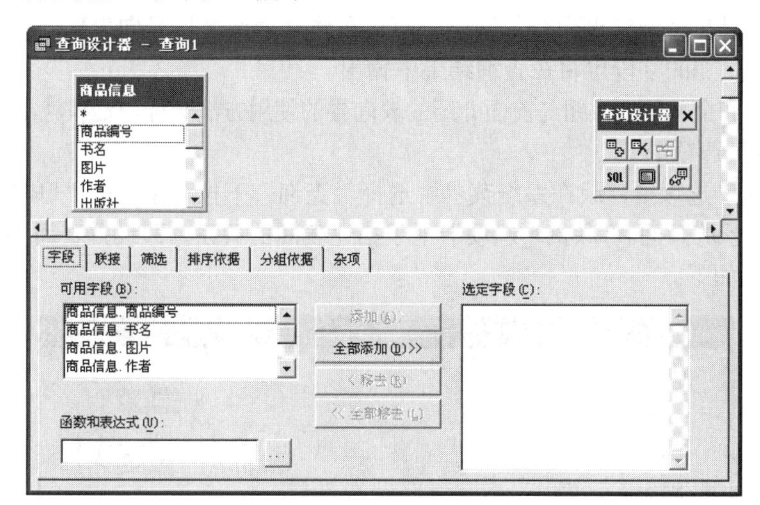

图 5.3　查询设计器

另外，还可以利用菜单启动查询设计器，方法如下：

1）在系统菜单中，选择“文件”下的“新建”选项，打开“新建”对话框。

2）选择“查询”单选按钮，再单击“新建文件”按钮，在打开查询设计器的同时，还将打开“添加表或视图”对话框。

3）将所需的表添加到查询设计器中，然后单击“关闭”按钮。

2. 查询设计器

查询设计器窗口分上下两部分，上半部分是一空白区域，用于显示查询所需的表或视图及其字段。如果查询设计器中有多个表，而且表之间存在关联的话，那么在两个相关联的表之间会有一条连线，表明两表之间存在关联。用鼠标双击这条关系线，可打开“联接条件”对话框。用户可在此编辑表间的联接条件。查询设计器窗口的下半部分由字段、联接、筛选、排序依据、分组依据和杂项 6 个选项卡组成，其各选项卡的功能分别为：

（1）“字段”选项卡

单击“字段”选项卡，或在系统菜单中选择“查询”下拉菜单下的“输出字段”选项，都可显示如图 5.3 所示的画面。字段选项卡用于选取查询结果中要输出的字段，其中各选项的含义如下：

◎ 可用字段：该列表框列出了包含在查询设计器中表的所有字段，供用户选择查询结果中要输出的字段。

◎ 选定字段：该列表用于显示从可用字段列表中选取的字段和表达式，即显示将要在查询结果中输出的字段和表达式。

◎ 函数/表达式：用户可以根据查询的需要在此确定一个函数或表达式作为查询结果中输出的一部分。另外，用户也可以在此给字段加别名。

◎ 全部添加：单击该按钮表示选取可用字段列表中的所有字段作为查询结果输出，并将所有字段都移到选定字段列表中。如果单击查询设计器上部所需表中的“*”，并拖动到选定字段列表中，也可选取所需表中的全部字段。当选取表中所有字段时，不仅可以在查询结果中全部输出，而且在建立查询之后又向表里增加新的字段时，这些新增加的字段也将在查询结果中输出。

添加、移去和全部移去按钮与前面介绍的表向导的使用方法一样，这里就不再赘述了。

（2）“联接”选项卡

单击“联接”选项卡，或在系统菜单中选择“查询”下拉菜单下的“联接”选项，均可显示如图 5.4 所示的画面。“联接”选项卡用于描述表间的关系，即设置表间的联接条件。其中各选项的含义如下：

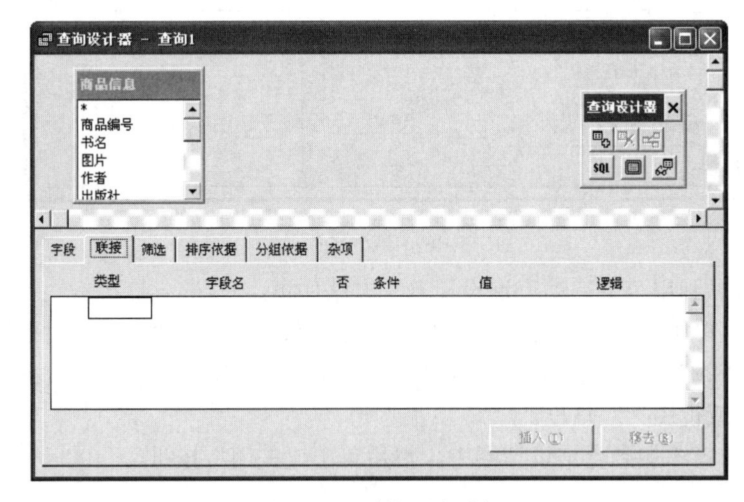

图 5.4　“联接”选项卡

类型：即表间联接的类型。

字段名：表 1 中用于联接的字段的字段名。

否：取与设定的条件相反的条件。

条件：指定比较的类型和标准。

值：表 2 中用于联接的字段的字段名。

逻辑：指定联接条件间的逻辑关系，即选择 OR、AND 或无。

插入按钮：单击该按钮可在当前位置插入一空联接条件。

移去按钮：单击该按钮可删除指定的联接条件。

（3）“筛选”选项卡

单击“筛选”选项卡，或在系统菜单中选择“查询”下拉菜单下的“筛选”选项，均可显示如图 5.5 所示的画面。“筛选”选项卡用于设置查询过滤条件，即选择满足所需条件的记录。其中各选项的含义如下：

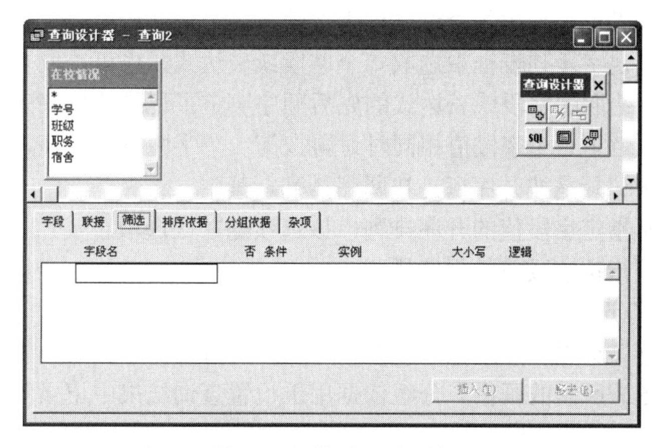

图 5.5　“筛选”选项卡

字段名：在添加到查询设计器的表或视图中选取一个字段或表达式作为查询的条件，但不能使用通用型或备注型字段。

否：取与设定的条件相反的条件。

条件：指定比较的类型和标准。

实例：给出样本值，即比较的条件。

在给出样本值时，字符型数据不要用引号括起来，除非给出的字符串与表中字段名相同。日期型数据也不要用括号括起来，但逻辑值的前面和后面必须加圆点（.）。

大小写：指出“字段名”列给出的字段值与“实例”列给出的样本值之间进行匹配时是否区分大小写。

逻辑：指定多个查询条件间的逻辑关系，即选择 OR、AND 或无。

插入按钮：单击该按钮可在当前位置插入一空查询条件。

移去按钮：单击该按钮可删除指定的查询条件。

（4）“排序依据”选项卡

单击“排序依据”选项卡，或在系统菜单中选择“查询”下拉菜单下的“排序依据”选项，均可显示如图 5.6 所示的画面。“排序依据”选项卡用于指出查询结果中记录的输出顺序。其中各选项的含义如下：

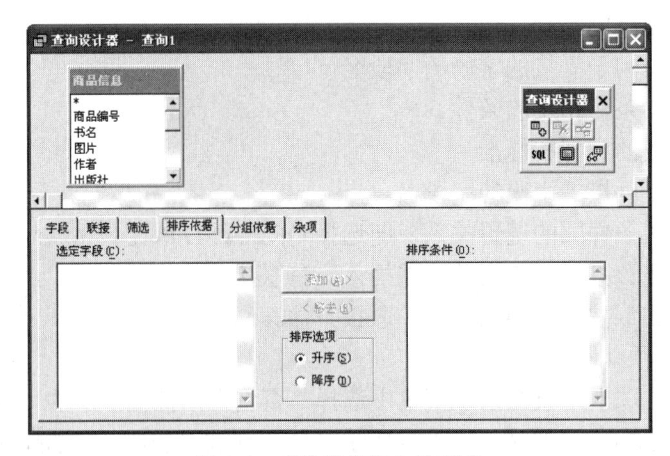

图 5.6 “排序依据”选项卡

选定字段：该列表框中列出了查询结果中要输出的所有字段及表达式。

排序条件：在选定字段列表框中选取一个字段或表达式，也可选取多个字段或表达式作为记录的排序依据。选取的字段或表达式的先后顺序决定了记录的排序条件，即记录先按第一个字段值来排序，当第一个字段值相同时，再按第二个字段值来排序，依此类推。

排序选项：指出记录是按升序还是按降序排列。其中：

升序：记录按照指定字段值的升序排列，该选项是默认选项。

降序：记录按照指定字段值的降序排列。

（5）“分组依据”选项卡

单击“分组依据”选项卡，或在系统菜单中选择“查询”下拉菜单中的“分组依据”选项，均可显示如图 5.7 所示的画面。分组依据用于设置查询结果中记录的分组条件。其中各选项的含义如下：

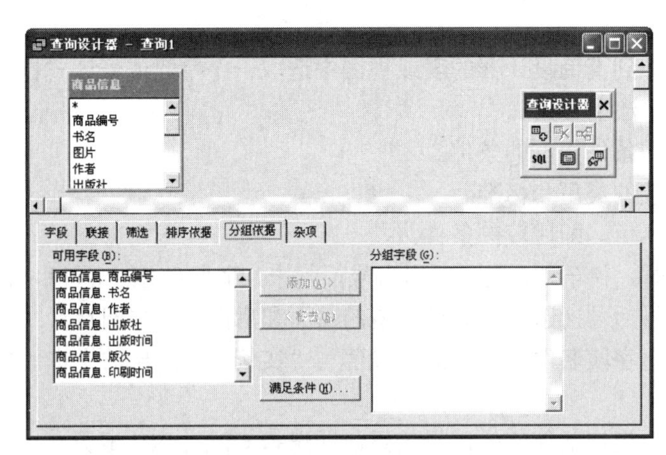

图 5.7 “分组依据”选项卡

可用字段：该列表框列出了包含在查询设计器中表的所有字段。

分组字段：在可用字段列表框中选取一个或多个字段作为记录的分组依据。

满足条件：用于对分组的结果进行过滤，而不是单个记录。单击该按钮会显示“满足条件”对话框，该对话框中各选项与“筛选”选项卡各选项的功能及用法相同，这里就不再介绍了。

当使用 SUM、COUNT、AVG 等函数时，分组功能是非常有用的。

（6）“杂项”选项卡

单击“杂项”选项卡，或在系统菜单中选择“查询”下拉菜单中的“杂项”选项时，均会显示如图 5.8 所示的画面。杂项用于设置其他的查询条件。其中各选项的含义如下：

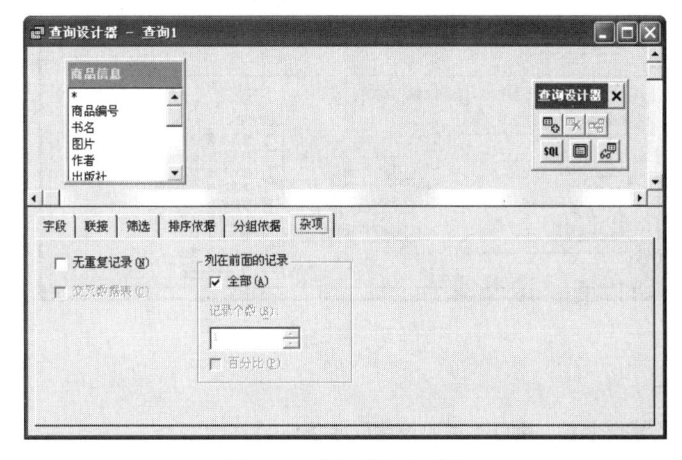

图 5.8　“杂项”选项卡

无重复记录：用于指定在查询结果中如有重复记录时，是否要全部显示出来。重复记录是指所有字段值均相同的记录。

交叉数据表：当查询结果中只包含三个字段时，该选项才可用。在输出查询结果时，从字段选项卡选定字段列表框中选取的第一个字段作为 Y 轴，第二个字段作为 X 轴，第三个字段作为值。

列在前面的记录：用于设置查询结果中显示的记录数。其中：

全部：显示全部记录。

记录个数：若不选择“全部”选项，则该选项可用，用于指定在查询结果中显示前多少条记录。

百分比：选择该选项时，“记录个数”变为百分比，用于指定在查询结果中显示前百分之多少的记录。

5.1.2　利用查询设计器设计查询

掌握了查询设计器的使用方法后，现在来设计查询文件。

【例 5-1】　设计查询，显示所有商品的信息，并按“出版时间”的降序排列。

（1）启动查询设计器

前面已启动了查询设计器，并将“商品信息”表添加到了查询设计器中。

（2）选取查询所需的字段

由于查询结果中要求显示所有商品的信息内容，所以单击“字段”选项卡，再单击“全部添加”按钮，将所有字段从“可用字段”列表框添加到“选定字段”列表框中，如图 5.9 所示。

“选定字段”列表中显示的字段的先后顺序即是查询结果输出时字段的先后顺序。在图 5.9 中可以看到，字段的左侧有一个小方框，用于设置字段的输出顺序，如想改变某一字段的输出位置，只要将鼠标指向该字段左侧的小方框，使其成为上下箭头形式，然后按住鼠标左键，上下拖动将其放在合适的位置即可。

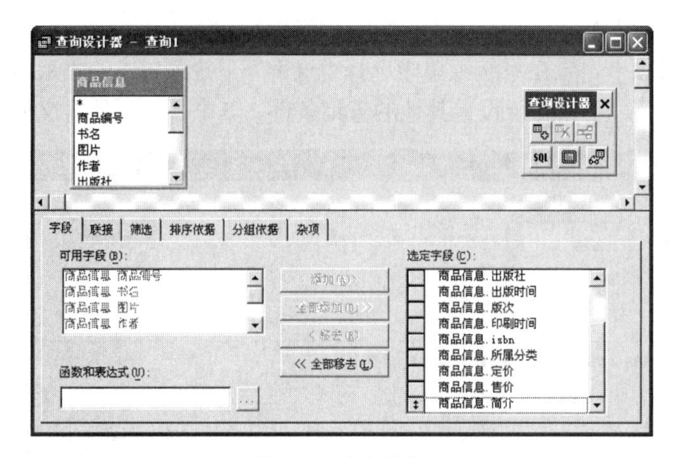

图 5.9　选定字段

（3）设置联接条件

由于查询结果只依赖一个表，所以不需要设置联接条件。

（4）设置过滤器

由于要显示所有商品的信息内容，所以不需要设置查询条件。

（5）设置排序依据

单击“排序依据”选项卡，由于本例让输出的结果按“出版时间”的降序排列，因此从选定字段列表中选取“出版时间”字段，然后单击“添加”按钮，将其添加到“排序条件”列表框中。再选择“排序选项”的“降序”单选按钮，如图 5.10 所示。

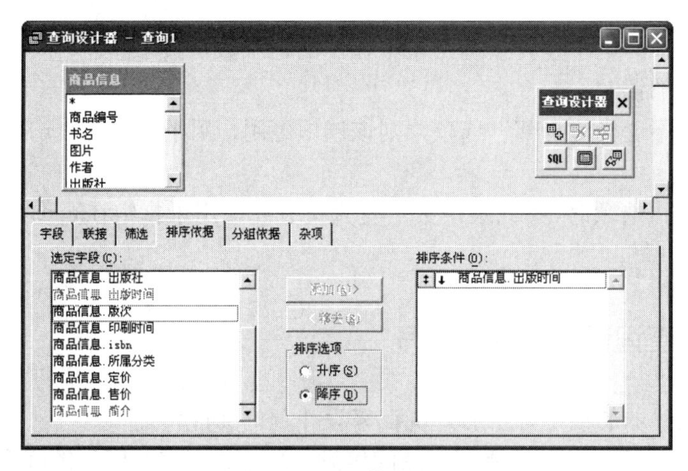

图 5.10　设置排序依据

（6）设置分组依据

本例不需要设置分组依据。

（7）杂项

在此选择全部记录。

（8）保存

查询设计完成后，单击系统菜单中“文件”下拉菜单下的“保存”选项，或单击常用工具栏上的保存按钮，打开“另存为”对话框，在“保存在”下拉列表中确定保存位置为“D:\网上书店系统”，在“保存文档为”文本框中输入查询文件名“商品信息”，并单击“保存”按钮。

（9）关闭查询设计器

单击“关闭”按钮，关闭查询设计器。

此时，在项目管理器的“查询”选项下包含了该查询文件。

5.1.3　运行查询文件

设计查询的工作完成后，可运行查询文件，显示查询结果。下面介绍几种运行查询文件的方法。

1. 在项目管理器中运行查询

（1）打开“网上书店系统”项目管理器。

（2）单击“数据”选项卡。

（3）选择“查询”选项下的“商品信息”查询文件，单击“运行”按钮，即可运行查询文件，查询结果如图 5.11 所示。可以看到商品是按照出版时间的降序排列的。

查询

商品编号	书名	图片	作者	出版社	出版时间	版次	印刷时间	I
0005	美式口语乐翻天	gen	金善永	中国传媒大学出版社	10/01/09	1	10/01/09	9
0003	海盗之谜	gen	卢孟来	内蒙文化出版社	09/01/09	1	09/10/09	9
0006	2009中国自助游	gen	中国自助游	东方出版中心	01/01/09	3	01/01/09	9
0002	藏地密码	gen	何马	重庆出版社	04/01/08	1	04/01/08	9
0004	小淘气尼古拉的故事(全10册)	gen	戈西尼	中国少年儿童出版社	12/01/06	1	06/01/07	2
0001	数据库应用基础-Visual FoxPro 6.0（第2版）	Gen	李红	电子工业出版社	04/01/05	1	04/01/05	9

图 5.11　查询结果

2. 在查询设计器中直接运行

在查询设计器窗口，选择系统菜单中“查询”下拉菜单中的“运行查询”选项，或单击常用工具栏上的运行按钮 ! ，即可运行查询文件。

3. 系统菜单中“程序”下的“运行”方式

（1）在设计查询过程中，或保存查询文件后，单击系统菜单中“程序”下拉菜单中的“运行…”选项，打开“运行”对话框。

（2）在“搜寻”下拉列表中确定路径为“D:\网上书店系统”，在文件列表框中选择要运行的查询文件，再单击“运行”按钮，即可运行查询文件。

4. 命令代码方式

在命令窗口中执行运行查询文件的命令，也可以运行查询文件。命令格式如下。

命令格式：

Do [路径] <查询文件名.扩展名>

功能：运行指定的查询文件。

【注意】 命令中查询文件必须是全名，即扩展名不能省略。

【例 5-2】 运行“商品信息”查询文件。

可在命令窗口键入如下命令：

```
DO D:\网上书店系统\商品信息.qpr
```

5.1.4 修改查询文件

用户可以在现有查询的基础上重新修改查询文件的设置条件。

【例 5-3】 修改商品信息.qpr 查询文件，使其显示售价在 20 元以内的商品，并且只显示商品的书名、作者、出版社、印刷时间、售价和简介。具体修改过程如下：

（1）打开查询设计器

① 打开“网上书店系统”项目管理器。

② 选择“数据”选项卡中“查询”选项下的“商品信息”，单击“修改”按钮，即可打开其设计器。

【提示】 选择系统菜单中“文件”下拉菜单的“打开”选项，打开“打开”对话框，选择相应的查询文件，单击“确定”按钮，也可以打开该查询文件的查询设计器。

使用命令也可以打开查询设计器，命令的一般格式如下：

命令格式：

MODIFY QUERY 查询文件名

功能：打开指定查询文件的查询设计器，以便修改查询文件。

（2）重新选取字段

单击“字段”选项卡，由于只要求显示商品的书名、作者、出版社、印刷时间、售价和简介字段，因此从“选定字段”列表框中依次选择不需要显示的字段，再单击“移去”按钮，将其移动到“可用字段”列表框中。

（3）设置筛选条件

单击“筛选”选项卡，再单击“字段名”列，此时列出了查询设计器中表的所有字段，从中选取“售价”字段，然后在“条件”下拉列表中选取“<=”，在“实例”列中输入样本值“20”，如图 5.12 所示。

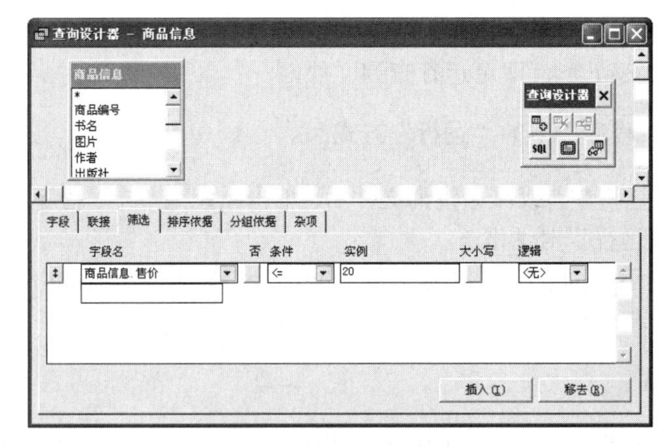

图 5.12 设置的筛选条件

（4）运行查询文件

单击常用工具栏上的运行按钮运行查询文件，运行结果如图 5.13 所示。单击“关闭”按钮，关闭浏览窗口。

（5）保存修改结果

选择系统菜单中“文件”下拉菜单的“另存为”选项，打开“另存为”对话框，在“保存在”下拉列表中确定保存位置为“D:\网上书店系统”，在“保存文档为”文本框中输入查询文件名：按售价查询，并单击“保存”按钮。最后单击“关闭”按钮，关闭查询设计器。

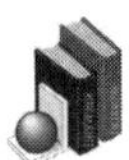

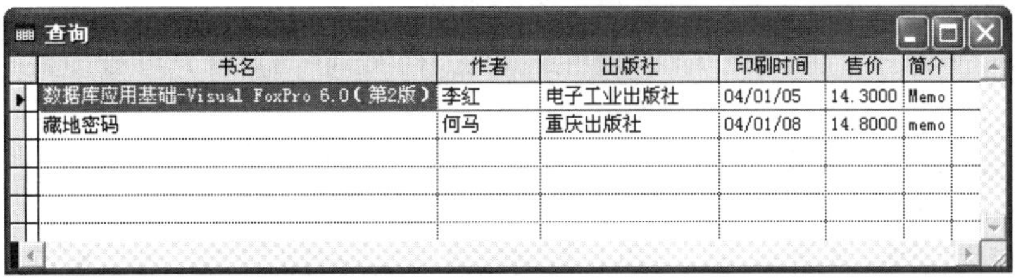

查询
书名
作者
出版社
印刷时间
售价
简介
数据库应用基础-Visual FoxPro 6.0（第2版）
李红
电子工业出版社
04/01/05
14.3000
Memo
藏地密码
何马
重庆出版社
04/01/08
14.8000
memo

图 5.13　查询文件运行结果

5.1.5　定向输出查询文件

通常，如果不选择查询结果的去向，系统默认将查询的结果显示在“浏览”窗口中。也可以选择其他输出目的地，将查询结果送往指定的地点，例如输出到临时表、表、图形、屏幕、报表和标签。查询去向及含义如表 5.1 所示。

表 5.1　查询去向及含义

查 询 去 向	含　　义
浏览	查询结果输出到浏览窗口
临时表	查询结果保存到一个临时的只读表中
表	查询结果保存到一个指定的表中
图形	查询结果输出到图形文件中
屏幕	查询结果输出到当前活动窗口中
报表	查询结果输出到一个报表文件中
标签	查询结果输出到一个标签文件中

【例 5-4】　将查询文件按售价查询.qpr 输出到临时表，具体操作方法如下：

（1）打开“按售价查询”查询文件的查询设计器。

（2）选择系统菜单中“查询”下拉菜单中的“查询去向”选项，系统将显示“查询去向”对话框。

（3）单击“临时表”按钮，此时屏幕画面如图 5.14 所示。

查询去向
输出去向:
浏览(B)
临时表(C)
表(T)
图形(G)
屏幕(S)
报表(R)
标签(L)
临时表名:
按售价查询
确定
取消

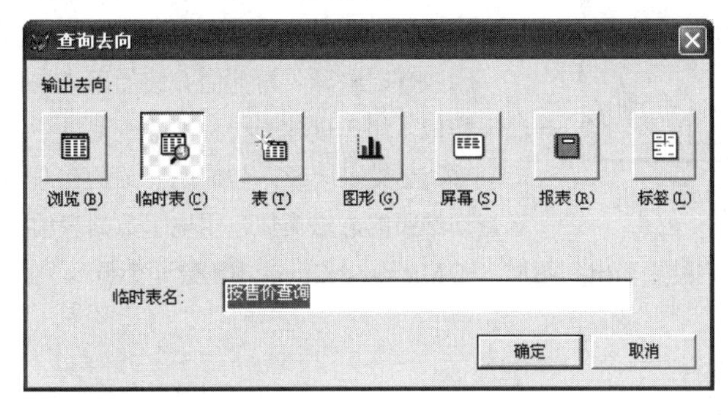

图 5.14　选择“临时表”后的画面

（4）在“临时表名”文本框中输入临时表名：按售价查询。

（5）单击“确定”按钮，关闭“查询去向”对话框。

（6）保存对查询文件的修改。

（7）单击查询设计器窗口的“关闭”按钮，关闭查询设计器。

（8）运行该查询文件，由于将查询结果输出到了“按售价查询”临时表中，因此查询结果没有在浏览窗口中显示。

（9）选择系统菜单中“显示”下拉菜单中的“浏览“按售价查询””选项，将显示该临时表的内容。

（10）单击浏览窗口的“关闭”按钮，关闭浏览窗口。

如果用户只需浏览查询结果，可以将查询结果输出到浏览窗口，浏览窗口中的表是一个临时表，关闭浏览窗口后，该临时表将自动删除。

用户可以根据需要选择查询去向，如果选择输出为图形，在运行该查询文件时，系统将启动图形向导，用户根据图形向导的提示进行操作，将查询结果送到 Microsoft Graph 中制作图表。

把查询结果用图形的方式显示出来虽然是一种比较直观的显示方式，但它要求在查询结果中必须包含有用于分类的字段和数值型字段。另外，表越大图形向导处理图表的时间就越长，因此用户还必须考虑表的大小。

5.2 利用向导设计查询

Visual FoxPro 6.0 还为用户提供了另一种更简单、更方便地建立查询文件的方法——查询向导，用户可以在向导的引导下快速建立一个查询文件。

【例 5-5】 利用查询向导建立一个查询文件——查询售价在 50 元以上库存量大于 60 的商品信息。

（1）启动查询向导

① 打开“网上书店系统”项目管理器，单击“数据”选项卡，选择“查询”选项，再单击“新建”按钮，打开“新建查询”选择框。

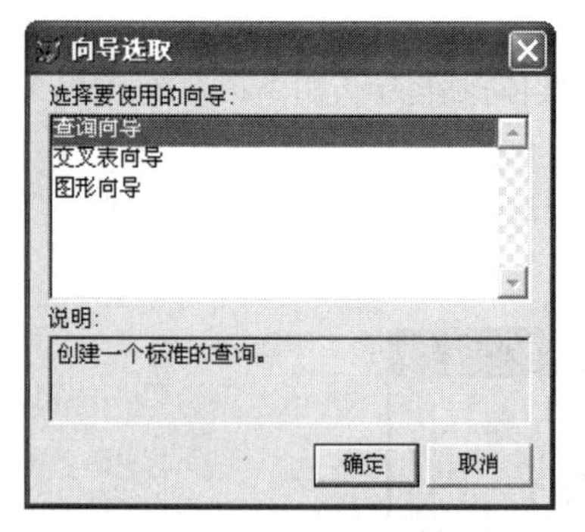

图 5.15 “向导选取”对话框

② 在“新建查询”选择框中，单击“查询向导”，打开如图 5.15 所示的“向导选取”对话框。

（2）选择向导类型

选择“查询向导”，并单击“确定”按钮，进入查询向导步骤 1。

在“向导选取”对话框中为用户提供了三种向导：查询向导、交叉表向导和图形向导。

① 查询向导：与前面介绍的用查询设计器建立查询文件的方法很类似，用于创建一个标准的查询。

② 交叉表向导：与前面介绍的在杂项中选取交叉数据表来显示查询结果的方法类似，用电子数据表的格式来显示数据。

③ 图形向导：将查询结果输出到图形，在 Microsoft Graph 中创建一个显示 Visual FoxPro 表数据的图形。

（3）字段选取

① 选取数据库和表。

选取“网上书店”数据库。

如列表中没有所需的数据库或自由表，可以单击列表框右侧的按钮，从“打开”对话框中选取所需的数据库或自由表。

② 选取字段。

由于是查询售价在 50 元以上库存量大于 60 的商品信息，所以需要“商品信息”和“商品库存”两个

表的内容。选取“商品信息”表中的“书名”、“作者”、“出版社”、“印刷时间”、“售价”和“简介”字段，选取“商品库存”表中的“数量”字段，如图 5.16 所示。选好字段后单击“下一步”按钮，进入查询向导步骤 2。

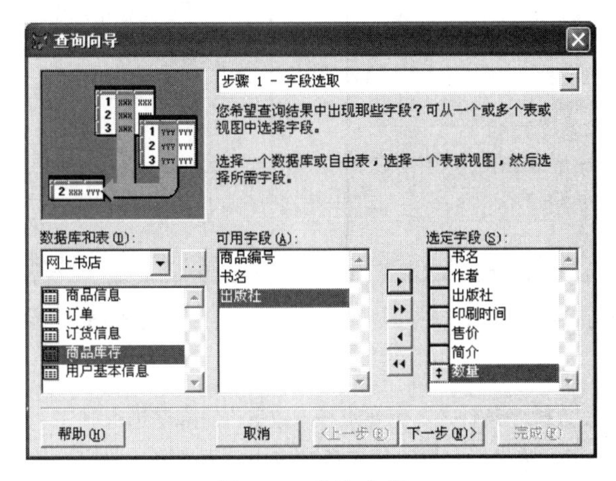

图 5.16　选取字段

（4）关联表

在查询向导步骤 2 建立查询所基于的表间关系。

图 5.17 中左、右两个列表框分别列出了两个表中的所有字段，供用户选择建立关联所需的字段。这里选择“商品信息”表中的“商品编号”字段和“商品库存”表中的“商品编号”字段，然后单击“添加”按钮，如图 5.17 所示，在空白区域将会显示出此关联表达式，单击“下一步”按钮，进入查询向导步骤 2a。

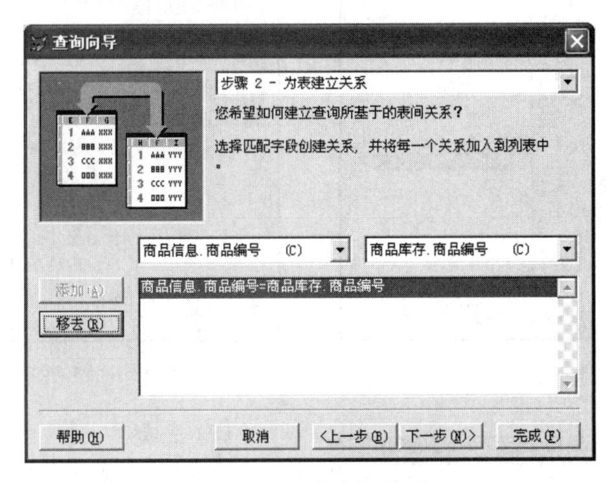

图 5.17　建立表间关系

（5）包含记录

本例要建立一个内部关联，所以选择“仅包含匹配的行”选项，如图 5.18 所示，单击“下一步”按钮，进入查询向导步骤 3。

（6）筛选记录

在查询向导步骤 3 可以设置筛选条件，从图 5.19 中可以看出，此处只可以设置两组筛选条件。本例要查询售价在 50 元以上库存量大于 60 的商品信息，因此要设置两组查询条件，两组查询条件之间是“与”的关系，如图 5.19 所示。单击“下一步”按钮，进入查询向导步骤 4。

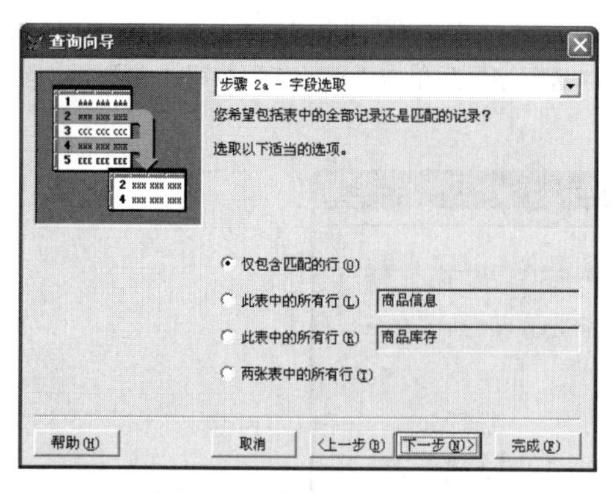

图 5.18　查询向导步骤 2a

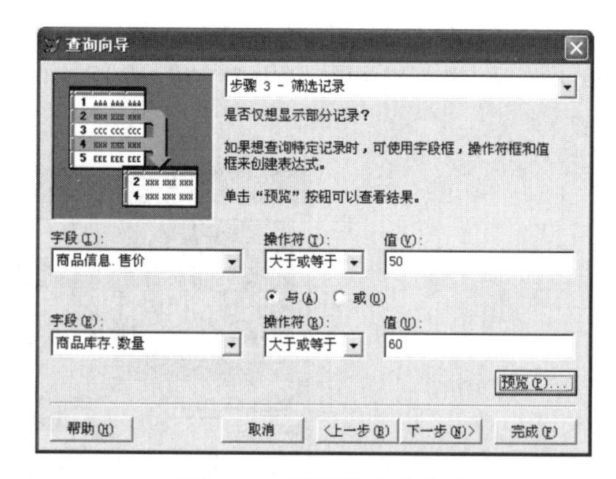

图 5.19　设置的筛选条件

（7）排序记录

查询向导步骤 4 用于设置排序条件，本例要求按“数量”的降序进行排序。选择可用字段列表中的“数量”字段，单击“添加”按钮，将其添加到可用字段列表中，再选择“降序”选项，如图 5.20 所示。然后单击“下一步”按钮，进入查询向导步骤 4a。

（8）限制记录

查询向导步骤 4a 用于设置输出记录的个数。在此选择“所有记录”选项，如图 5.21 所示，并单击“下一步”按钮，进入查询向导步骤 5。

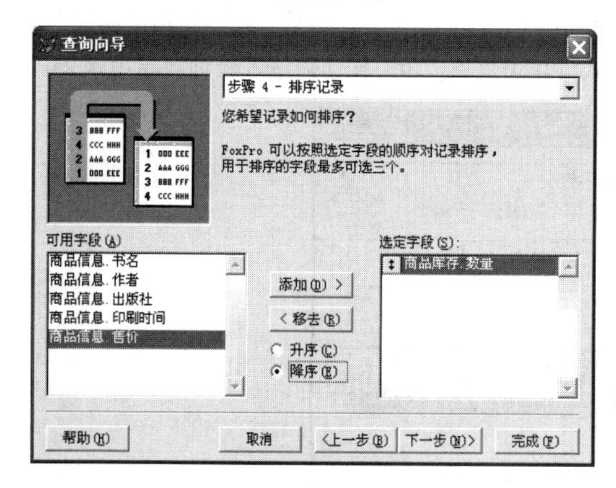

图 5.20　排序记录

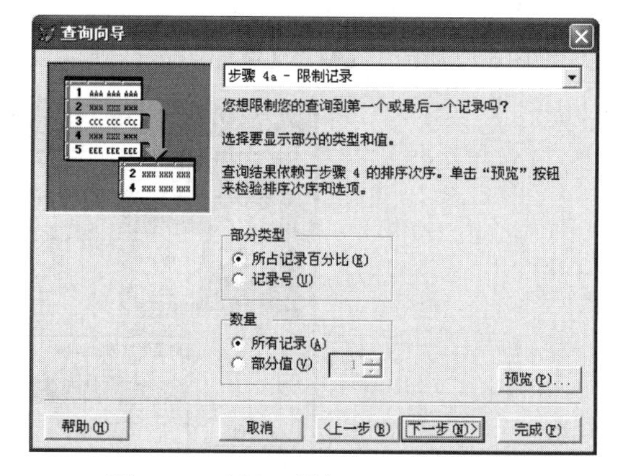

图 5.21　选择“所有记录”选项

图 5.22　查询向导步骤 5

（9）完成

查询向导步骤 5 用于选取保存后的执行方式。在此选择“保存并运行查询”选项，如图 5.22 所示。单击“完成”按钮，系统将打开“另存为”对话框，在“保存在”下拉列表中确定保存位置为“D:\网上书店系统”，在“保存文档为”文本框中输入查询文件名“库存”，并单击“保存”按钮。此时系统会运行该查询文件，最终查询结果如图 5.23 所示，关闭该浏览窗口。

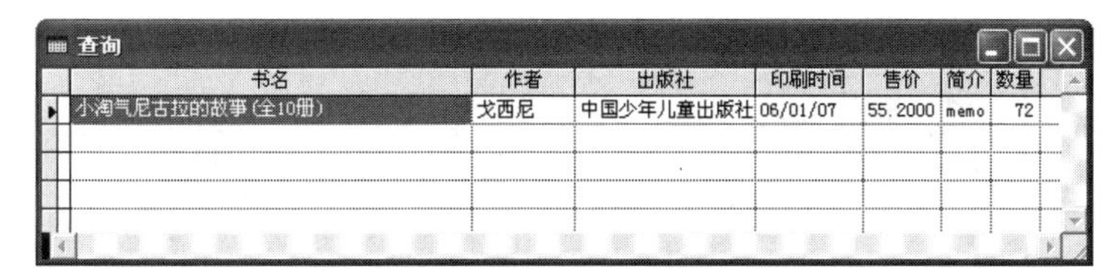
查询

书名	作者	出版社	印刷时间	售价	简介	数量
小淘气尼古拉的故事(全10册)	戈西尼	中国少年儿童出版社	06/01/07	55.2000	memo	72

图 5.23　查询结果

5.3 分组查询

在设计查询时，可以将数据分组。所谓分组就是依据某字段的数据记录进行分组，并对同一组的记录执行某种计算，使其集合在一起成为一条记录。分组操作与聚类函数（如 SUM、COUNT、AVG）一起使用时，分组的结果才有意义。本节主要介绍设计分组查询的方法。

【例 5-6】 查询所有商品的销售量。

在做查询之前，需要向“订货信息”表添加记录。用户可以把自己喜欢的书的信息添加到订货信息表中，作为自己订购的产品，也可以按照如图 5.24 所示的信息添加记录。需要说明的是，订单编号应该由系统自动生成，生成方法将在第 7 章介绍，这里订单编号先由用户自己添加。

订货信息

订单编号	商品编号	书名	定价	售价	数量
2009-11-01-00007	0001	数据库应用基础-Visual FoxPro 6.0(第2版)	19.0000	14.3000	1
2009-11-01-00007	0004	小淘气尼古拉的故事(全10册)	92.0000	55.2000	2
2009-11-02-00008	0005	美式口语乐翻天	35.0000	22.8000	1
2009-11-02-00008	0002	藏地密码	24.8000	14.8000	1
2009-11-02-00008	0004	小淘气尼古拉的故事(全10册)	92.0000	55.2000	1

图 5.24　“订货信息”表中数据

具体操作方法如下：

（1）启动查询设计器

① 打开“网上书店系统”项目管理器。

② 打开“网上书店”数据库文件。

③ 选择“数据”选项卡中的“查询”选项，单击“新建”按钮，打开“添加表或视图”对话框。

④ 将“订货信息”表添加到查询设计器中，然后关闭“添加表或视图”对话框，回到查询设计器窗口。

（2）选择字段

① 选择“字段”选项卡。

② 选择“可用字段”列表框中的“商品编号”字段，再单击“添加”按钮，将其添加到“选定字段”列表框中。

③ 在“函数和表达式”文本框中输入“SUM（订货信息.数量）”，通过对“数量”求和来计算每本书的销售量。然后单击“添加”按钮，将其添加到“选定字段”列表框中，如图 5.25 所示。

（3）设置排序依据

① 选择“排序依据”选项卡。

② 选择“选定字段”列表框中的“SUM（订货信息.数量）”，再单击“添加”按钮，将其添加到“排序条件”列表框中，即按销售量排序。

③ 单击“排序选项”的“降序”单选按钮，即按销售量的“降序”排列查询结果中的记录。

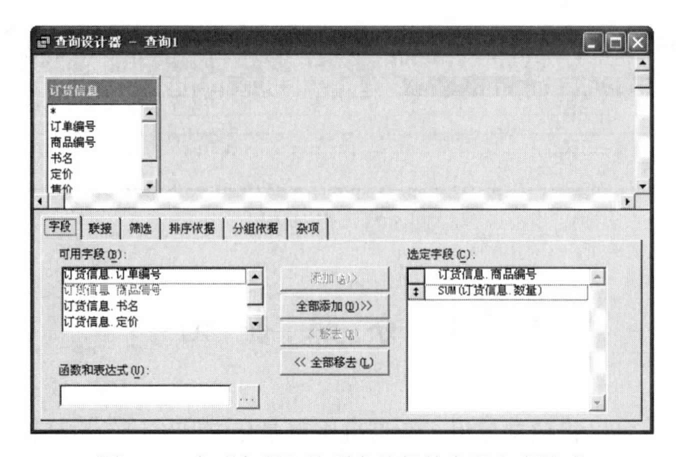

图 5.25　在“字段”选项卡选择的字段和表达式

（4）设置分组依据

① 选择“分组依据”选项卡。

② 由于要按照商品分组，因此从“可用字段”列表框中选择“商品编号”字段，再单击“添加”按钮，将其添加到“分组字段”列表框中，如图 5.26 所示。

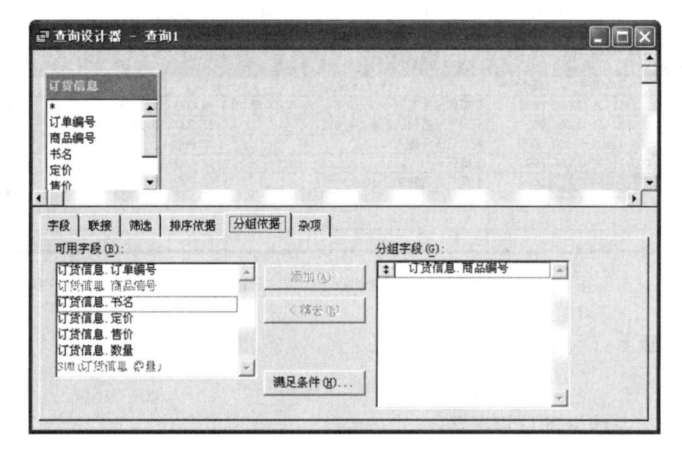

图 5.26　按“商品编号”进行分组

（5）运行查询

① 运行该查询文件，运行结果如图 5.27 所示。

② 单击“关闭”按钮，关闭浏览窗口。

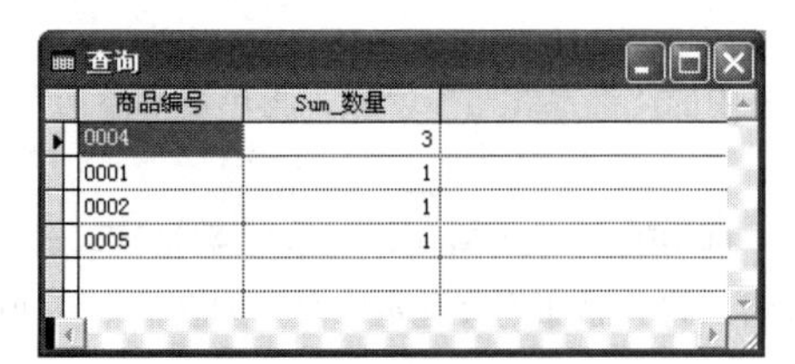

图 5.27　分组查询运行结果

（6）保存查询

① 选择系统菜单中“文件”下拉菜单中的“保存”选项，或单击常用工具栏上的“保存”按钮，打开“另存为”对话框。

② 在“保存在”下拉列表中确定保存文件的文件夹为“D:\网上书店系统”，在“保存文档为”文本框输入查询文件名“销售量.qpr”，并单击“保存”按钮保存文件。

③ 单击“关闭”按钮，关闭查询设计器。

【说明】 在分组查询结果中只能包含两个字段，一个是分组依据字段，如本例的“商品编号”字段，另一个是计算字段，如本例的“SUM（订货信息.数量）”，计算字段要在“函数和表达式”文本框中产生。

5.4　多表查询

在实际应用中，单表查询的情况较少，因为用户所需的数据通常会分布在多个不同的表中，所以多表查询就显得更为重要。

利用向导建立查询虽然方便快捷，但查询向导只允许设置两组过滤条件，这在实际查询中是远远不够的。本节主要介绍多表查询的方法。

【例 5-7】 设计一个查询文件：查询 2009 年 11 月 1 日当天的全部订单，并显示订货信息。

在设计该查询文件之前，需要向“订单”表添加记录，如图 5.28 所示。

订单

用户名	订单编号	收货人姓名	国家	城市	区县	地址	邮政编码	电话	送货方式	付款方式
YIFANG	2009-11-01-00007	易芳	中国	北京	西城区	花园1号	100000	64378116	普通快递	货到付款
YIYI	2009-11-02-00008	依依	中国	上海	虹口区	花园3号	100002	62527548	普通快递	货到付款

图 5.28　“订货信息”表中数据

具体操作方法如下：

（1）启动查询设计器

① 打开“网上书店系统”项目管理器。

② 打开“网上书店”数据库文件。

③ 选择“数据”选项卡中的“查询”选项，单击“新建”按钮，打开“添加表或视图”对话框。

④ 在“添加表或视图”对话框中，选择“订单”表，单击“添加”按钮，选择“订货信息”表，单击“添加”按钮，这时将显示“联接条件”对话框，如图 5.29 所示。该对话框用于选择联接条件，上半部分左、右两个列表框中分别列出了所对应的两个表的全部字段。当打开“联接条件”对话框时，系统会自动查找两表相匹配的关键字段，若找不到相匹配的字段，则由用户在两列表框中分别选取两表相匹配的关键字段。在“联接类型”选项中包含四个选项，各选项的意义如下：

◎ 内部联接：将输出相关联的左、右两个表中仅满足条件的交集记录。

◎ 左联接：将输出关联表中左侧表的全部记录，右侧表如没有相关记录，则查询输出结果中的相应字段将用“.NULL.”代替。

◎ 右联接：将输出关联表中右侧表的全部记录，左侧表中如没有相关记录，则查询输出结果中的相应字段将用“.NULL.”代替。

◎ 完全联接：将输出关联表中的全部记录。

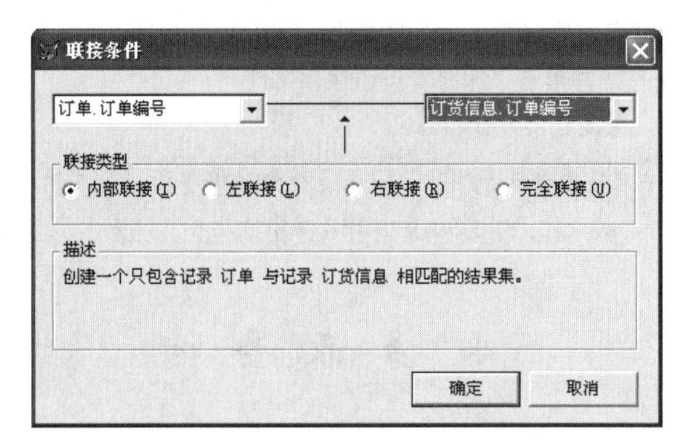

图 5.29 “联接条件”对话框

在此选择按“订单编号”联接，即在左列表框中选择“订单编号”字段，在右列表框中也选择“订单编号”字段，联接类型为“内部联接”。然后单击“确定”按钮，返回“添加表或视图”对话框，单击“关闭”按钮，即可启动查询设计器。

另外也可以在查询设计器窗口添加表。在“查询”菜单中有“添加表”和“移去表”两个选项，分别用于向查询设计器中添加表和从查询设计器中移去指定的表。

（2）选择字段

在“字段”选项卡中，选择“订单”表中的“用户名”、“订单编号”、“送货方式”和“付款方式”4 个字段。选择“订货信息”表中的“书名”、“售价”和“数量”3 个字段，如图 5.30 所示。

（3）设置联接条件

在查询设计器上半部显示的表之间有一黑色连线，这就是两表之间的联接条件，双击这条连线，可打开“联接条件”对话框，可对其进行编辑操作。单击表间连线，使其加粗，再选择系统菜单中“查询”下拉菜单中的“移去联接条件”选项，即可取消表间的联接条件。

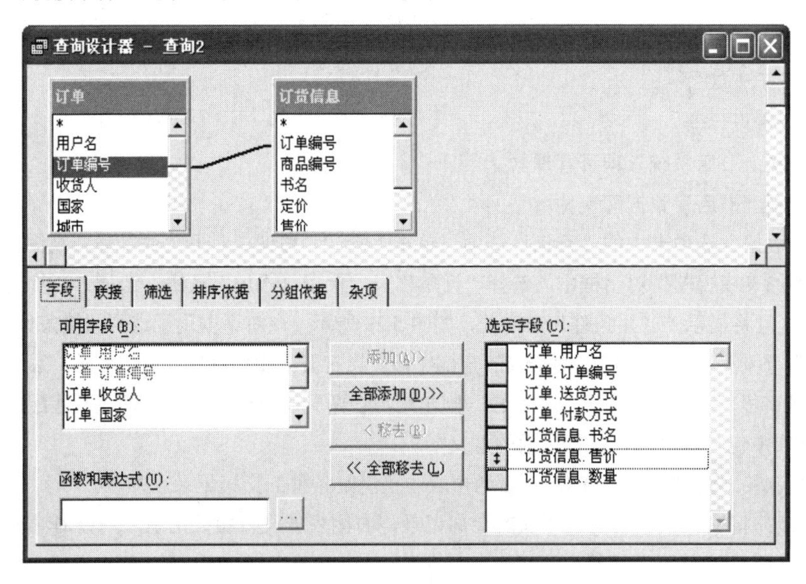

图 5.30 选择的字段

在“联接”选项卡中，系统将自动根据表间关系建立联接条件，如图 5.31 所示。其中各选项的含义如下：

① 类型：类型下面的“Inner Joi”，说明联接类型为内部联接。

② <->：单击类型左侧的左右箭头，可打开“联接条件”对话框。

③ 小方框：最左侧的小方框用于改变联接条件的排列顺序。

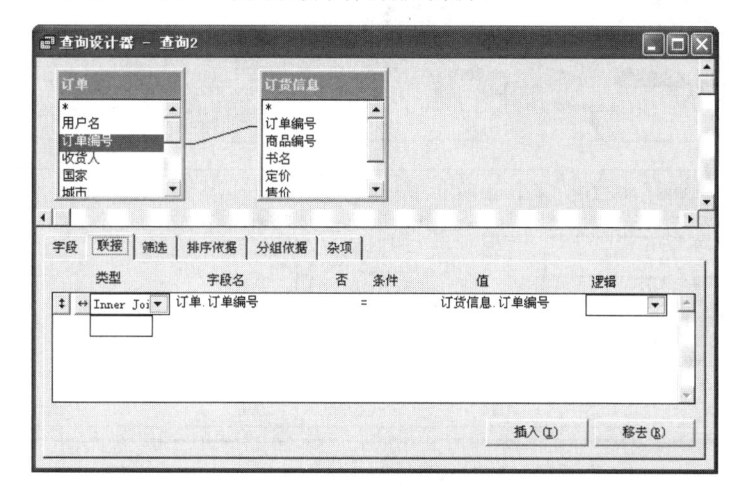

图 5.31　设置的联接条件

（4）设置过滤条件

① 单击“筛选”选项卡。

② 在“字段名”输入框中单击，从显示的下拉列表中选取“订单编号”字段。

③ 从“条件”下拉列表中选择“=”运算符。

④ 在“实例”输入框中单击，显示输入提示符后输入“2009-11-01”。最后结果如图 5.32 所示。

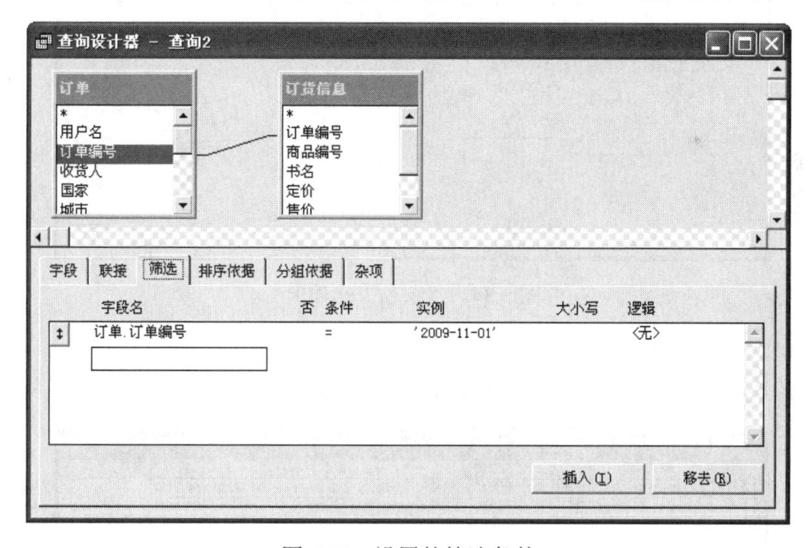

图 5.32　设置的筛选条件

（5）设置排序条件

在“排序依据”选项卡中，可以设置排序条件。从“选定字段”列表中选取“订单编号”字段，单击“添加”按钮，如图 5.33 所示。可以看到这个字段的左侧有一向上的箭头，表示按订单编号的升序进行排列。

（6）设置其他条件

在“杂项”选项卡中，可以设置查询的其他条件。在此选择“无重复记录”和“全部”两个选项，如图 5.34 所示。

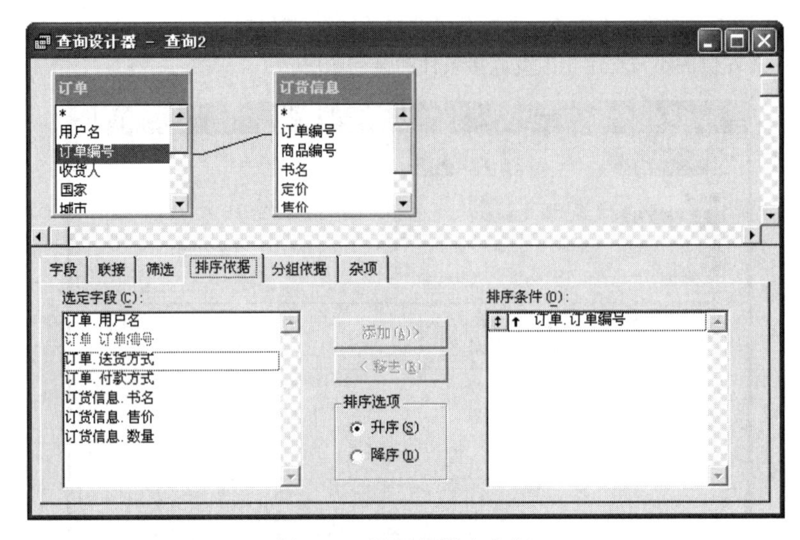

图 5.33　设置的排序依据

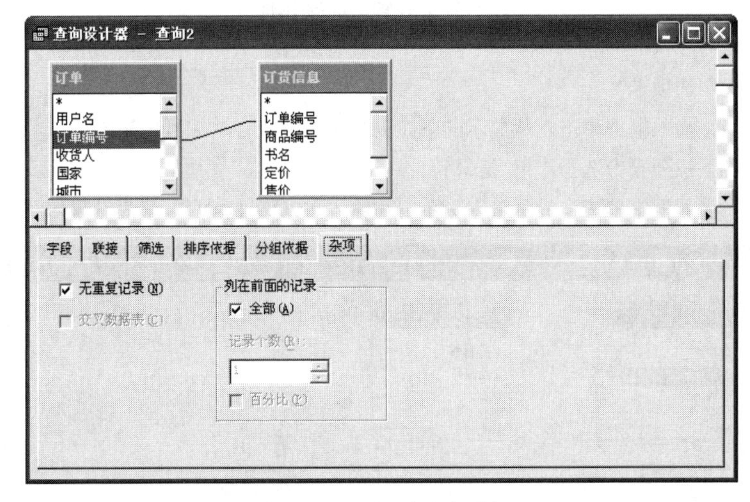

图 5.34　“杂项”选项卡

（7）运行查询

① 单击常用工具栏上的运行按钮，运行该查询文件，结果如图 5.35 所示。

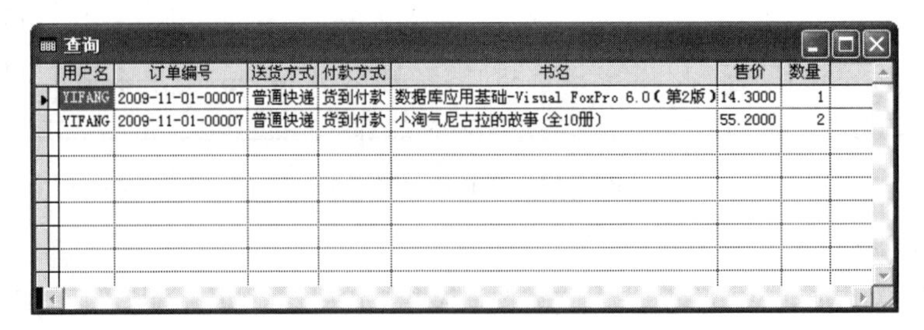

用户名	订单编号	送货方式	付款方式	书名	售价	数量
YIFANG	2009-11-01-00007	普通快递	货到付款	数据库应用基础-Visual FoxPro 6.0（第2版）	14.3000	1
YIFANG	2009-11-01-00007	普通快递	货到付款	小淘气尼古拉的故事(全10册)	55.2000	2

图 5.35　运行结果

② 单击“关闭”按钮，关闭浏览窗口。

（8）保存查询

① 选择系统菜单中“文件”下拉菜单中的“保存”选项，或单击常用工具栏上的“保存”按钮，打开

“另存为”对话框。

② 在“保存在”下拉列表中确定保存文件的文件夹为“D:\网上书店系统”，在“保存文档为”文本框输入查询文件名“订单统计.qpr”，并单击“保存”按钮保存文件。

③ 单击“关闭”按钮，关闭查询设计器。

5.5　关于 SQL

SQL 是结构化查询语言（Structured Query Language）的缩写，是关系数据库语言的国际工业标准，它具有语句结构简洁明了、功能强大等特点。利用 SQL 语言的 SELECT 查询语句可以实现各种类型的查询。

1. 查看 SQL

在查询设计器中设计查询文件时，系统会根据查询设计条件自动生成相应的 SELECT 语句。下面查看在上一节的查询实例中所生成的 SELECT 语句，具体操作方法如下：

（1）打开查询文件库存.qpr 的查询设计器。

（2）选择系统菜单中“查询”下拉菜单中的“查看 SQL”选项，或单击查询工具栏的 SQL 按钮 SQL ，打开如图 5.36 所示的窗口。

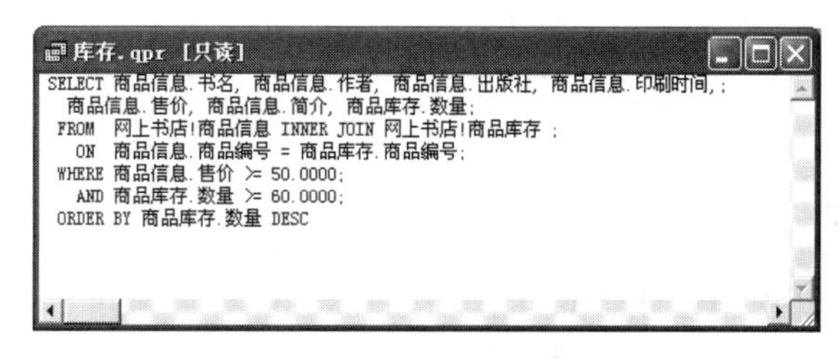

图 5.36　用 SQL 语言生成的语句

2. SELECT 语句

如果用户非常熟悉 SQL 语言，就可以直接在程序中书写 SELECT 语句，而不必再借助于查询设计器了。SELECT 语句完整的语法格式复杂而冗长，在这里对该语句的基本语法加以简单介绍。

语法格式：

```
SELECT 字段列表
    [INTO 新表]
    FROM 数据源
    [WHERE 搜索条件]
    [GROUP BY 分组表达式]
    [HAVING 搜索表达式]
    [ORDER BY 排序表达式 [ASC|DESC]]
```

参数说明：

字段列表子句：用于指定输出的字段、常量或表达式。

INTO 子句：用于将检索的结果存储到一个新的表中。

FROM 子句：用于指定在查询结果中所涉及的源表。

WHERE 子句：用于指定对记录的过滤条件。

GROUP BY 子句：其作用是对检索到的记录进行分组。

HAVING 子句：也用于指定对记录的过滤条件，但要与 GROUP BY 子句一起使用。

ORDER BY 子句：用于对检索到的记录进行排序处理。

在上述格式中给出了部分主要子句，在这些子句中，只有 SELECT 子句和 FROM 子句是必选项，其他子句均为可选项。

5.6 设计视图

建立视图文件与建立查询文件的方法非常类似，主要通过指定数据源、选择所需字段、设置筛选条件、指定排序依据、设置更新条件等工作来完成。

在 Visual FoxPro 6.0 中，视图有两种类型，一是本地视图，一是远程视图。用户可以利用视图设计器来设计视图，也可以利用视图向导来设计视图，另外，还可以通过命令直接设计视图。

5.6.1 视图设计器

视图设计器与查询设计器非常类似，只是多了一个“更新条件”选项卡，这里主要介绍该选项卡的使用方法。

1. 启动视图设计器

在项目管理器中打开视图设计器的方法如下：

（1）打开“网上书店系统”项目管理器。

（2）选择“数据”选项卡中“网上书店”数据库文件下的“本地视图”选项，然后单击“新建”按钮，打开“新建本地视图”对话框，如图 5.37 所示。

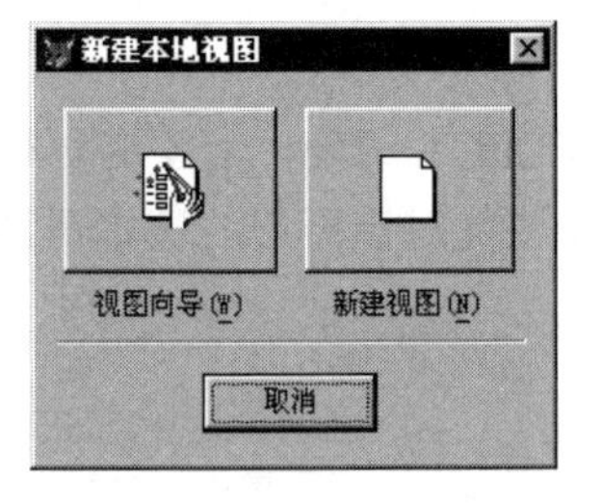

图 5.37 “新建本地视图”对话框

（3）单击“新建视图”按钮，弹出和视图设计器窗口相叠加的“添加表或视图”对话框。

（4）将“订货信息”表和“商品库存”表添加到视图设计器中，然后单击“关闭”按钮，关闭“添加表或视图”对话框，回到视图设计器窗口。可以看到两表间有一条连线，这是在第 4 章中建立的两表间的永久关系。

另外，还可以利用菜单启动视图设计器，方法如下：

1）在系统菜单中，选择“文件”下的“新建”选项，打开“新建”对话框。

2）选择“视图”单选按钮，再单击“新建文件”按钮，在打开视图设计器的同时，还将打开“添加表或视图”对话框。

3）将所需的表添加到视图设计器中，然后单击“关闭”按钮。

使用命令也可以启动视图设计器，可在命令窗口键入如下命令：Create View。

2. 视图设计器

单击“更新条件”选项卡，或在系统菜单中，选择“查询”下拉菜单下的“更新条件”选项，都可显示如图 5.38 所示的画面。“更新条件”选项卡用于设定更新数据的条件，其各选项的含义如下。

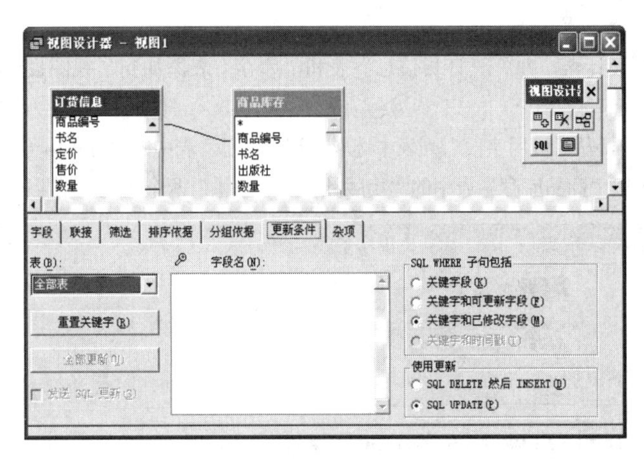

图 5.38 “更新条件”选项卡

（1）表：该列表框中列出了添加到视图设计器中的表，从其下拉列表中可以指定视图文件中允许更改的表文件。如选择“全部表”选项，那么中间字段名列表框中将显示出在字段选项卡中选取的全部字段。如只选择其中的一个表，那么中间字段名列表框中将只显示该表中被选取的字段。

（2）字段名：该列表框中列出被选取的字段。

钥匙符号：指定字段是否为关键字段。如某字段前有该符号，说明该字段为关键字段；若再单击一下该符号，则可取消关键字段的设置。

铅笔符号：指定字段是否可以更新。如某字段前有该符号，说明该字段可以更新，若再单击一下该符号，则可取消更新设置。

（3）重置关键字：重新设置数据表中的关键字段。

（4）全部更新：指定除关键字段以外的所有字段均为可更新字段。

（5）发送 SQL 更新：用于指定是否将视图中的修改结果传回到原数据表中。

（6）SQL WHERE 子句：用于指定当更新数据传回原数据表时，检测更改冲突的条件。

关键字段：只有当原数据表中的关键字段被修改了才检测冲突。

关键字和可更新字段：只要原数据表中的关键字段和可更新字段被修改了，就检测冲突。

关键字和已修改字段：当原数据表中的关键字段和已修改过的字段被修改时检测冲突。该选项也是默认选项。

关键字和时间戳：该选项只应用于远程表，当原数据表的时间片被修改过时，检测冲突。

（7）使用更新：指定后台服务器更新的方法。

SQL DELETE 然后 INSERT：在修改原数据表时，先将要修改的记录删除，然后再根据视图中的修改结果插入一新记录。

SQL UPDATE：根据视图中的修改结果直接修改原数据表中的记录。

5.6.2 设计视图

【例 5-8】 设计一个视图文件，显示“订单编号”、“商品编号”、“书名”、“数量（订货信息表中的字段）”、“出版社”和“数量（商品库存表中的字段）”6 个字段的信息。

（1）启动视图设计器

前面已启动了视图设计器，并将“订货信息”表和“库存”表添加到了视图设计器中。

（2）选取字段

在“字段”选项卡中，从“可用字段”列表中选取“订货信息”表中的“订单编号”、“商品编号”、“书名”和“数量”4 个字段，选取“商品库存”表中的“出版社”和“数量”两个字段，结果如图 5.39 所示。

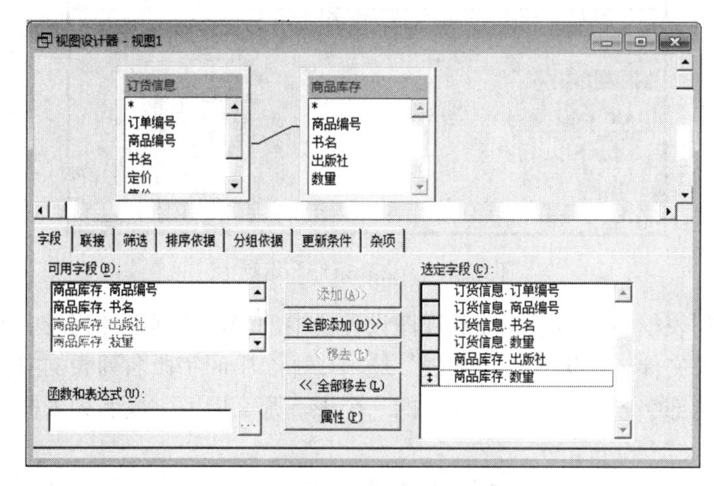

图 5.39 选择的字段

（3）设定联接条件

在视图设计器上部显示的两个表间有一黑色连线，说明两表是按“商品编号”联接的。单击“联接”选项卡，可以看到系统自动根据表间关系建立了联接条件，联接类型为内部联接。本例希望输出相关联的左、右两个表中仅满足条件的交集记录，因此选择该默认联接类型。

（4）运行视图

◎ 单击常用工具栏上的运行按钮，运行该视图文件，结果如图 5.40 所示。

◎ 单击“关闭”按钮，关闭浏览窗口。

视图2

订单编号	商品编号	书名	数量_a	出版社	数量_b
2009-11-01-00007	0001	数据库应用基础-Visual FoxPro 6.0（第2版）	1	电子工业出版社	156
2009-11-02-00008	0002	藏地密码	1	重庆出版社	30
2009-11-01-00007	0004	小淘气尼古拉的故事(全10册)	2	中国少年儿童出版社	72
2009-11-02-00008	0004	小淘气尼古拉的故事(全10册)	1	中国少年儿童出版社	72
2009-11-02-00008	0005	美式口语乐翻天	1	中国传媒大学出版社	109

图 5.40 运行结果

（5）保存视图

◎ 将文件保存在“D:\网上书店系统”文件夹下，文件名为“库存信息”。

◎ 单击“关闭”按钮，关闭视图设计器。

5.6.3　带参数的视图文件

视图文件建立好之后，就可以查看其结果了。但一个视图文件只有一种结果，如果在视图中加入了参数，那么在运行视图时，由于输入的参数值不同，将会得到不同的结果。

【例 5-9】　为“库存信息”视图设置筛选条件。

（1）启动视图设计器

① 打开“网上书店系统”项目管理器。

② 选择“数据”选项卡中“网上书店”数据库文件下的“库存信息”本地视图文件，然后单击“修改”按钮，打开其视图设计器窗口。

（2）设置筛选条件

“库存信息”视图包含了所有订单的信息，用户可以根据需要对记录进行筛选。

① 单击“筛选”选项卡，在“字段名”列表中选取“订单编号”字段，从“条件”列表中选取“=”，在“实例”列输入“？订单编号”，如图 5.41 所示。

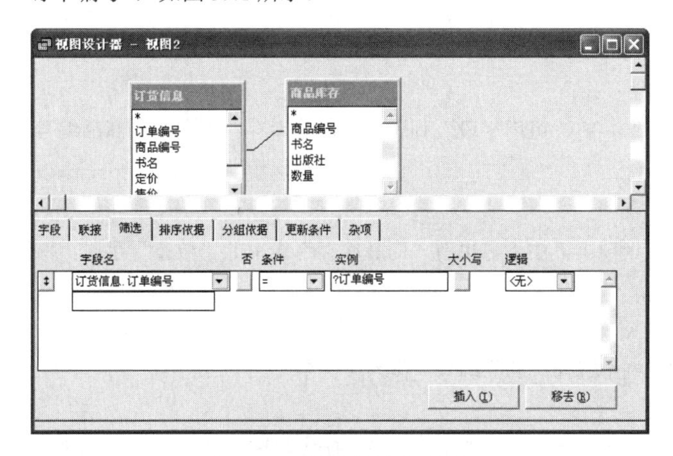

图 5.41　设置的筛选条件

② 在系统菜单中，选择“查询”下拉菜单中的“视图参数”选项，打开“视图参数”对话框。

③ 输入参数名：订单编号，从“类型”列表中选取“字符型”，如图 5.42 所示，然后单击“确定”按钮，返回视图设计器。

④ 单击工具栏中的“运行”按钮，运行该视图文件，系统会弹出“视图参数”输入框，输入参数：“2009-11-01-00007”，如图 5.43 所示，然后单击“确定”按钮，运行结果如图 5.44 所示，可以看到只显示了指定编号的数据。

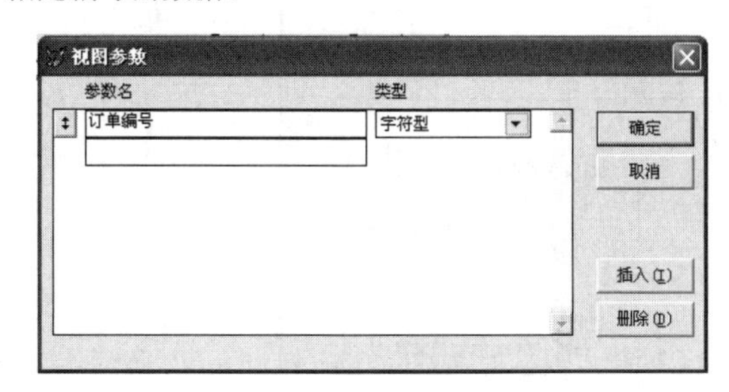

图 5.42　“视图参数”对话框

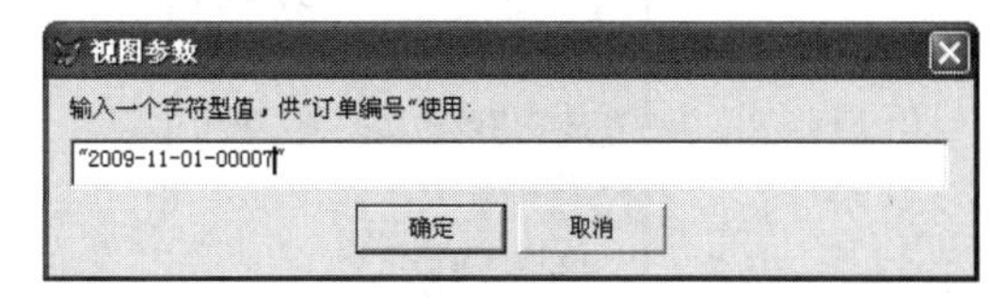

图 5.43　输入条件

库存信息

订单编号	商品编号	书名	数量_a	出版社	数量_b
2009-11-01-00007	0001	数据库应用基础-Visual FoxPro 6.0（第2版）	1	电子工业出版社	156
2009-11-01-00007	0004	小淘气尼古拉的故事(全10册)	2	中国少年儿童出版社	72

图 5.44　运行结果

⑤ 单击工具栏中的“保存”按钮，保存该视图文件。

5.6.4　使用视图更新数据

使用视图更新数据是视图最重要的功能，有时用户需要修改多个数据，而这些数据又分布在不同的表中。这时用户可以建立一个视图，在视图中修改这些数据，然后传回原数据表中。下面通过例题介绍更新数据的过程。

【例 5-10】　根据订单查询库存，修改库存数量，并将结果传回原表。

（1）启动视图设计器

启动“库存信息”视图设计器。

（2）选取字段

单击“字段”选项卡，将“可用字段”列表中“商品库存”表中的“商品编号”字段添加到“选定字段”列表中。

（3）设置可更新的表

单击“更新条件”选项卡，由于只更新“商品库存”表中的“数量”字段，所以在“表”列表框中选择“商品库存”表。

（4）设置关键字段

在“字段名”列表框中选择“商品编号”作为关键字段。

（5）设置更新字段

由于只更新“商品库存”表中的“数量”字段，所以将该字段设置为可更新字段。

（6）设置其他选项

选择“发送 SQL 更新”选项，这样视图中的更新结果会自动传回原表中。选择“SQL WHERE”子句中的“关键字和已修改字段”选项，选择“使用更新”中的“SQL UPDATA”选项，结果如图 5.45 所示。

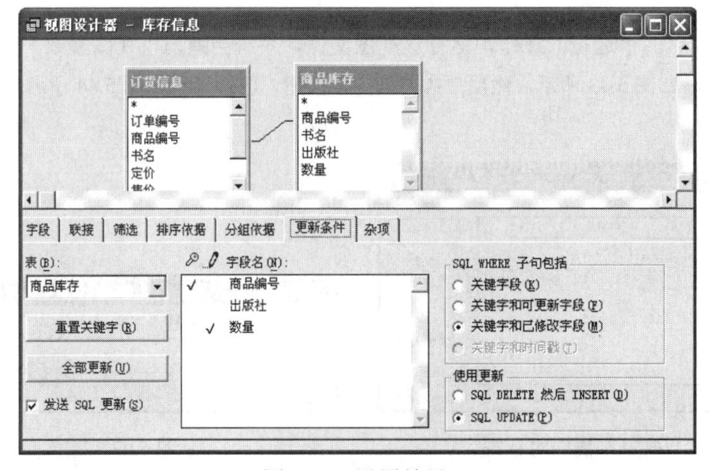

图 5.45　设置结果

（7）保存视图

在工具栏中单击“保存”按钮，保存该视图文件。

（8）运行视图

在工具栏中单击“运行”按钮，在打开的“视图参数”输入框中输入参数“2009-11-01-00007”，并单击“确定”按钮，其运行结果如图 5.44 所示。

（9）修改数据

在运行结果中，由于“商品编号”为 0001 的商品已订购 1 本，因此将该商品的库存数量修改为“155”。同样将“商品编号”为 0004 的库存数量修改为“70”，按 Ctrl+W 组合键存盘退出。在项目管理器中，选择“数据库”下的“商品库存”表，单击“浏览”按钮，其结果如图 5.46 所示，可以看到“商品库存”表中相关商品的数量已被修改。

商品库存

商品编号	书名	出版社	数量
0001	数据库应用基础-Visual FoxPro 6.0（第2版）	电子工业出版社	155
0002	藏地密码	重庆出版社	30
0003	海盗之谜	内蒙文化出版社	46
0004	小淘气尼古拉的故事(全10册)	中国少年儿童出版社	70
0005	美式口语乐翻天	中国传媒大学出版社	109
0006	2009中国自助游	东方出版中心	61

图 5.46　将修改的数据传回到原表

本章小结

1. 查询设计可以从数据库中提取用户所需要的数据，并能以多种方式显示查询结果。设计查询的方法有多种，可以利用查询设计器设计查询，可以利用查询向导设计查询，也可以通过 SELECT-SQL 语句创建查询。

2. 启动查询设计器有两种方法，一种方法是利用系统菜单中“文件”下的“新建”命令；另一种方法是在项目管理器中打开查询设计器。

3. “查询设计器”窗口可分为上下两个部分，上半部分用于显示查询所使用的表或视图；下半部分包含了六个选项卡，用于设置查询的条件、查询所涉及的字段、排序规则及分类汇总规则。

4. 运行查询有多种方法，可以在查询设计器中直接运行；利用查询菜单或工具栏方式运行查询；利用系统菜单中“程序”下的“运行”方式运行；利用命令方式运行查询。

5. 查询结果的去向，系统默认是将查询的结果显示在“浏览”窗口中，但可以选择其他输出目的地，将查询结果送往指定的地点，例如输出到临时表、表、图形、屏幕、报表和标签。

6. SQL 语言是关系数据库语言的国际工业标准。利用 SQL 语言的 SELECT 查询语句可以实现各种类型的查询，在查询设计器中设计查询文件时，系统会根据查询设计条件自动生成相应的 SELECT 语句。

7. 用户的查询要求可能仅涉及一个表，但在实际应用中，用户所需的数据通常会来自多个不同的表，这时就需要建立多表查询。

8. 表间的联接类型有内部联接、左联接、右联接和完全联接。

9. 视图有两种类型，一是本地视图，另一种是远程视图。建立视图文件主要是通过指定数据源、选择所需字段、设置筛选条件、更新条件、设定排序依据、分组依据和杂项等工作来完成。

10. 视图设计器的窗口界面和查询设计器基本相同，不同之处为视图设计器下半部分的选项卡有 7 个，其中的 6 个其功能和用法和查询设计器完全相同，多出的“更新条件”选项卡是查询设计器所没有的。

11. 在设计视图时，如果加入了某些视图参数，那么在运行视图时，可以根据参数设定值的不同，输出不同的结果。

12. “更新条件”选项卡是视图的重点所在，也是与查询最大的区别所在。使用“更新条件”选项卡可使用户对表中数据所做的修改，包括更新、删除及插入等结果传回到数据源中。

习题 5

一、填空

1. 查询文件的默认扩展名为__________。

2. 查询设计器的“字段”选项卡用于__________，“筛选”选项卡用于__________，“排序依据”选项卡用于__________，“分组依据”选项卡用于__________，“联接”选项卡用于__________。

3. 查询的输出去向可以是浏览窗口、__________、__________、__________、__________和图形等多种形式。默认的输出去向是__________。

4. __________相当于是一个定制的特殊的表，它存储于数据库中，不能独立存在。

5. 视图文件的默认扩展名为__________。

二、选择

1. 下列关于查询的叙述，正确的是__________。

A．不能使用自由表建立查询　　B．只能使用自由表建立查询

C．只能使用数据库表建立查询　　D．可以使用数据库表和自由表建立查询

2. 下列关于查询的说法，不正确的一项是__________。

A．查询是 Visual FoxPro 支持的一种数据对象

B．查询就是预先定义好的一个 SQL SELECT 语句

C．查询是从指定的表或视图中提取满足条件的记录，然后按照想得到的输出类型定向输出查询结果

D．查询就是查询，它与 SQL SELECT 语句无关

3. 打开查询设计器的命令是__________。

A．OPEN QUERY　　B．OPEN VIEW　　C．CREATE QUERY　　D．CREATE VIEW

4. 查询设计器中的选项卡依次为__________。

A．字段、联接、筛选、排序依据、分组依据

B．字段、联接、排序依据、分组依据、杂项

C．字段、联接、筛选、排序依据、分组依据、更新条件、杂项

D．字段、联接、筛选、排序依据、分组依据、杂项

5. 在查询设计器的“字段”选项卡中设置字段时，如果将“选定字段”框中的所有字段一次移到“可用字段”框中，可单击__________按钮。

A．添加　　B．全部添加　　C．移去　　D．全部移去

6. 下列关于运行查询的叙述，错误的是__________。

A．在项目管理器中选择需要运行的查询文件，再选择“运行”按钮

B．在查询设计器中修改查询时，选择“常用”工具栏上的“运行”按钮

C．在查询设计器中修改查询时，选择“查询”菜单的“运行查询”

D．在查询设计器中修改查询时，选择“常用”工具栏上的“打印预览”按钮

7. 视图设计器中的选项卡有__________。

   A. 字段、联接、筛选、排序依据、分组依据、更新、杂项

   B. 字段、联接条件、筛选、排序依据、分组依据、更新、杂项

   C. 字段、联接、筛选、排序依据、分组依据、更新条件、杂项

   D. 字段、联接、筛选条件、排序依据、分组依据、更新、杂项

8. 查询设计器和视图设计的主要不同表现在__________。

   A. 查询设计器有“更新条件”选项卡，没有“查询去向”选项

   B. 视图设计器没有“更新条件”选项卡，有“查询去向”选项

   C. 视图设计器有“更新条件”选项卡，也有“查询去向”选项

   D. 查询设计器没有“更新条件”选项卡，有“查询去向”选项

9. 在 Visual FoxPro 6.0 中，建立视图的命令是__________。

   A. CREATE QUERY　　B. OPEN VIEW

   C. OPEN QUERY　　D. CREATE VIEW

10. 在视图设计器的“更新条件”选项卡中，如果出现“铅笔”标志，表示__________。

   A. 该字段为关键字　　B. 该字段为非关键字

   C. 该字段可以更新　　D. 该字段不可以更新

11. 下列关于视图与查询的叙述，错误的是__________。

   A. 视图可以更新数据

   B. 查询和视图都可以更新数据

   C. 查询保存在一个独立的文件中

   D. 视图不是独立的文件，它只能存储在数据库中

三、问答题

1. 查询和视图有何不同之处？各自适合用于什么场合？
2. 启动查询设计器有哪些方法？
3. 如何向查询设计器中添加表？
4. 举例说明如何设置查询的筛选条件。
5. 查询结果的去向有哪几种？
6. 运行查询文件有哪几种方法？
7. 如何建立多表查询表间的联接条件？表间的联接类型有哪几种？
8. 如何使用视图对表数据进行更新？

实验

实验一　设 计 查 询

1. 实验目的

（1）掌握使用查询设计器创建查询文件的方法。

（2）掌握使用查询设计器设计查询条件的方法。

（3）掌握使用查询向导设计查询的方法。

2. 实验内容

（1）创建单表查询文件

① 在“学生成绩管理”项目管理器中，使用查询设计器创建一个单表查询文件，文件名为“查询第一学期成绩”。查询条件如下：

◎ 要查询的表文件为“第一学期成绩”（表文件“第一学期成绩”、“第二学期成绩”、“学生基本情况”在第 4 章的实验中创建）。

◎ 查询结果中显示字段为学号、数学、语文、英语、政治、计算机基础、操作系统。

◎ 查询计算机基础和操作系统两项成绩都不小于 60 分的所有学生。

◎ 显示出的查询结果按“学号”的升序排列。

◎ 设置查询去向为“临时表”。

② 在“学生成绩管理”项目管理器中，使用查询向导创建一个单表查询文件，文件名为“查询第二学期成绩”。查询条件如下：

◎ 要查询的表文件为“第二学期成绩”。

◎ 查询结果中显示字段为学号、数学、语文、英语、政治、办公软件、QBASIC。

◎ 查询办公软件或 QBASIC 成绩不及格的所有学生。

◎ 查询结果按“学号”的降序显示。

◎ 设置查询去向为“表”。

（2）创建多表查询文件

① 在“学生成绩管理”项目管理器中，使用查询设计器创建一个多表查询文件，查询“学生基本情况”和“第一学期成绩”表中相应的记录，查询文件名为“查询学生成绩资料 1”。查询条件如下：

◎ 要查询的表文件为“第一学期成绩”和“学生基本情况”。

◎ 查询结果中显示字段为学号、姓名、性别、班级、职务、计算机基础、操作系统。

◎ 两表以“学号”字段建立内部联接。

◎ 查询“计算机基础”和“操作系统”两项成绩都小于 80 分并且都不大于 90 分的所有学生。

◎ 显示出的查询结果按“学号”的升序排列。

◎ 设置查询去向为“浏览”。

② 在“学生成绩管理”项目管理器中，使用查询向导创建一个多表查询文件，文件名为“查询学生成绩资料 2”。查询条件如下：

◎ 要查询的表文件为“学生基本情况和第二学期成绩”。

◎ 查询结果中显示字段为：学号、姓名、性别、班级、职务、办公软件、QBASICA。

◎ 两表以“学号”字段建立内部联接。

◎ 查询办公软件或 QBASIC 成绩不及格的所有学生。

◎ 查询结果按“性别”分组。

◎ 设置查询去向为“表”。

实验二　设 计 视 图

1. 实验目的

（1）掌握使用视图设计器创建视图文件的方法。

（2）掌握使用视图设计器设计视图更新条件的方法。

2. 实验内容

在“学生成绩管理”项目管理器中，使用视图设计器创建一个本地视图文件，视图文件名为“修改学生资料视图”。要求如下：

◎ 视图文件所使用的表为学生基本情况、第一学期成绩、第二学期成绩（表文件“第一学期成绩”、“第二学期成绩”、“学生基本情况”在第 4 章的实验中创建）。

◎ 查询结果中显示字段为学号、姓名、性别、政治面貌、班级、职务、计算机基础、办公软件。

◎ 三表间联接类型设置为内部联接。

◎ 更新浏览视图所使用的视图参数为“学号”，即在“筛选”选项卡中设置“学号”为更新浏览视图的条件。

◎ 设置“政治面貌”、“班级”为可更新字段。

第 6 章　程序设计基础

本章知识目标

- 了解程序文件的建立、保存、修改和运行
- 掌握程序的 3 种基本结构设计：顺序结构、分支结构和循环结构
- 理解过程与用户自定义函数的含义及使用方法

对于 Visual FoxPro 6.0 的初学者，常常直接在命令窗口中输入命令来完成对数据库的各种处理工作。此种方法虽然简单，可当应用数据多且反复使用某些命令时，相信也会感到厌烦，如果能将这些命令结合起来，将那些烦琐的动作一次完成，则能提高效率。

Visual FoxPro 6.0 允许用户将一系列的命令存储在一个文件中从而建立一个程序文件，只要执行此程序文件，Visual FoxPro 6.0 会自动依序执行文件中的所有命令。本章主要介绍如何以合理的方式将一系列的命令结合在程序文件中，从而达到编程的目的。

6.1　程序文件

Visual FoxPro 6.0 程序是一个 ASCII 文本文件，其中包含有一系列的命令，其程序文件的扩展名是.prg。

6.1.1　建立程序文件

由于 Visual FoxPro 6.0 的程序文件是一个文本文件，因此可以使用任何的文本编辑器来创建和编辑，这些文本编辑器既可以是 Visual FoxPro 6.0 提供的标准编辑器，也可以是其他文本编辑软件。

现在开始创建一个程序文件。

（1）从“文件”下拉菜单中选择“新建”命令，打开“新建”对话框。

（2）在“新建”对话框中选择“程序”选项，表示建立一个程序文件。

（3）单击“新建文件”按钮，打开“程序 1”窗口，开始新程序文件的编写。

以上介绍的是通过菜单选择来建立一个新的程序文件。在 Command 窗口中还可以用命令 MODIFY COMMAND 来建立新的程序文件，这时 Visual FoxPro 6.0 将打开一个名为“程序 1”的窗口，用户可以在此窗口中输入程序代码。

此外，还可以在项目管理器中选择“代码”选项卡的“程序”选项，再单击“新建”按钮来建立新的程序文件。

6.1.2　保存程序文件

程序输入完成后必须进行存储，这时最简单的办法是从“文件”下拉菜单中选择“保存”命令将新建的程序文件存入磁盘中。程序一旦存储在磁盘上，就可以很方便地修改和执行这些程序文件了。

6.1.3　修改程序文件

保存程序文件后，如果要改变其中的某些内容，就可以打开这个文件进行修改。打开一个已经存在的程序文件，可以从“文件”下拉菜单中选择“打开”命令，从“打开”对话框的“文件类型”列表框中选择“程序（*.prg；*.spr；*.mpr；*.qpr）”类型，再从文件名列表中选择要修改的程序文件，最后单击“确定”按钮。

另外，还可以在 Command 窗口中使用以下命令打开一个指定的程序文件：

MODIFY COMMAND 程序文件名

或使用命令：

MODIFY COMMAND ?

如果程序包含在项目中，则可以在项目管理器中选择要修改的程序，然后单击“修改”按钮来修改程序文件。

与程序的输入一样，完成程序的修改之后也必须将文件保存。

6.1.4　运行程序文件

程序创建之后，就可以运行了。运行一个程序，主要有两种方法：一是从“程序”菜单中选择“运行”命令，然后从列出的程序文件中选择要运行的文件；二是在 Command 窗口中键入命令。

命令格式：

Do "[路径] 程序文件名"

功能：运行指定的程序文件。

如果程序包含在项目中，则可以在项目管理器中选择要执行的程序，然后单击“运行”按钮。

6.2　程序的基本结构

程序结构是程序中命令或语句执行的流程结构。Visual FoxPro 6.0 提供了 3 种基本结构：顺序结构、分支结构（也称选择结构）、循环结构。

6.2.1　顺序结构

顺序结构是程序中最基本、最简单的结构。使用该结构只需先把过程的各个步骤详细列出，然后将有关命令按处理的逻辑顺序自上而下排列起来。它的执行顺序是自上而下，依次执行。

【例 6-1】 从键盘任意输入正方形的边长，求出正方形的面积。

程序代码如下：

```
    clear
input "请输入边长:" to n
area=n*n
?"这个正方形的面积为:",area
```

运行结果如图 6.1 所示。

```
请输入边长: 5.3
这个正方形的面积为:        28.09
```

图 6.1 运行结果

6.2.2 分支结构

顺序结构的程序虽然能解决计算、输出等问题，但不能做判断再选择。对于要先做判断再选择的问题就要使用分支结构。分支结构的执行是依据一定的条件选择执行路径，而不是严格按照语句出现的物理顺序。分支结构的程序设计方法的关键在于构造合适的分支条件和分析程序流程，根据不同的程序流程选择适当的分支语句。

1. 单一条件分支结构

（1）IF...ENDIF

功能：若条件为.T.，则执行语句行序列；否则执行 ENDIF 后的第一条命令。

语法：IF (条件表达式)

　　语句行序列

　ENDIF

【例 6-2】 求一元二次方程 $AX^2+BX+C=0$ 的根 X1，X2。

程序代码如下：

```
Z=B^2-4*A*C
IF (Z>=0)
    X1=(-B+SQRT(Z))/(2*A)
    X2=(-B-SQRT(Z))/(2*A)
    ?X1,X2
ENDIF
```

运行结果如图 6.2 所示。

```
A=2
B=7
C=3
        -0.5000        -3.0000
```

图 6.2 IF...ENDIF 例题的运行结果

（2）IF...ELSE...ENDIF

功能：若条件为.T.，执行语句行序列 1，否则执行语句行序列 2。

语法：IF (条件表达式)

　　　语句行序列 1

　　[ELSE

　　　语句行序列 2]

　　ENDIF

【例 6-3】　若条件 *B* 大于 *A* 成立，变量 *A* 加一，否则减一。

程序代码如下：

```
clear
input"请输入 a:" TO a
input"请输入 b:" TO b
if (b>a)
    a=a+1
else
    a=a-1
endif
?'a=',a
Return
```

运行结果如图 6.3 所示。

请输入a:2

请输入b:45

a=　　　3

图 6.3　IF...ELSE...ENDIF 例题的运行结果

2. 多重分支结构

DO CASE...ENDCASE

功能：多重分支结构，即根据多个条件表达式的值，选择多个操作中的一个对应执行。

语法：DO CASE

　　　CASE (条件表达式 1)

　　　　　语句行序列 1

　　　CASE (条件表达式 2)

　　　　　语句行序列 2

　　　　　……

　　　CASE (条件表达式 n)

　　　　　语句行序列 n

　　　[OTHERWISE

　　　　　语句行序列 n+1]

　　ENDCASE

其中“条件表达式”可以是各种表达式的组合，但其值必须是逻辑值“真”或“假”，执行此命令时，系统依次查看每一个 CASE 条件，只要某一条件成立，则执行该条件下的语句行序列，其他条件下的语句行序列跳过，接下去执行 ENDCASE 后面的语句。若所有的条件均不成立，在有选择项 OTHERWISE 的情况下，执行它后面的语句行序列，再接着执行 ENDCASE 后面的语句；在没有选择项 OTHERWISE 的情况下，直接执行 ENDCASE 后面的语句。

【例 6-4】 $f(x)$是一个分段函数，当 x 小于−1 或大于 5 时，$f(x)$取 0；当 x 大于等于−1 或小于 1 时，$f(x)$取 $2x^2-x$；当 x 大于等于 1 或小于 5 时，$f(x)$取 x。

程序代码如下：

```
input" 请输入 x 值:"to x
do case
   case x<-1
        f=0
   case x<1
        f=2*x*x-x
   case x<5
        f=x
   otherwise
        f=0
endcase
?'f(x)=',f
return
```

运行结果如图 6.4 所示。

```
请输入x值:3
f(x)=          3
```

图 6.4　DO CASE...ENDCASE 例题的运行结果

3. IIF 函数

Visual FoxPro 6.0 中还提供了一个条件函数，用它来编写简单的分支程序相当方便。函数格式为：

IIF(条件表达式，表达式 1，表达式 2)

功能：当条件表达式为.T.时，函数取表达式 1 的值；当条件表达式为.F.时，函数取表达式 2 的值。利用 IIF 函数可简化程序设计。

例如：

```
Y=IIF(X>10,X+X,X*X)
```

可以替代如下条件语句：

```
IF X>10
  Y=X+X
ELSE
  Y=X*X
ENDIF
```

【提示】 使用分支语句时的注意问题。

① IF...ENDIF 和 DO CASE...ENDCASE 必须配对使用，DO CASE 与第一个 CASE<条件表达式 1>之间不应有任何命令。

② <条件表达式>可以是各种表达式或函数的组合，其值必须是逻辑值。

③ <语句行序列>可以由一个或多个命令组成，也可以是条件控制语句组成的嵌套结构。

6.2.3　循环结构

当某一段程序需要重复执行多次时，为避免编写重复的程序代码，可以利用循环指令，使程序能重复执行。

1. DO WHILE…ENDDO

功能：只要条件成立，重复执行语句行序列。

语法：DO WHILE (条件表达式)

　　　　　　语句行序列

　　ENDDO

其中当“条件表达式”为.T.，执行语句行序列，执行完再回到 DO WHILE 重复检查与执行的动作，直到条件不符合，则跳过不执行语句行序列，并跳出此循环，执行 ENDDO 后的程序。

每次执行语句行序列之前，先检查条件表达式是否为.T.。

【例 6-5】　编程求 1+2+3+…+100 之和。

程序代码如下：

```
s=0
i=1
do while i<=100
        s=s+i
        i=i+1
enddo
?'1+2+3+......+100=',s
return
```

运行结果如图 6.5 所示。

```
1+2+3+......+100=        5050
```

图 6.5　DO WHILE…ENDDO 例题的运行结果

2. FOR...ENDFOR|NEXT

功能：重复执行 FOR...ENDFOR 或 NEXT 之间的语句行序列。

语法：FOR　变量=初始值　TO　终值　[STEP 步长]

　　　　语句行序列

　　　[LOOP]

　　　[EXIT]

　　ENDFOR|NEXT

循环变量被赋初值后，如果循环变量没有超过终值，则执行语句行序列；循环变量递增（递增值为步长），如果没有超过终值，继续执行循环；否则，结束循环。

省略 STEP 步长，则步长为默认值 1；初始值、终值、步长都可以是数值表达式，但这些表达式仅在循环语句开始执行时计算一次。循环语句执行过程中，初始值、终值和步长是不会改变的，并由此确定循环的次数。

【例 6-6】　从键盘输入 10 个数，编程找出其中的最大值和最小值。

程序代码如下：

```
input" 请从键盘输入一个数:"to A
store A to MAX,MIN
for i=2 to 10
    input"请从键盘输入一个数:"to A
    if MAX<A
        MAX=A
    endif
    if MIN>A
        MIN=A
    endif
endfor
 ?"最大值为:",MAX
 ?"最小值为:",MIN
 return
```

运行结果如图 6.6 所示。

```
请从键盘输入一个数:3
请从键盘输入一个数:45
请从键盘输入一个数:678
请从键盘输入一个数:-9
请从键盘输入一个数:80
请从键盘输入一个数:45
请从键盘输入一个数:23
请从键盘输入一个数:0
请从键盘输入一个数:-89
请从键盘输入一个数:6
最大值为:          678
最小值为:          -89
```

图 6.6　FOR...ENDFOR|NEXT 例题的运行结果

3. SCAN…ENDSCAN

功能：在当前表中，针对每个符合指定条件的记录执行所指定的语句。

语法：SCAN [NOOPTIMIZE]

```
        [Scope] [FOR 逻辑表达式 1] [WHILE 逻辑表达式 2]
        [语句组]
        [LOOP]
        [EXIT]
    ENDSCAN
```

SCAN 语句是一个循环次数由数据表中记录个数决定的特殊的循环，每次执行完循环体内的语句组后，表中当前记录指针自动向下移一个记录，重复执行循环体内语句，直到到达表文件尾。

若对表中全部记录执行某一操作，可以使用 SCAN 语句。随着记录指针的移动，SCAN 循环允许对每条记录执行相同的代码块。

【例 6-7】 输出“网上书店”数据库的“用户基本信息”表中所有男性用户的用户名和电话。

程序代码如下：

```
 clear
open database 网上书店
use 用户基本信息
scan for 性别="男"
    ? 用户名,电话
endscan
close database
```

运行结果如图 6.7 所示。

```
LIYU            62254386
ZHANGHAO        65270001
FANGUANG        32520860
```

图 6.7　SCAN…ENDSCAN 例题的运行结果

4. LOOP

功能：所有的循环指令内部都可加入 LOOP 命令，以控制循环的特别流程。

语法：LOOP

LOOP 指令又称为中途复始语句，会略过循环体中 LOOP 到 NEXT 之间的其他语句行序列。循环变量增加一个步长值，返回 FOR 循环头判断循环条件是否成立。

5. EXIT

功能：所有的循环指令内部都可加入 EXIT 命令，以控制循环的特别流程。

语法：EXIT

EXIT 指令又称为中途退出语句，会跳出循环到 NEXT 下的语句。

【提示】 使用循环语句需要注意以下问题。

① DO WHILE...ENDDO, FOR...ENDFOR, SCAN...ENDSCAN 必须配对使用。

② <语句行序列>可以是任何 FoxPro 命令或语句，也可以是循环语句，即可以为多重循环。

③ 不同循环语句适应的场合不同，循环次数已知的情况可用 FOR...ENDFOR 语句；循环次数不知的情况可用 DO WHILE...ENDDO；针对数据库的记录操作可用 SCAN...ENDSCAN 语句。

6.3　过程与自定义函数

当程序发展较大时，若不将程序分割成较小的区块，将变得繁杂而难以管理。过程的目的就是将较独立的程序代码集合在一个区块中，再将这些区块组合成完整的程序，这样程序将具有结构化并易于发展管理，一般称此为模块化程序结构。

```
PROCEDURE 过程名
......
......
```

ENDPROC

而用户自定义函数如同 Visual FoxPro 6.0 内建的函数一样，将需要的参数传入，并传回计算的结果。与过程的功能一样，可使程序模块化，不过两者的区别不大。

```
FUNCTION 函数名
……
……
ENDFUNC
```

6.3.1 过程

PROCEDURE

功能：将单独使用或重复出现的程序写成可供其他程序调用的子程序，即为过程。过程运行结束，返回调用它的程序。

语法：ROCEDURE　过程名　[(变量表)]

```
        [语句行序列]
    RETURN [return exp]
ENDPROC
```

其中：

过程名：仅接受前 32 个字符，可包含字母、数字、下标线。

变量表：使用( )括住，多个参数由逗号分开，其范围为局部性（LOCAL），可避免较低层的过程改变其值。

RETURN [return exp]：传回[return exp]运算式结果给调用的上一层程序，且程序流程回到调用的程序。利用此返回值即可完成函数功能。

Visual FoxPro 6.0 不可使用嵌套过程，不可在循环中定义过程。要执行过程，可用

```
DO 过程文件名
```

或

```
=过程文件名()
```

执行过程且传送参数，使用

```
DO 过程文件名 WITH 实际参数表
```

或

```
=过程文件名(实际参数表)
```

【例 6-8】 在主程序中调用过程 proc 1 和 proc 2，输出程序的执行结果。

程序代码如下：

```
&&主程序
?"A"
DO proc1                          &&利用 DO 调用过程 1
?"B"
DO proc2 with 2,4                 &&利用 DO 调用过程 2，并传入参数
?"C"
=proc2(5,4)                       &&函数类型的过程并传入参数
&&过程
```

```
PROCEDURE proc1                     &&定义过程 1,输出并显示 D
?"D"
ENDPROC

PROCEDURE proc2(para1,para2)        &&定义过程 2,输出并显示参数 1 和参数 2 的和
?para1+para2
ENDPROC
```

运行结果如图 6.8 所示。

```
A
D
B
            6
C
            9
```

图 6.8　PROCEDURE 例题的运行结果

6.3.2　自定义函数

FUNCTION

功能：用户自定义函数（UDF），函数执行一组操作进行计算，并返回一个值。

语法：FUNCTION　函数名 [(参数表)]

　　[语句行序列]

　　RETURN [return exp]

ENDFUNC

其中：

参数表：以逗号分开多个参数，全部以()括住。

[return exp]：返回值的运算，预设值为.T.。

【例 6-9】　在主程序中调用自定义函数 func1，输出程序的执行结果。

程序代码如下：

```
&&主程序
 ?"A"
 b=func1(5,4)   &&调用自定义函数 1,并输入参数
 ?b
&&自定义函数
 FUNCTION func1 (para1,para2) &&自定义函数 1,返回 ret 值的运算结果
 ret=para1+para2
 RETURN ret
 ENDFUNC
```

运行结果如图 6.9 所示。

```
A
          9
```

图 6.9　FUNCTION 例题的运行结果

本章小结

1. Visual FoxPro 6.0 允许用户将一系列的命令存储在一个文件中而建立一个程序文件，只要执行此程序文件，Visual FoxPro 6.0 会自动依序执行文件中的所有命令。

2. 程序设计的三种基本结构，包括顺序结构、分支结构和循环结构。

3. 分支结构程序设计的基本语法：IF...ENDIF，IF...ELSE...ENDIF，DO CASE...ENDCASE 和条件函数 IIF()。

4. 循环结构程序设计的基本语法：DO WHILE...ENDDO，FOR...ENDFOR|NEXT, SCAN...ENDSCAN。

5. 过程的目的就是将较独立或重复出现的程序代码集合在一个区块中，再将这些区块组合成完整的程序，这样程序将具有结构化的特点并易于发展管理。

6. 在 FoxPro 6.0 中，函数与过程相似，但函数除了执行一组操作进行计算外，还返回一个值。函数有两大类：内部函数和用户自定义函数。

习题 6

一、填空

1. 在 VFP6.0 的命令窗口，输入__________命令可以新建程序文件；如果要修改程序文件，则输入__________命令；如果要运行程序文件，则输入__________。

2. VFP 6.0 提供了 3 种基本程序结构：__________、__________和__________。

3. 单一条件分支结构有__________和__________，多重分支结构是__________。

4. 不同循环语句适应的场合不同，循环次数已知的情况可用__________语句；循环次数不知的情况可用__________语句；针对数据库的记录操作可用__________语句。

5. 中途复始语句是__________，中途退出语句是__________。

二、选择

1. 在 VFP 中，程序文件的扩展名为__________。

   A．.prg　　B．.qpr　　C．.scx　　D．.sct

2. 一个过程文件最多可以包含 128 个过程，每个过程的第一条语句是__________。

   A．PARAMETER　　B．DO <过程名>　　C．<过程名>　　D．PROCEDURE <过程名>

3. 在 DO WHILE…ENDDO 循环中，若循环条件设置为.T.，则下列说法中正确的是__________。

   A．程序不会出现死循环　　B．程序无法跳出循环

   C．用 EXIT 可以跳出循环　　D．用 LOOP 可以跳出循环

4. 有以下程序段：

```
DO CASE
CASE 计算机<60
              ?"计算机成绩是:"+"不及格"
CASE 计算机>=60
 ?"计算机成绩是:"+"及格"
CASE 计算机>=70
 ?"计算机成绩是:"+"中"
CASE 计算机>=80
 ?"计算机成绩是:"+"良"
CASE 计算机>=90
 ?"计算机成绩是:"+"优"
ENDCASE
```

   设学生数据库当前记录的"计算机"字段的值是 89，执行上面程序段之后，屏幕输出________。

   A．计算机成绩是:不及格　　B．计算机成绩是:及格

C．计算机成绩是:良　　　　　　　　　　D．计算机成绩是:优

5. 按照语句排列的先后顺序，逐条依次执行的程序结构是_________。

A．分支结构　　B．顺序结构　　　　　　C．循环结构　　　　D．模块结构

三、编程题

1. 鸡兔同笼问题。已知鸡兔的总数为 h，总脚数为 f，求鸡兔各有多少只？

2. 判断某一年是否为闰年。

3. 下列程序的功能是什么？

```
yue=month(date())
do case
    case inlist(yue,3,4,5)
        jj="春"
    case inlist(yue,6,7,8)
        jj="夏"
    case inlist(yue,9,10,11)
        jj="秋"
    case inlist(yue,12,1,2)
        jj="冬"
endcase
messagebox("当前季节为:"+jj+"季")
return
```

4. 编程完成如下题目：公鸡每只 5 元，母鸡每只 3 元，小鸡 3 只 1 元。用 100 元买 100 只鸡，问公鸡、母鸡、小鸡各多少？

5. 编程，求 $s=1!+2!+3!+\cdots+n!$。

第7章 表　单

本章知识目标

- 了解表单的基本知识
- 掌握使用表单向导创建表单的方法
- 掌握表单的基本操作方法
- 掌握常用控件的功能和使用方法

当向表中添加数据或浏览查询和视图的结果时，出现的都是千篇一律的编辑窗口或浏览窗口。虽然可以定制浏览窗口，但其格式还是既死板又不美观。对于开发应用程序的人来说，为用户提供一个友好的界面是非常重要的。Visual FoxPro 6.0 为用户提供了一个功能强大，操作方便的界面设计工具——表单设计器。利用表单设计器可以方便地、快捷地设计出美观、友好的界面，同时也为用户进行数据操作提供了方便。

由于篇幅有限，本章只对表单做最基本的介绍：表单的创建、表单的管理、常用控件及其使用方法。

7.1 创建表单

表单对大家来说也许是一个比较陌生的概念，实际上表单与屏幕类似，之所以称为表单只是为了与传统的屏幕相区别。本章从表单向导开始，逐步由浅入深地介绍创建表单的方法，使用户对表单有一个初步的了解。

7.1.1 使用向导创建表单

1. 启动表单向导

（1）打开“网上书店系统”项目管理器。

（2）打开“网上书店”数据库。

（3）单击“文档”选项卡，选择“表单”选项。单击“新建”命令按钮，打开“新建表单”选择框，如图 7.1 所示。

（4）单击“表单向导”按钮，系统将显示“向导选取”对话框，如图 7.2 所示。

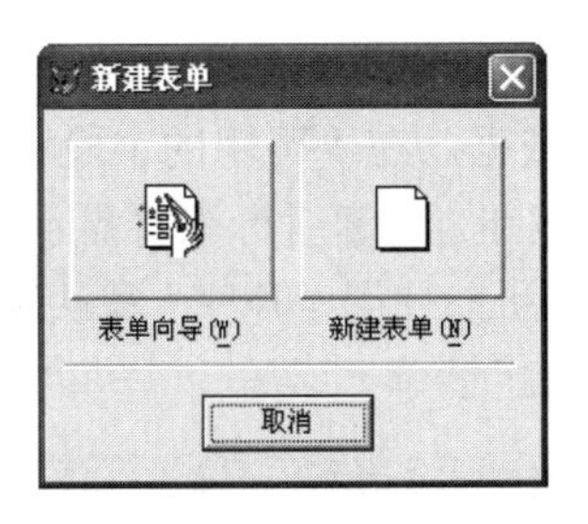

图 7.1　“新建表单”选择框

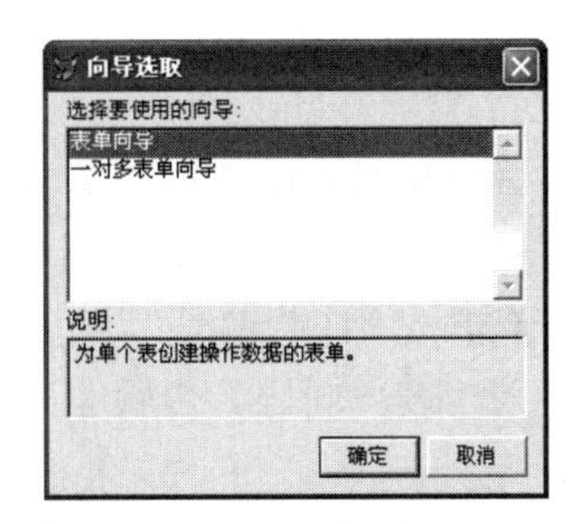

图 7.2　“向导选取”对话框

2. 选取向导

“向导选取”对话框中包含：

表单向导：用一个数据表建立表单。

一对多表单向导：用多个表建立表单，即建立关系型数据库的表单。

本例选择“表单向导”选项，并单击“确定”按钮，进入“表单向导”步骤 1，如图 7.3 所示。

3. 选取字段

在“表单向导”步骤 1 中选取所需字段。选取“订货信息”表后，字段列表框中列出了该表的全部字段，单击▸▸按钮，选取表中所有字段到“选定字段”列表框中然后单击“下一步”按钮，进入“表单向导”步骤 2，如图 7.4 所示。

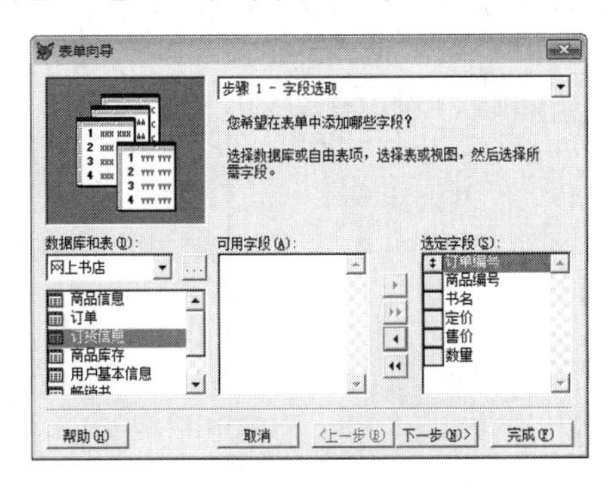

图 7.3　“表单向导”步骤 1

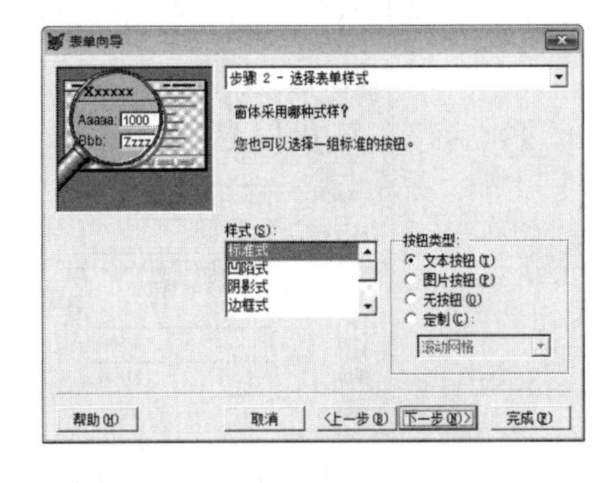

图 7.4　“表单向导”步骤 2

4. 选择表单样式

在“表单向导”步骤 2 中选取表单样式。样式列表框中列出了可供选择的样式，其中按钮类型给出了 4 个选项：

文本按钮：在按钮上以文本的形式标明其功能。

图形按钮：在按钮上以图形的形式标明其功能。

无按钮：在表单上不显示按钮。

自定义按钮：在表单中自己定义按钮。

本例选择“浮雕式”和“文本按钮”两个选项。选择了样式和按钮之后，可以通过左上角的放大镜观看其结果。单击“下一步”按钮，进入“表单向导”步骤 3，如图 7.5 所示。

5. 选择排序方式

在“表单向导”步骤 3 中选取所需字段作为排序依据。在“可用的字段和索引标识”列表框中选择索引标识“订单编号”，然后单击“添加”按钮，该索引标识将显示在“选定字段”列表框中。由于希望按“订单编号”字段的升序排列，所以使用“升序”默认选项。单击“下一步”按钮，进入“表单向导”步骤 4，如图 7.6 所示。

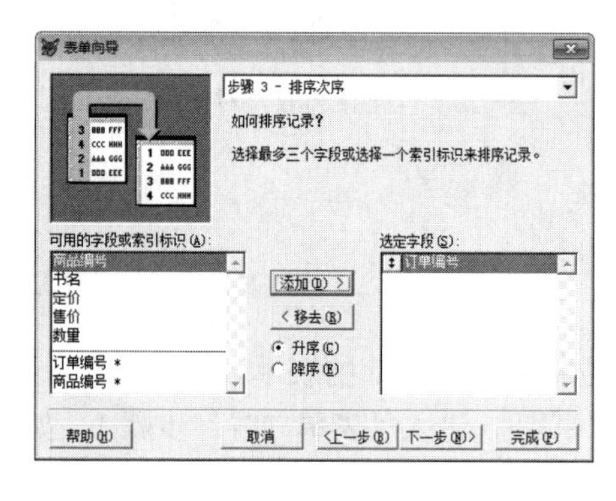

图 7.5　“表单向导”步骤 3

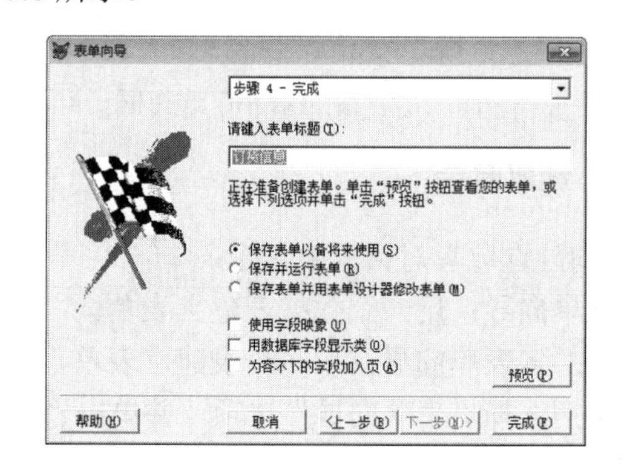

图 7.6　“表单向导”步骤 4

6. 预览

在“表单向导”步骤 4 中，在“请键入表单标题”文本框中键入该表单的标题“订货信息”然后选取“保存表单以备将来使用”选项。为了防止表单中字段太多一页显示不下，可以选择“为容纳不下的字段加入页”选项。然后单击“预览”按钮，显示的结果如图 7.7 所示。

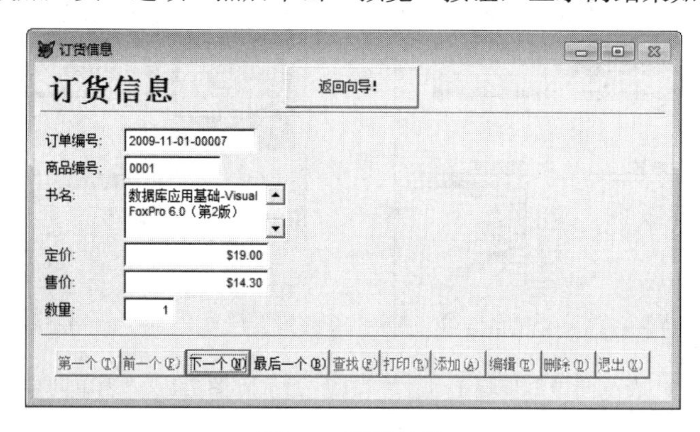

图 7.7　预览结果

在表单的最上面有“返回向导！”按钮，单击该按钮可以返回向导。中间部分显示了选取字段的内容。最下面是向导在表单上创建的 10 个按钮，其功能如下。

第一个：将记录指针指向第一个记录。

前一个：将记录指针指向上一条记录。

下一个：将记录指针指向下一条记录。

最后一个：将记录指针指向最后一个记录。

查找：显示“搜索”对话框，用于给出查询条件。

打印：打印表单内容。

添加：在表单末尾添加一条记录。

编辑：单击该按钮，用户即可修改当前记录的值。

删除：删除当前记录。

退出：关闭表单。

7. 完成

若不满意预览结果，可以单击“上一步”按钮进行修改。若满意则单击“完成”按钮，打开“另存为”对话框。在“保存在”下拉列表中确定路径为“D:\网上书店系统”，在“保存表单为”文本框中输入表单文件名“订货信息”，并单击“保存”按钮。

7.1.2　创建快速表单

通过快速表单可以快速地创建表单文件，但创建的表单文件功能有限，样式也单一。下面为“商品信息”表创建快速表单。

1. 打开数据库文件

（1）打开“网上书店系统”项目管理器。

（2）打开“网上书店”数据库。

2. 新建表单

（1）在项目管理器中，单击“文档”选项卡，选择“表单”选项，再单击“新建”按钮，打开“新建表单”选择框。

（2）单击“新建表单”按钮，打开“表单设计器”窗口，如图 7.8 所示。

3. 创建快速表单

（1）在系统菜单中，选择“表单”下拉菜单中的“快速表单”选项，打开“表单生成器”对话框，如图 7.9 所示。

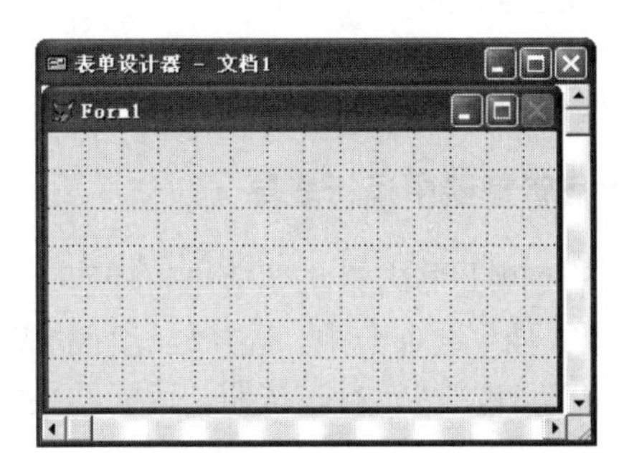

图 7.8　“表单设计器”窗口

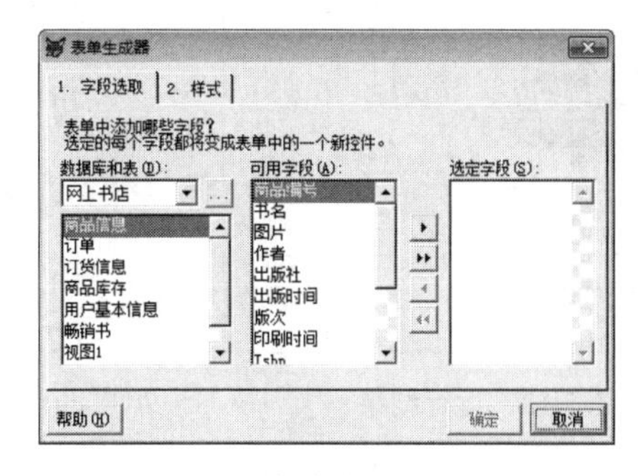

图 7.9　“表单生成器”对话框

（2）“字段选取”选项卡用于选取将在表单中显示的字段，其操作方法与“表单向导”步骤 1 相同。由于为“商品信息”表创建快速表单，所以选择“数据库和表”列表框中的“商品信息”选项，此时该表字段将显示在“可用字段”列表框中。

（3）单击按钮，将“商品信息”表的所有字段从“可用字段”列表框添加到“选定字段”列表框中。

（4）单击“样式”选项卡，如图 7.10 所示。

（5）“样式”选项卡用于选择添加控件的样式，通过放大镜可以看到所选样式的结果。本例选择“样式”列表框中的“浮雕式”选项，然后单击“确定”按钮。

（6）Visual FoxPro 自动将选取的字段添加到表单中，并按其内容的多少调整其在表单中的位置，如图 7.11 所示。

图 7.10　“样式”选项卡

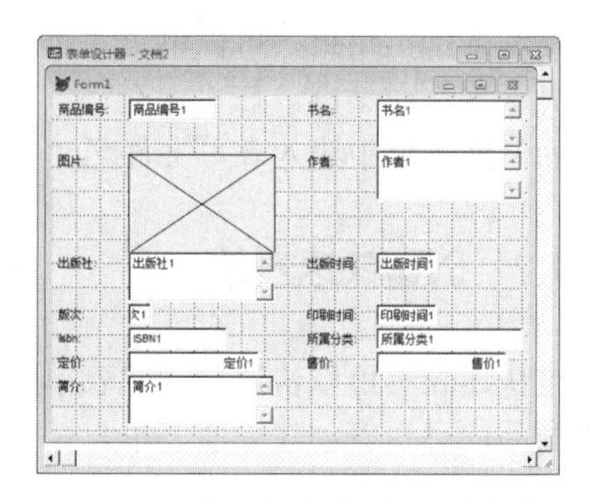

图 7.11　将选取字段添加到表单中

4. 保存表单

（1）在系统菜单中，选择“文件”下拉菜单中的“保存”选项，或单击工具栏中的“保存”按钮，打开“另存为”对话框，确定保存文件的路径为“D:\网上书店系统”，在“保存表单为”文本框中输入表单文件名“商品信息”，并单击“保存”按钮。

（2）单击“关闭”按钮，关闭表单设计器。

至此，快速表单的设计工作就全部完成了。通过上面的操作过程可以看到，建立快速表单的优点是操作简单、方便、快捷。但其只能使用一个表中的数据，而且没有表单向导提供的各种按钮，功能有限。所以一般情况下，还要在表单设计器中对其进行进一步的修改，设计出更加完美的表单。

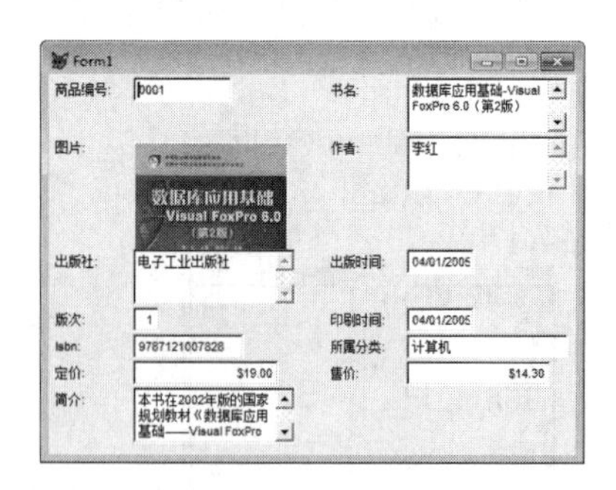

图 7.12　运行结果

7.1.3　运行表单

可以通过多种方法来运行表单文件。

1. 在项目管理器中运行表单

（1）打开“网上书店系统”项目管理器。

（2）在“文档”选项卡中，选择要运行的表单文件，如“商品信息”，单击“运行”按钮，运行结果如图 7.12 所示。

可以看到“商品信息”表中的每个字段内容均显示在表单中，但表单中没有按钮，只能显示表中第一条记录的信息，功能有限。所以还要在表单设计器中对其进行进一步的修改，具体方法将在后面介绍。

（3）关闭表单窗口。

2. 使用菜单运行表单

打开表单设计器，选择系统菜单中“表单”下拉菜单下的“执行表单”选项，或单击工具栏中的“运行”按钮，都可运行当前表单。

3. 使用命令运行表单

运行表单命令的一般格式如下。

命令格式：

DO　FORM 表单名

功能：运行表单或表单集。

例如：若要运行“D:\网上书店系统”文件夹下的商品信息.scx 表单，可在命令窗口键入如下命令。

```
DO FORM d:\网上书店系统\商品信息.scx
```

7.2　表单的基本操作

使用表单向导和快速表单虽然可以方便、快捷地创建表单，但这种表单并不能满足用户的要求，实现特定的功能。若想创建功能更加强大、更加完善的表单，就要借助于表单设计器。本节主要介绍使用表单设计器设计表单时的基本操作。

7.2.1　设置数据环境

每个表单或表单集都有一个数据环境，数据环境定义了表单所使用的数据源，包括表、视图，以及表单要求的表之间的关系。用户可以在数据环境设计器中可视地设置数据环境。

1. 启动表单设计器

打开“网上书店系统”项目管理器，选择“文档”选项卡中的“表单”选项，单击“新建”按钮。在弹出的“新建表单”对话框中，单击“新建表单”按钮，即可打开表单设计器。

2. 启动数据环境设计器

在系统菜单中，选择“显示”下拉菜单中的“数据环境”选项，或从表单的快捷菜单中选择“数据环境”选项，均可启动数据环境设计器，同时还会打开“添加表或视图”对话框，如图 7.13 所示。也可以在系统菜单中，选择“数据环境”下拉菜单中的“添加”选项，或从其快捷菜单中选择“添加”选项，均可打开“添加表和视图”对话框。

3. 向数据环境中添加表和视图

选择“数据库中的表”列表框中的“订货信息”表，单击“添加”按钮，再选择“商品库存”表，单击“添加”按钮，可以看到这两个表被添加到了数据环境设计器中，表间连线是两表间的永久关系，如图 7.14 所示，然后单击“关闭”按钮关闭“添加表和视图”对话框。另外也可将表或视图直接从项目管理器中拖动到数据环境中。

图 7.13 “添加表或视图”对话框

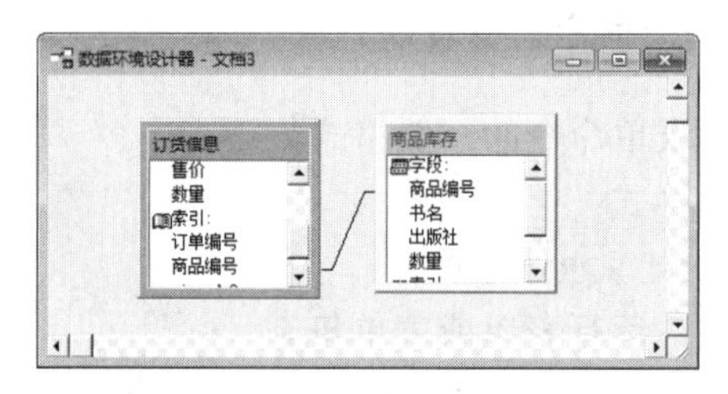

图 7.14 “数据环境设计器”界面

4. 在数据环境中设置关系

如果向数据环境中添加了两个或两个以上的表，且表间具有永久关系的话，这些关系会自动添加到数据环境中，如果表间没有永久关系，用户可以在数据环境中设置（设置方法见第 4 章）。

5. 在数据环境中编辑关系

表间的关系通过表间的一条连线指出，在关系线上单击鼠标右键，从弹出的快捷菜单中选择“属性”选项，会显示该关系的“属性”，如图 7.15 所示，从“属性”窗口的列表框中，选择要编辑的关系，可以编辑关系的属性。

6. 从数据环境中移去表

（1）数据环境中选择要移去的表或视图。

（2）在系统菜单中，选择“数据环境”下拉菜单下的“移去”选项，即可将选定的表从数据环境中移去，表间的关系也将同时移去。

7. 从数据环境中向表单拖动字段和表

可以直接将字段、表或视图从数据环境拖动到表单中，并创建相应的控件，如表 7.1 所示。

表 7.1 拖动的对象与创建的控件

拖动的对象	创建的控件
表	表格
逻辑型字段	复选框
备注型字段	编辑框
通用型字段	OLE 绑定型控件

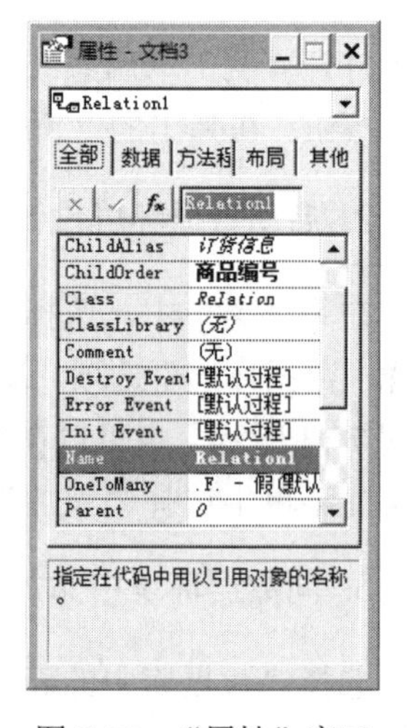

图 7.15 “属性”窗口

7.2.2　向表单中添加控件

Visual FoxPro 6.0 中的对象按类可以分为两种：容器（容器对象）和控件（控件对象）。其中：容器可作为其他对象的父对象。如：一个表单集作为一个容器可以是表单的父对象。控件可以放置在容器中，但不能作为其他对象的父对象。如：标签、命令按钮、复选框等都不能包含其他对象。

Visual FoxPro 6.0 中容器及其能包含的控件如表 7.2 所示。

表 7.2　容器及其能包含的控件

容　器	能包含的对象
列	标头，除了表单，表单集，工具栏，计时器之外的任何控件
命令按钮组	命令按钮
表单集	表单，工具栏
表单	页框，表格，任何控件
表格	列
选项按钮组	选项按钮
页框	页面
页面	表格，任何控件

通过上一节的介绍，用户对表单已经有了一个初步的了解。在此基础上介绍控件的使用方法。

1. 控件的种类

打开表单设计器窗口，选择系统菜单中“显示”下拉菜单下的“表单控件工具栏”选项，可以打开表单控件工具栏，如图 7.16 所示。单击其“查看类”按钮，将显示一子菜单，从中可以选择表单控件工具栏中显示的控件。

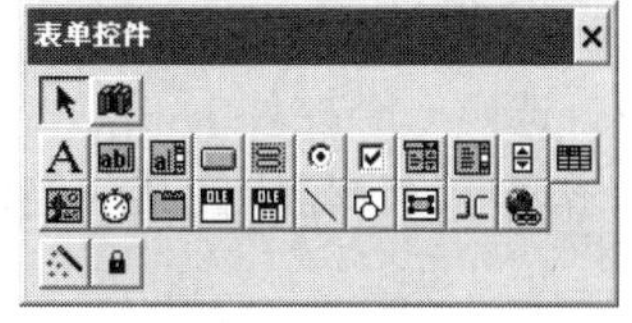

图 7.16　表单控件工具栏

（1）常用控件

如选择“常用控件”选项，表单设计器窗口的表单控件工具栏中即会显示可供使用的常用控件。这些常用控件的功能和使用方法，将在下面进行详细介绍。

（2）ActiveX 控件

如选择“ActiveX 控件”选项，表单控件工具栏中即会显示 ActiveX 控件。ActiveX 控件是 OLE 自定义控件，通常用于 32 位的开发工具和平台，功能强大，应用也较复杂。

（3）自定义控件

如果用户想向表单控件工具栏中添加自定义控件，可以选择“添加”选项，打开“打开”对话框，从中选择一个可视类库作为控件添加到表单控件工具栏中。

2. 向表单中添加控件

控件可以作为表单的对象添加到表单中。下面向表单中添加一个文本框和三个命令按钮，具体操作方法如下。

（1）启动表单设计器。

（2）添加单个控件

① 在表单控件工具栏中单击所需的控件，即文本框。

② 在表单的适当位置单击，并将其拖动到所需的大小。

（3）一次添加多个同一控件

有时需要同时向表单中添加多个同一控件，使用下面的方法可以简化操作。

① 在表单控件工具栏中单击所需的控件，即命令按钮。

② 单击“锁定”按钮。

③ 在表单的适当位置单击，并将其拖动到所需的大小。

④ 由于要添加三个命令按钮，因此再重复两次上一步操作。

⑤ 命令按钮添加完毕后，再次单击“锁定”按钮，解除锁定状态。此时，表单设计器如图 7.17 所示。

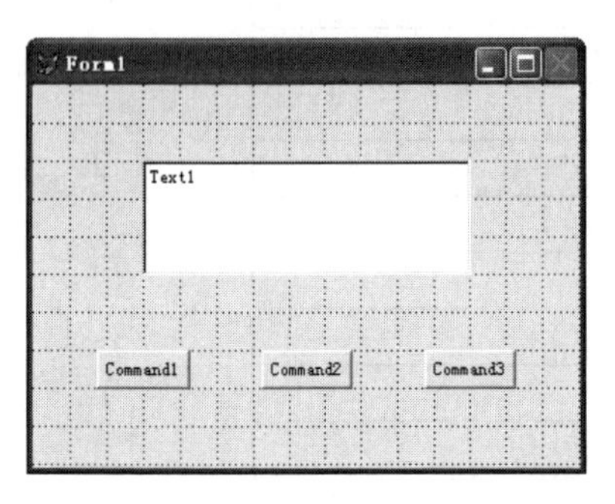

图 7.17　向表单中添加控件

（4）保存表单

在系统菜单中，选择“文件”下拉菜单中的“保存”选项，或单击工具栏中的“保存”按钮，打开“另存为”对话框，确定保存文件的路径为“D:\网上书店系统”，在“保存表单为”文本框中输入表单文件名“表单示例”，并单击“保存”按钮。

（5）单击“关闭”按钮，关闭表单设计器。

7.2.3　使用控件

1. 选定控件

（1）选定一个控件

单击表单设计器中的某一控件，其四周会出现一个由八个黑点组成的黑框，表示选定该控件。

（2）一次选定多个控件

① 按住 Shift 键，同时用鼠标单击所需控件，即可同时选定多个控件。

② 用鼠标单击空白处并拖动，在表单设计器中画出一虚线框，即可同时选定相邻的多个控件。

2. 分组控件

有时需要将表单上的多个控件看做是一个整体，进行统一操作，这时可以对控件进行分组。

（1）同时选定多个控件。

（2）在系统菜单中，选择“格式”下拉菜单中的“分组”选项，使多个控件形成一个整体。取消分组时，只需在系统菜单中，选择“格式”下拉菜单中的“取消分组”选项即可。

3. 移动控件

选定控件后，单击鼠标并拖动，可将选定的控件移动到表单中的任何位置。

4. 改变控件大小

（1）选定表单设计器中的某一个控件。

（2）让鼠标指向某一黑点，使其变成左右箭头、上下箭头或上下左右箭头，并进行拖动，可改变控件的宽度、高度，或同时改变其高度和宽度。

5. 删除控件

（1）选定要删除的控件。

（2）按“Delete”键，或在系统菜单中，选择“编辑”下拉菜单中的“清除”选项，即可删除选定的控件。

6. 显示、取消网格线

表单中显示的网格线是为了方便用户在表单上添加控件用的。如想取消网格线，可在系统菜单中，选择“显示”下拉菜单中的“网格线”选项，若想显示网格线，只需再选择该选项即可。

在如图 7.12 所示的“商品信息”表单中，图片控件太小，无法显示图书封面的全部内容，请读者自行调整控件的大小及位置，使图书封面可以全部显示出来。可以参照如图 7.18 所示的控件的位置进行调整。

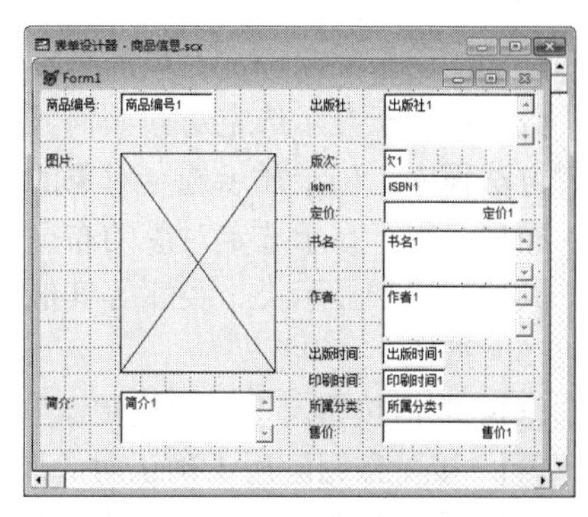

图 7.18　控件位置调整结果

7.2.4　属性窗口

在表单设计器窗口中，有一属性窗口，用于显示选定对象的属性。表单是由控件等对象组成的，每个对象都有自己的属性，通过设置表单中对象的属性，编写其事件、方法代码，就可以非常方便地实现表单对数据的处理。

1. 打开属性窗口

如果表单设计器窗口中没有显示属性窗口，可以选择系统菜单中“显示”下拉菜单中的“属性”选项；或在选定的对象上单击鼠标右键，从弹出的快捷菜单中选择“属性”选项；或选定对象后单击工具栏中的“属性”按钮，均可打开“属性”窗口，如图 7.19 所示。

2. 属性窗口

（1）对象列表框

用于显示当前对象名称。单击向下箭头，列表框中将列出当前表单及表单中所包含的控件的名称，如图 7.20 所示。

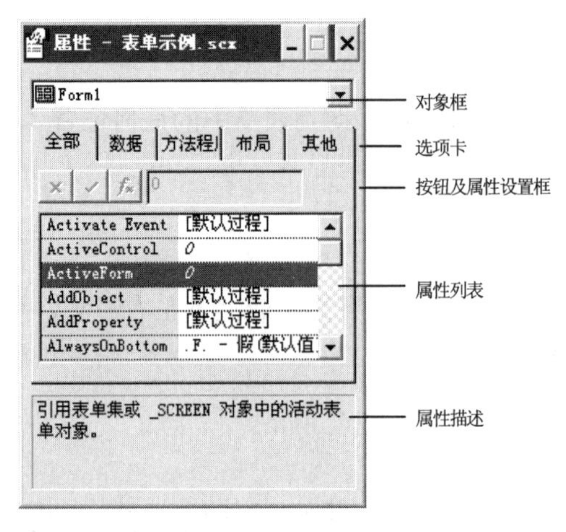

图 7.19 “属性”窗口

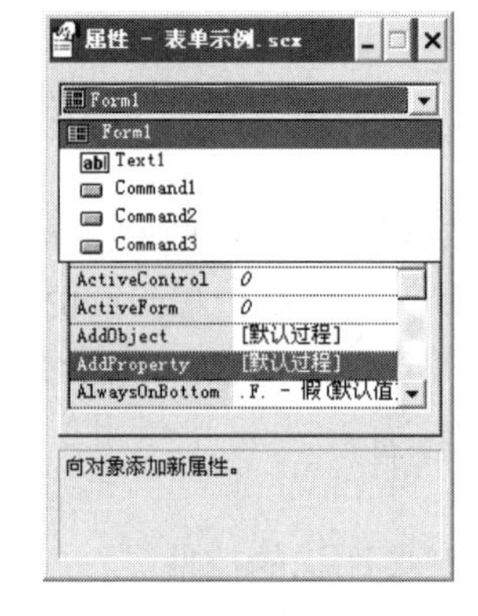

图 7.20 对象列表

（2）选项卡

全部：用于显示选定对象的全部属性、事件和方法代码。

数据：用于显示选定对象如何显示和操纵数据的方法。

方法程序：用于显示选定对象的事件和方法。

布局：用于显示选定对象的布局属性。

其他：用于显示类、类库等其他属性，以及用户自定义属性。

（3）按钮

×：取消按钮。用于取消更改，恢复以前的值。

✓：接受按钮。用于确认对此属性的更改。

fx：函数按钮。单击该按钮可以打开表达式生成器。属性可设置成原义值或由函数、表达式返回的值。

（4）属性设置框

用于设置指定属性的值。

（5）属性列表

显示出所有可在设计时修改的属性及其当前值。

（6）属性描述

对指定属性的描述。

3. 修改属性

（1）打开表单示例.scx 表单设计器。

① 打开“网上书店系统”项目管理器。

② 选择“文档”选项卡中，“表单”选项下的“表单示例”表单，单击“修改”命令按钮，打开其表单设计器。

（2）打开属性窗口。

（3）选定控件。单击表单设计器中的“Command1”，此时属性窗口将显示该控件的所有属性。

（4）修改属性。

不同的属性，其修改方法也不尽相同。常用的有以下几种方法：

① 直接修改：在属性窗口的“全部”选项卡中，单击 Caption 属性，该属性的当前值将显示在“属性框”中，按 Delete 键删除属性当前值，然后在“属性框”中输入“确定”，并单击按钮或按 Enter 键确认。

② 从下拉列表中选择：在属性窗口的“全部”选项卡中，单击 FontSize 属性，然后单击“属性框”右侧的按钮，从下拉列表中选择“12”。

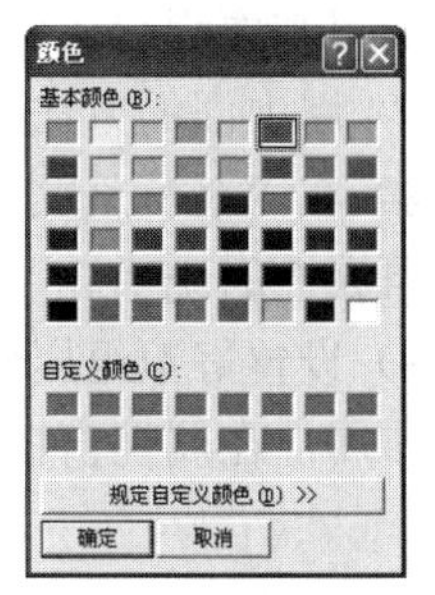

图 7.21　“颜色”对话框

③ 从对话框中选择：在属性窗口的“全部”选项卡中，单击 ForeColor 属性，然后单击“属性框”右侧的按钮…，打开“颜色”对话框，如图 7.21 所示，选择深蓝色，并单击“确定”按钮。当然，不同的属性，打开的对话框也是不一样的。

（5）保存对表单的修改。

（6）单击“关闭”按钮，关闭表单设计器。

7.2.5　新建属性和方法

在设计表单时，用户除了可以利用 Visual FoxPro 6.0 提供的属性和方法外，还可以向表单中添加任意多个新的属性和方法。对于新添加的属性和方法，用户可以像使用 Visual FoxPro 6.0 提供的属性和方法一样使用它们。

1. 添加新的属性

向表单中添加新属性的方法如下。

（1）打开表单设计器。

（2）在系统菜单中，选择“表单”下拉菜单中的“新建属性”选项，打开“新建属性”对话框。

（3）在“新建属性”对话框的“名称”文本框中输入新属性的名称，在“说明”文本框中还可以写入关于这个属性的说明，设置结果如图 7.22 所示。

（4）设置好属性的名称和说明后，单击“添加”按钮，然后关闭该对话框。

（5）在该表单的属性窗口可以看到新添加的属性。当选择该属性时，在属性窗口的底部还会出现为该属性写入的说明，如图 7.23 所示。

（6）关闭表单设计器。

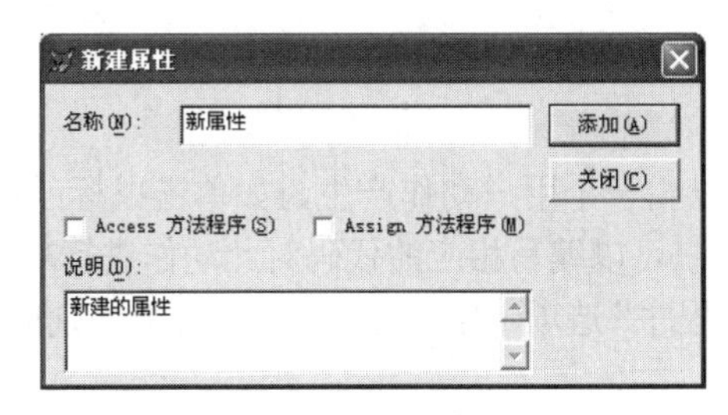

图 7.22　设置结果

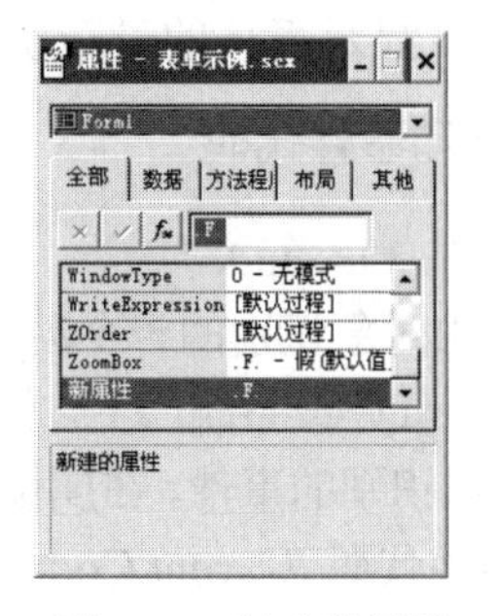

图 7.23　新建的属性

如果需要用户还可以向表单中添加数组属性，其操作方法如下。

1）用上面的方法打开“新建属性”对话框。

2）在“名称”文本框中输入数组属性的名称和维数，在“说明”文本框中写入关于这个数组属性的说明。

3）设置好数组属性的名称和说明后，单击“添加”按钮，然后关闭该对话框。

该属性在属性窗口中以只读的方式显示，但在运行时可以改变数组维数，并给数组元素赋值。

2. 添加新方法

向表单中添加新方法的步骤如下。

（1）打开表单设计器。

（2）在系统菜单中，选择“表单”下拉菜单中的“新建方法程序”选项，打开“新建方法程序”对话框。

（3）在“新建方法程序”对话框的“名称”文本框中输入新方法的名称，在“说明”文本框中写入有关新方法的说明。

（4）设置好新方法的名称和说明后，单击“添加”按钮，然后关闭该对话框。

（5）关闭表单设计器。

同样，添加的新方法也会在属性窗口中显示出来，并允许用户进一步在该方法中写入自己的程序代码。

用户可以使用下面的语法调用自定义方法：

ObjectName.MethodName

新方法同样可以接受参数并返回值，这时用户可以用赋值语句来调用：

cVariable=ObjectName.MethodName（cParameter,nParameter）

7.2.6 编辑事件代码和方法代码

1. 方法程序（Method）

方法程序指对象能够执行的一个操作。这个操作是系统给出的，不需要自己编写程序，只需调用就可以，类似于高级语言中的标准函数。Visual FoxPro 6.0 提供的常用的方法有：

Release：退出表单，并将表单从内存中清除。

Hide：隐藏表单。

Refresh：显示表单的最新状态，即刷新表单。

2. 事件和事件代码

（1）事件（Event）

事件指由对象识别的一个动作。事件可以由一个用户动作产生，如单击鼠标或按一个键，也可以由程序代码或系统产生，如计时器。用户可以编写相应的代码对此动作进行响应，每个控件都有其可以识别的事件。在属性窗口“方法程序”选项卡中，列出了该控件能识别的所有事件。

（2）事件代码（Event Code）

事件代码是指事件发生时执行的代码。该代码可以在程序中被调用。用户可以使用“代码”窗口来编写、显示和编辑表单、事件和方法程序的代码，具体操作方法如下。

1）打开“表单示例”表单设计器。

2）双击“确定”命令按钮，打开“代码”窗口，如图 7.24 所示。

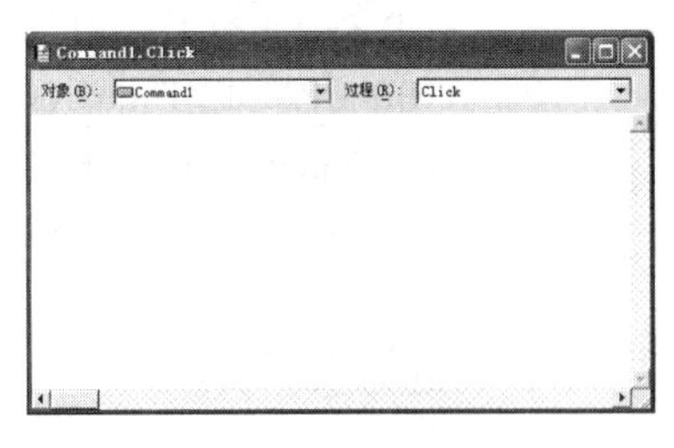

图 7.24　编辑代码窗口

代码窗口由对象框、过程框和代码编写区域组成。其中对象框包含当前表单、表单集、数据环境和当前表单的所有对象。过程框包含表单、表单集、数据环境或“对象”框中显示的控件所能识别的全部事件。代码编写区域用于编写程序代码，方法如下。

① 从“过程”下拉列表中选择所需的事件。

② 输入代码。

③ 单击“关闭”按钮，关闭“代码”窗口。

④ 保存对表单的修改，并关闭表单设计器。

7.3　表 单 管 理

7.3.1　操作表单对象

1. 命名表单对象

在默认情况下，使用 DO FORM 命令时，表单对象的名称与.scx 文件名称是一样的。但用户可以使用 DO FORM 命令的 NAME 子句来命名表单对象。如：

```
DO FORM d:\网上书店系统\表单示例.scx NAME 学习成绩
```

这个命令在运行表单的同时创建了一个表单对象变量名。

2. 引用包容对象

在代码窗口或程序中，用户可以通过命令来引用所需对象。Visual FoxPro 6.0 提供了两种引用对象的方式：绝对引用和相对引用。

（1）绝对引用

类似于 DOS 中的绝对路径。如：

```
Formset1.Form1.Command1.Caption='保存'
```

（2）相对引用

使用相对引用的方式引用所需对象时，要通过某些关键字来标识要操作的对象，表 7.3 给出了这些关键字及其含义。

表 7.3　对象相对引用关键字及其含义

关　键　字	含　　义
Parent	对象的父对象
THIS	表示当前对象
THISFORM	包含当前对象的表单
THISFORMSET	包含当前对象的表单集

如：

```
THIS.Parent.FontSize=12
THISFORMSET.Form1.Command1.Caption='退出'
THISFORM.Command2.Enabled=.F.
THIS.Command3.FontSize=12
```

7.3.2 使用表单集

表单集（form set）是一种容器类，指一个或多个相关表单的集合，可使用“表单设计器”在表单集中布置表单。

1. 用表单集扩充表单

可以将多个表单包含在一个表单集中，作为一组处理。表单集有以下优点：

（1）可同时显示或隐藏表单集中的全部表单。

（2）能以可视的模式调整多个表单以控制它们的相对位置。

（3）因为表单集中所有表单都是在单个.scx 文件中用单独的数据环境定义的，可自动地同步改变多个表单中的记录指针。如果在一个表单的父表中改变记录指针，另一个表单中子表的记录指针则被更新和显示。

【注意】运行表单集时，将加载表单集所有表单和表单的所有对象，但加载带有多个控件的多个表单会花几秒钟的时间。

2. 创建表单集

表单集是一个包含有一个或多个表单的父层次的容器，可以在“表单设计器”中创建表单集，方法如下。

（1）在表单设计器窗口的“表单”系统菜单中，选择“创建表单集”选项。

（2）创建表单集以后，则可向其中添加表单。

如果不需要将多个表单处理为表单组，则不必创建表单集。

3. 添加和删除表单

创建了表单集以后，可向表单集中添加新表单或删除表单。若要向表单集中添加新表单，可以从“表单”系统菜单中，选择“添加新表单”选项。若要从表单集中删除表单，可以在表单设计器“属性”窗口的对象列表框中，选择要删除的表单，再从“表单”系统菜单中选择“移除表单”选项。如果表单集中只有一个表单，可删除表单集而只剩下表单。

4. 删除表单集

在表单设计器窗口，从“表单”系统菜单中选择“移除表单集”选项。

【提示】 当运行表单集时，若不想在最初让表单集里的所有表单可视，可以在表单集运行时，将不希望显示的表单的 Visible 属性设置为“假”(.F.)。将希望显示的表单的 Visible 属性设置为“真”(.T.)。

7.4　常用控件的使用方法

Visual FoxPro 6.0 为用户提供了一个功能强大、操作方便的界面设计工具——表单设计器，利用表单设计器可以方便、快捷地设计出美观、友好的界面。

7.4.1　标签控件

1. 功能

标签控件用于显示文本信息，为表单提供信息说明。它没有数据源，用户只能通过表单中的代码改变标签控件中的内容，而不能直接对其内容进行交互式编辑。因此，标签控件无法作为输入信息的界面。

2. 常用属性

AutoSize：选择标签是否会根据标题的长度自动调整其大小，默认值为.F.。
BackColor：设置标签的背景颜色。
BackStyle：选择标签是否为透明的，默认值为假，即不透明。
Caption：设置标签控件显示的文本内容，最大长度为 256 个字符。
FontSize：设置标签中字体的大小。
FontName：设置标签中文字的字体。
ForeColor：设置标签中标题的颜色。
Visible：设置是否显示标签控件。
WordWrap：选择标签控件中显示的文本是否换行，默认值为.F.。

3. 应用

【例 7-1】　设计一个表单，用于显示进入“网上书店系统”时的欢迎界面，如图 7.25 所示。

具体操作方法如下：

（1）新建一个表单。

（2）添加控件：向表单中添加一个标签控件，并拖动成适当的大小。

（3）修改控件的属性。

① 表单即 Form1

单击表单，选择其 Picture 属性，再单击属性设置框右侧的按钮 ... ，打开“打开”对话框，从中选择一幅图像，单击“确定”按钮，即修改表单的背景。

② 标签控件 1 即 Label1

Caption：欢迎进入

FontSize：28

FontName：华文行楷

AutoSize：.T.—真

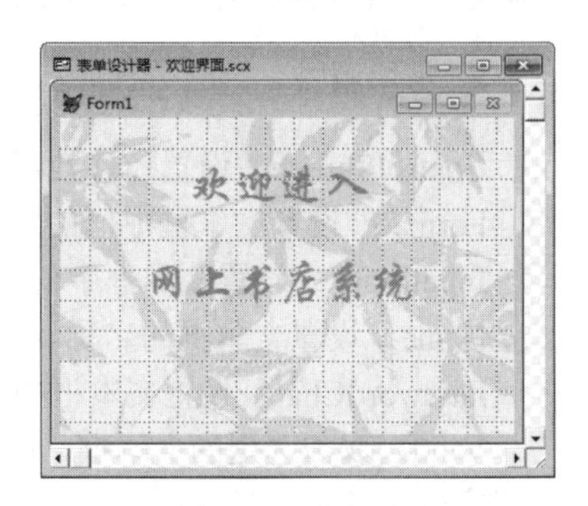

图 7.25　欢迎界面

BackStyle：0—透明

ForeColor：橘黄色

（4）复制控件。

复制标签控件 1，并在表单的适当位置粘贴，形成标签控件 2，修改其 Caption 属性为“网上书店系统”。由于标签控件 2 是复制标签控件 1 而成的，所以同时也继承了标签控件 1 的属性。

（5）设置控件布局。

① 同时选中两个标签控件。

② 在系统菜单中，选择“格式”子菜单中的“垂直居中对齐”选项。

（6）将表单保存在“D:\网上书店系统”文件夹下，文件名为“欢迎界面.scx”。

（7）运行表单，观察效果。

（8）关闭表单设计器。

7.4.2 文本框

1. 功能

文本框控件用于在表单中创建一个文本框，是表单中最常用的控件之一，具有许多功能。

（1）输入输出

文本框不仅可以输入输出除备注类型以外的各种类型的数据，还可以设置输入输出格式。如将其 InputMask 属性设置为 99.9，则决定了输入的数据必须小于 100，且只保留一位小数。如文本框中接受的是字符型数据，则最大容量为 275 个字符。

（2）编辑功能

在文本框中可以进行剪切、复制和粘贴等操作。如果设置了文本框的 ControlSource 属性，那文本框中显示的内容除了保存在 Value 属性中，同时也保存在 ControlSource 属性指定的表字段或变量中。

（3）数据验证

在文本框的 Valid 事件中写进相应的检验代码，可以检验文本框中的数据是否符合规则。如果不符合规则，系统会给出提示信息，并返回值.F.。

（4）控制显示

通常使用密码来保证应用程序的安全性。为了不使用户输入的密码显示在屏幕上，可以设置其 PasswordChar 属性，通常将该属性的值设置为“*”。这样用户在输入密码时，屏幕上只显示“*”，而实际值则保存在文本框的 Value 属性中。

2. 常用属性

ControlSource：设置控件数据的来源。

Format：设置文本框中值的显示方式。

InputMask：设置文本框中值的输入格式及范围。

Name：设置文本框的名称。

PasswordChar：设置文本框中显示的字符。

Valid：双击选定的文本框，或在属性窗口中选择方法代码中的“Valid”事件，均可打开代码窗口。

Value：用于保存文本框中的值。

alignment：设置文本框中内容的对齐方式。

3. 应用

【例 7-2】 设计一个表单，使其显示“商品信息”表中部分字段的值，如图 7.26 所示。

具体操作方法如下：

（1）新建一个表单。

（2）将“商品信息”表添加到“数据环境”窗口。

（3）添加控件：一个标签控件，一个文本框。

（4）修改控件属性。

① 标签控件

Caption：商品编号

FontSize：8

AutoSize：.T.—真

② 文本框控件

③ ControlSource：商品信息.商品编号

（5）复制控件。

① 将“商品编号”标签控件复制 10 个，并将其 Caption 属性分别修改为“书名”、“作者”、“出版社”、“出版时间”、“版次”、“印刷时间”、“ISBN”、“所属分类”、“定价”、“售价”。

② 将文本框控件复制 10 个，调整好大小，并将其 ControlSource 属性分别修改为“商品信息.书名”、“商品信息.作者”、“商品信息.出版社”、“商品信息.出版时间”、“商品信息.版次”、“商品信息.印刷时间”、“商品信息.ISBN”、“商品信息.所属分类”、“商品信息.定价”、“商品信息.售价”。

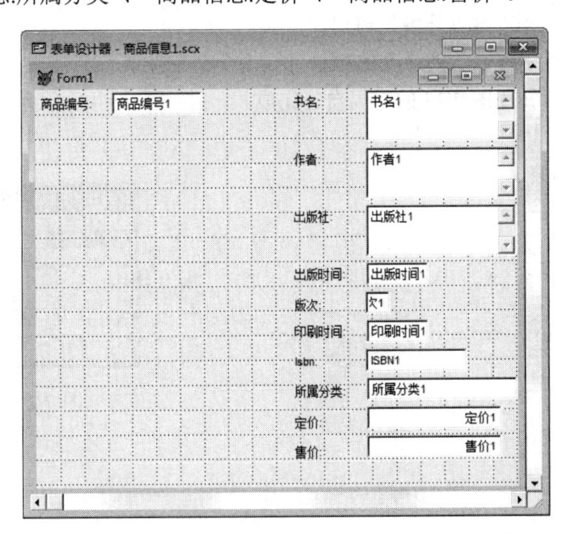

图 7.26　显示“商品信息”表中部分字段的值

（6）设置控件布局。

① 同时选中从“书名”到“售价”这 10 个标签控件。

② 在系统菜单中，选择“格式”下拉菜单中的“水平间距”子菜单中“相同间距”选项。

③ 同时选中从“书名”到“售价”这 10 个文本框控件。

④ 在系统菜单中，选择“格式”下拉菜单中的“垂直间距”子菜单中“相同间距”选项。

（7）保存表单。

将表单保存在“D:\网上书店系统”文件夹下，文件名为“商品信息 1.scx”。

（8）运行表单，可以看到文本框中显示了“商品信息”表中第一条记录。

（9）关闭数据环境设计器和表单设计器。

【提示】需要说明的是，在数据环境设计器中，单击字段前的▦，并将其拖动到表单设计器窗口的适当位置后释放鼠标，可以得到与上述操作相同的结果。

【例 7-3】 设计一个表单，当用户输入的用户名与密码完全正确时才能进入“欢迎界面”，否则给出提示：用户名或密码错误！如图 7.27 所示。

具体操作方法如下：

（1）在“网上书店系统”项目管理器中新建一个表，文件名为“用户”，并将其保存在“D:\网上书店系统”文件夹中，其表结构如图 7.28 所示。

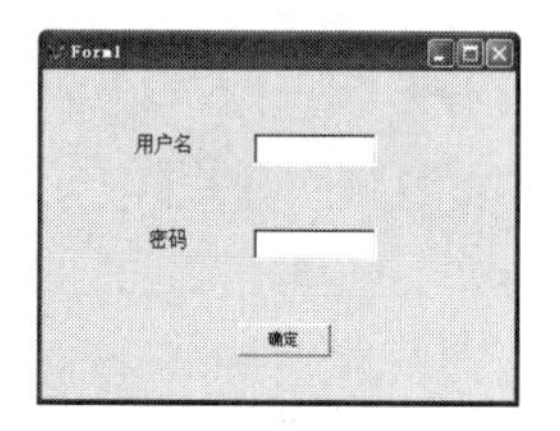

图 7.27　密码表单

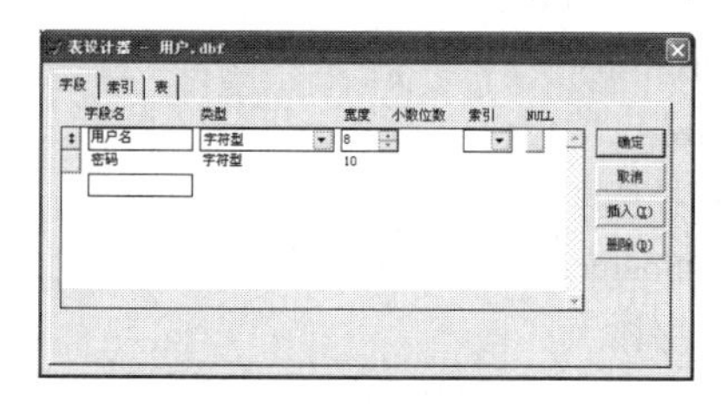

图 7.28　表结构

（2）表结构输入完成后输入表中数据，如图 7.29 所示，然后关闭浏览窗口。该表中存放的是可以使用“网上书店系统”的用户名及其密码。

（3）新建一个表单。

（4）将“用户”表添加到“数据环境”窗口。

（5）添加控件：两个标签控件、两个文本框控件、一个命令按钮。

（6）布局控件，请读者按照图 7.27 的布局自行完成。

（7）修改控件属性：

① 标签控件 1 即 Label1

Caption：用户名

Fontsize：12

Autosize：.T.

② 标签控件 2 即 Label2

Caption：密码

Fontsize：12

Autosize：.T.

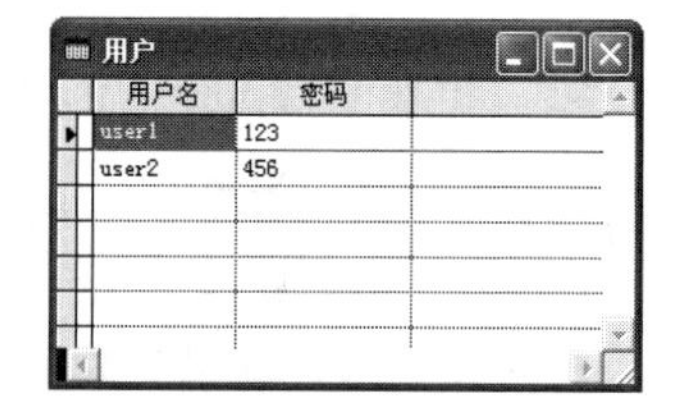

用户名	密码
user1	123
user2	456

图 7.29　表中数据

文本框控件 2 即 Text2

PasswordChar：*

命令按钮即 Command1

Caption：确定

（8）编写事件代码。

当输入完用户名和密码后，必须按“确定”按钮才能显示相应的表单，因此这一功能由命令按钮的 Click 事件完成。命令按钮的 Click 事件代码如下。

```
use 用户
locate all for alltrim(用户名)==alltrim(thisform.text1.value).and. alltrim(密码)==alltrim
```

```
(thisform.text2.value)
if eof()
   messagebox("用户名或密码错！","提示")
else
   do form D:\网上书店系统\欢迎界面.scx
   thisform.release
endif
```

（9）保存表单。

将表单保存在 D:\网上书店系统文件夹下，文件名为“密码.scx”。

（10）运行表单，输入用户名后，第一次输入错误的密码，然后单击“确定”按钮，系统将给出错误提示。第二次输入正确的密码，然后单击“确定”按钮，即可进入欢迎表单。

（11）关闭数据环境设计器和表单设计器。

7.4.3　编辑框

1. 功能

编辑框与文本框类似，但其只能接受字符类型的数据。编辑框是编辑备注型字段的常用控件，因为它的最大容量为 2147483646 个字符，而且具有 Visual FoxPro 6.0 中所有标准的编辑功能。

2. 常用属性

ScrollBars：选择编辑框是否具有垂直滚动条。

ReadOnly：选择是否可以修改编辑框中的文本。

SelLength：设置选择文本的长度。

SelStart：设置选择文本的开始位置。

SelText：设置选定的文本。

3. 应用

【例 7-4】　修改“商品信息 1”表单，使其显示“商品信息”表中“简介”字段的值。

具体操作方法如下：

（1）打开“商品信息 1”表单设计器。

（2）添加控件：一个标签控件，一个编辑框控件。

（3）修改控件属性。

① 标签控件

Caption：简介

FontSize：8

AutoSize：.T.

② 编辑框控件

ControlSource：商品信息.简介

（4）保存对“商品信息 1”表单的修改。

（5）运行表单，可以看到编辑框中显示了“商品信息”表中第一条记录“简介”的内容，如图 7.30 所示。由于编辑框的大小有限，无法同时显示“简介”的全部内容，此时可以通过单击上箭头和下箭头来查看简介内容。

【例 7-5】 设计一个表单，使其显示版权信息，如图 7.31 所示。

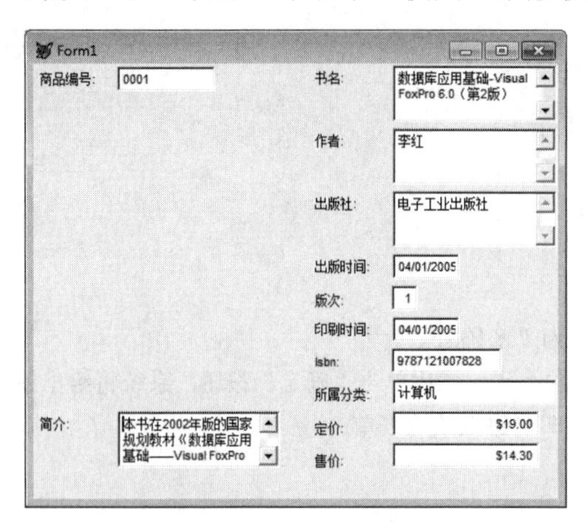

图 7.30 显示了“商品信息”表中第一条记录“简介”的内容

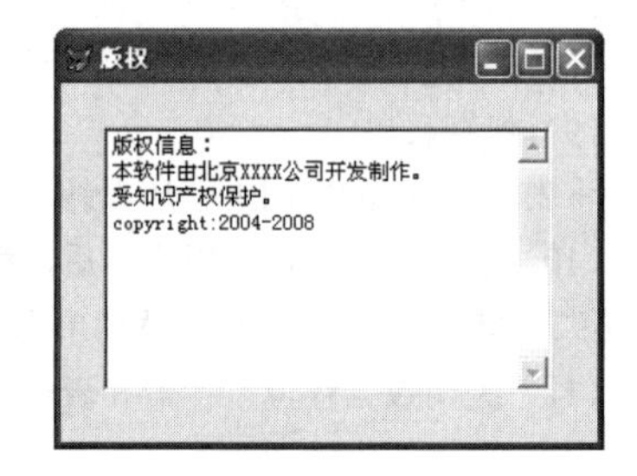

图 7.31 版权信息

具体操作方法如下：

（1）在“网上书店系统”项目管理器中，单击“其他”选项卡，选择“文本文件”选项，然后单击“新建”按钮，打开“文件 1”窗口，输入如图 7.31 所示的版权信息，并按 Ctrl+W 组合键将其保存在“D:\网上书店系统”文件夹下，文件名为“版权信息.txt”。

（2）新建一个表单。

（3）添加控件：一个编辑框控件。

（4）编写事件代码。

为了从“版权信息”文本文件中读取数据，编写该表单即 Form1 的 Init 事件代码如下：

```
thisform.edit1.value=filetostr("版权信息.txt")
```

（5）将表单保存在“D:\网上书店系统”文件夹下，文件名为“版权信息.scx”。

（6）运行表单，观察结果。

（7）关闭表单设计器。

（8）修改版权信息.txt 文件的内容，然后再运行“版权信息”表单，可以发现是修改后的版权信息.txt 文件的内容。

7.4.4 OLE 绑定型控件

1.功能

用于在表单中创建一个 OLE 绑定型控件。它的主要作用是，通过添加一个 OLE 绑定型控件，可以显示一个表中的通用型字段，这就要求 OLE 绑定型控件必须与一个表的通用型字段相连接。

2. 常用属性

Stretch：设置图像的填充方式，其中：

0—剪裁：系统会自动地剪裁图像的大小，可能会导致图像无法全部显示出来，该选项是默认值。

1—变化填充：按原图像的比例进行缩放，在不改变图像原来比例的条件下，根据控件的大小自动调整图像，使其尽量填满控件。

2—变化填充：根据控件的大小，自动调整图像，但其为了填满控件，也许无法保留图像原有的比例从而使图像失真。

3. 应用

【例 7-6】　修改“商品信息 1”表单，使其显示“商品信息”表中“图片”字段的值。

体操作方法如下：

（1）打开“商品信息 1”表单设计器。

（2）添加控件：一个标签控件，一个 OLE 绑定控件。

（3）修改控件的属性。

① 标签控件

Caption：图片

FontSize：8

AutoSize：.T.-

② ActiveX 绑定控件

ControlSource：商品信息.图片

Stretch：1-等比填充

（4）保存对“商品信息 1”表单的修改。

（5）运行表单，效果如图 7.32 所示。

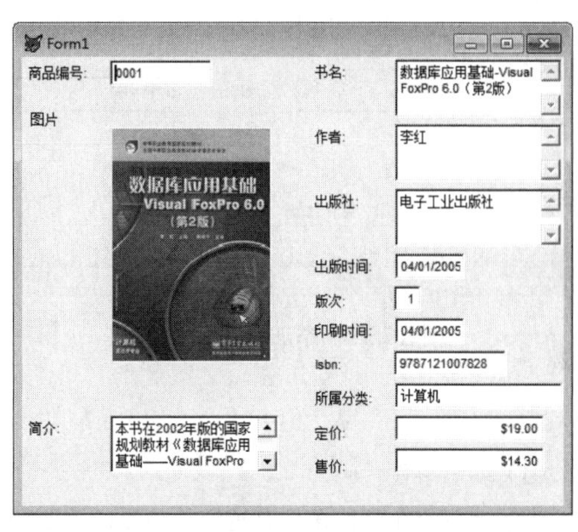

图 7.32　显示“商品信息”表中“图片”字段的值

7.4.5　命令按钮

1. 功能

用于在表单上创建单个命令按钮，当单击该命令按钮时，可以触发该命令按钮的事件，执行一个特定的操作，如添加，编辑，保存，退出等。

2. 常用属性

aption：设置命令按钮的标题，如添加，编辑，保存，退出等。

Picture：设置在命令按钮上显示的图形文件（.bmp 或.icon）。如果在选择该属性的同时也选择了 Caption 属性，则图形在命令按钮的上半部分显示。此时命令按钮要足够大，否则图形无法全部显示出来，因为图形部分不能强占标题部分的大小。

DownPicture：设置当命令按钮按下后显示的图形文件。

Default：当该属性的值为“真”时，可以用 Enter 键选用该命令按钮。

Cancel：当该属性的值为“真”时，可以用 Esc 键选用该命令按钮。

Enabled：指定命令按钮是否有效。为了避免误操作，若当前表单现在不能执行某些操作时，可将其相应的命令按钮设置为无效。这是一个非常重要的属性。

DisablePicture：设置当按钮无效时要显示的图形。

3. 应用

【例 7-7】　修改“商品信息 1”表单，使其具有显示第一条记录、显示下一条记录、显示上一条记录、显示最后一条记录、添加记录、彻底删除记录、退出表单的功能，如图 7.33 所示。

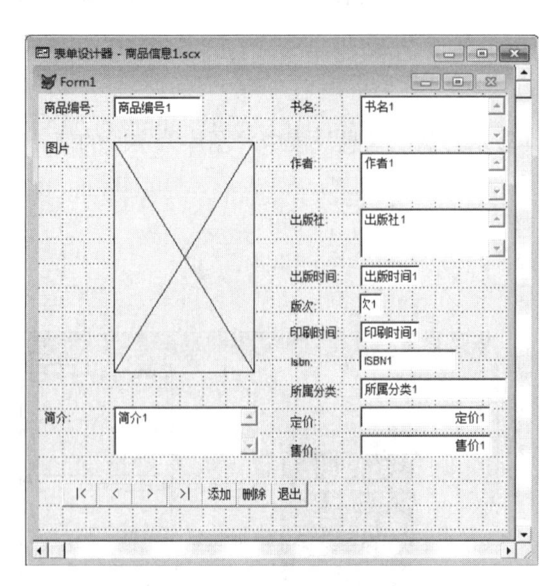

图 7.33　添加 7 个命令按钮

具体操作方法如下：

（1）打开“商品信息 1”表单设计器。

（2）添加控件：7 个命令按钮。

（3）修改控件的属性。

① 命令按钮 1 即 Command1

Caption：|<

② 命令按钮 2 即 Command2

Caption：<

③ 命令按钮 3 即 Command3

Caption：>

④ 命令按钮 4 即 Command4

Caption：>|

⑤ 命令按钮 5 即 Command5

Caption：添加

⑥ 命令按钮 6 即 Command6

Caption：删除

⑦ 命令按钮 7 即 Command7

Caption：退出

（4）编写事件代码。

为了使每个命令按钮具有相应的功能，还要为每个命令按钮中的 Click 事件编写代码。Click 事件的含义是当按钮被按下即按单击时，触发命令按钮控件程序方法中的 Click 事件。

每个命令按钮的 Click 事件代码如下。

① 命令按钮 1 即 Command1

```
go top                                  && 将当前记录指针指向第一条记录
this.enabled=.f.                        && 当前按钮被禁止使用
thisform.command2.enabled=.f.           &&“上一个”按钮被禁止使用
thisform.command3.enabled=.t.           &&“下一个”按钮被允许使用
thisform.command4.enabled=.t.           &&“最后一个”按钮被允许使用
thisform.refresh                        && 刷新当前表单
```

② 命令按钮 2 即 Command2

```
if !bof()                               && 如果当前记录指针没有指向表头
    skip  -1                            && 当前记录指针向上移动一个记录
    thisform.command3.enabled=.t.       &&“下一个”按钮可以使用
    thisform.command4.enabled=.t.       &&“最后一个”按钮可以使用
else
    thisform.command1.enabled=.f.       && 如果当前记录指针已指向表头，
                                           “第一个”按钮被禁止使用
    this.enabled=.f.                    && 当前按钮被禁止使用
endif
thisform.refresh
```

③ 命令按钮 3 即 Command3

```
if !eof()                              && 如果当前记录指针没指向表尾
    skip 1                             && 当前记录指针向下移动一个记录
    thisform.command1.enabled=.t.      && “第一个”按钮可以使用
    thisform.command2.enabled=.t.      && “上一个”按钮可以使用
else
    thisform.command4.enabled=.f.      && 如果当前记录指针已指向表尾，
                                          则“最后一个”按钮被禁止使用
this.enabled=.f.                       && 当前按钮被禁止使用
endif
thisform.refresh
```

④ 命令按钮 4 即 Command4

```
go bottom                              && 将当前记录指针指向最后一条记录
thisform.command3.enabled=.f.          && 下一个”按钮被禁止使用
this.enabled=.f.                       && 当前按钮被禁止使用
thisform.command2.enabled=.t.          && “上一个”按钮被允许使用
thisform.command1.enabled=.t.          && “第一个”按钮被允许使用
thisform.refresh
```

⑤ 命令按钮 5 即 Command5

```
append blank
thisform.refresh
```

⑥ 命令按钮 6 即 Command6

```
delete                                 && 给当前记录添加删除标记
sele 商品信息                          && 选择“商品信息”表所在的工作区
use                                    && 关闭“商品信息”表
use 商品信息 in 0 excl                 && 以独占的方式打开“商品信息”表
pack                                   && 删除“商品信息”表中带有删除标记的记录
thisform.command3.enabled=.t.
thisform.command4.enabled=.t.
thisform.refresh
```

⑦ 命令按钮 7 即 Command7

```
thisform.release
```

（5）保存对表单的修改。

（6）运行表单，使用每个按钮，看其是否具有相应的功能。

【提示】在添加字段时一定要注意，表中不能有空记录。如果有空记录的话，单击“添加”按钮时，将显示错误信息。

7.4.6 命令按钮组

1. 功能

用于在表单上创建一组命令按钮。命令按钮组是一个容器，其中可以包含多个命令按钮。但是 Visual FoxPro 6.0 默认命令按钮组中包含两个命令按钮，用户可以通过修改其 ButtonCount 属性来设置命令按钮的个数。用户可以把命令按钮组看做是一个整体来管理，共用一个 Click 事件，以提高代码效率，也可以为命令按钮组中的某一个命令按钮单独设置 Click 事件。另外还可以根据需要对命令按钮进行排列和组合。

2. 常用属性

ButtonCount：设置命令按钮组中命令按钮的个数。

Enabled：指定命令按钮或命令按钮组是否有效。如果同时设置了命令按钮组和命令按钮组中某个命令按钮 Enabled 的属性，且它们的属性不相同，则以命令按钮组的 Enabled 的属性值为准。

3. 应用

设计一个表单，包含七个命令按钮，其功能分别是：显示第一条记录、显示下一条记录、显示上一条记录、显示最后一条记录、添加记录、彻底删除记录、退出表单，如图 7.33 所示。

具体操作方法如下：

（1）新建一个表单。

（2）添加控件：一个命令按钮组。

（3）修改控件的属性。

① 命令按钮组 1 即 Commandgroup1

Buttoncount：7

② 命令按钮 1 即 Command1

从对象列表框中选择 Command1 选项，然后将其 Caption 属性修改为“|<”。

使用上述方法分别将命令按钮组中的其他按钮的 Caption 属性修改为“<”、“>”、“>|”、“添加”、“删除”、“退出”。

（4）布局控件：从对象列表框中选择 Command1 选项，然后将其拖动到适当的位置，使用上述方法分别将命令按钮组中的其他按钮拖动到适当的位置。

（5）编写事件代码：为命令按钮组中的每个按钮编写相应的事件代码（参考【例 7-7】）。

（6）保存程序文件。

7.4.7 选项按钮组

1. 功能

用于在表单上创建一组选项按钮。选项按钮组是一个容器，其中可以包含多个选项按钮。它同命令按钮组一样，可以通过修改其 ButtonCount 属性来指定所需选项按钮的个数。选项

按钮组的多个选项之间是相互排斥的，它允许用户从众多的选项中选择一个，且只能选择一个。所以在程序设计时，通常使用选项按钮组给出几个选项，用户根据自己的需要选择其中的一个。另外，选项按钮组还可以简化表中字段的输入。如果表中有的字段是固定的几个内容，如“性别”、“送货方式”和“付款方式”等字段，用户可以通过选项按钮组来完成其字段的输入工作。

2. 常用属性

ButtonCount，Value，ControlSource 等属性的功能和使用方法前面已经介绍过了，这里就不再介绍了。

3. 应用

【例 7-8】　修改“商品信息 1”表单，使其具有可以指定表单中的数据属性是只读还是可修改的功能，如图 7.34 所示。

图 7.34　添加选项按钮组

具体操作方法如下：

（1）打开“商品信息 1”表单设计器。

（2）添加控件：一个选项按钮组。

（3）修改控件的属性。

① 选项按钮组 Optiongroup1

Bottoncount：2

② 选项按钮 1 即 Option1

Caption：只读

Autosize：.T.—真

③ 选项按钮 2 即 Option2

Caption：改写

Autosize：.T.—真

（4）编写事件代码。

当选择一个单选按钮后，即指定了表单中的数据属性，因此这一功能由选项按钮组的 Click 事件完成。选项按钮组的 Click 事件代码如下。

```
if this.value=1
    this.parent.setall（"readonly",.t.,"textbox"）
else
    this.parent.setall（"readonly",.f.,"textbox"）
endif
```

（5）保存对表单文件的修改。

（6）运行表单，观察是否具有相应的功能。

7.4.8 复选框

1. 功能

用于在表单中创建一个复选框。一个复选框通常有两种状态，即“真”（T）或“是”和“假”（F）或“否”。用户在同一时刻只能指定其中一种状态。如果表中有多个复选框，用户可以同时选中多个。但每个复选框只能选择一种状态，当无法将问题准确地归为“真”或“假”时，还允许复选框有另一种状态：NULL。复选框的三种状态保存在其 Value 属性中，分别为 F，T 和 NULL 或 0，1，2。通过设置复选框的 ControlSource 属性可以利用复选框显示表的逻辑字段。若当前记录的逻辑字段为 T 时，复选框被选中，为 F 时，复选框未被选中；为 NULL 时，复选框变成灰色。复选框根据 Value 属性值的不同，显示的状态也不尽相同。复选框控件有两种显示方式：标准复选框和图形复选框。

2. 常用属性

Caption，ControlSource，Picture，DownPicture 属性的功能及用法与前面介绍的相同，这里就不再赘述了。

3. 应用

【例 7-9】 修改“商品信息 1”表单，使其具有改变文字字体的功能，如图 7.35 所示。

图 7.35 改变字体

具体操作方法如下：

（1）打开“商品信息 1”表单设计器。

（2）添加控件：两个复选框。

（3）修改控件的属性。

① 复选框 1 即 check1

Caption：黑体

Autosize：.T.

② 复选框 2 即 check2

Caption：斜体

Autosize：.T.

（4）编写事件代码。

为了使每个复选框具有相应的功能，还要为每个复选框的 Click 事件编写代码。每个复选框的 Click 事件代码如下。

① 复选框 1 即 check1

```
Thisform.text1.FontBold = This.Value
Thisform.text2.FontBold = This.Value
Thisform.text3.FontBold = This.Value
Thisform.text4.FontBold = This.Value
Thisform.text5.FontBold = This.Value
Thisform.text6.FontBold = This.Value
Thisform.text7.FontBold = This.Value
Thisform.text8.FontBold = This.Value
Thisform.text9.FontBold = This.Value
Thisform.text10.FontBold = This.Value
Thisform.text11.FontBold = This.Value
Thisform.text12.FontBold = This.Value
```

② 复选框 2 即 check2

```
Thisform.text1.FontItalic = This.Value
Thisform.text2.FontItalic = This.Value
Thisform.text3.FontItalic = This.Value
Thisform.text4.FontItalic = This.Value
Thisform.text5.FontItalic = This.Value
Thisform.text6.FontItalic = This.Value
Thisform.text7.FontItalic = This.Value
Thisform.text8.FontItalic = This.Value
Thisform.text9.FontItalic = This.Value
Thisform.text10.FontItalic = This.Value
Thisform.text11.FontItalic = This.Value
Thisform.text12.FontItalic = This.Value
```

（5）保存对表单文件的修改。

（6）运行表单，观察是否具有相应的功能。

7.4.9　组合框

1. 功能

用于在表单中创建组合框。组合框的功能和用法同列表框类似，只是组合框初始时只显示一个数据项，而列表框初始时则要显示多个数据项。组合框有两种类型：下拉组合框和下拉列表框。

2. 常用属性

style：用于选择列表框的类型，默认值为 0，其各选项的含义如下。

0：用于建立一个下拉组合框，其兼具列表框和文本框两者的特性。既允许用户从列表中选择一项作为输入信息，又允许用户在文本框部分，通过键盘输入不在列表框中显示的信息作为输入信息。

2：用于建立一个下拉列表框，此时只允许用户从列表框部分选择一项作为输入信息，而不允许用户通过键盘输入信息。

ControlSource：设置用于保存用户从列表框中选择的值的名称，如字段，变量等。

RowSourceType：指定 RowSource 属性中数据源的类型，该属性中各选项的含义如下。

0-无：默认选项。此时数据不能被自动添加到列表中，需使列表框的 AddItem 和 RemoveItem 方法来向列表框中添加和删除选项。

1-值：此时可以使用 RowSource 属性指定在列表框中要显示的多个选项，各选项之间用逗号隔开。

2-别名：此时可以从 RowSource 属性指定的表中选择通过 ColumnCount 属性在列表框中显示的字段。

3-SQL 语句：此时可以在 RowSource 属性中加入用括号括起来的 SQL 语句，在 SQL 语句中可以选择要在列表框中显示的多个表中的字段。

4-查询：此时可以将 RowSource 属性中指定的查询文件的结果显示在列表框中。

5-数组：此时要在 RowSource 属性中设置一数组，同时 ColumnCount 属性的值要与数组的维数相同。

6-字段：此时可以在 RowSource 属性中指定要显示的字段名，字段名之间用逗号隔开。同时 ColumnCount 属性的值要与 RowSource 属性中指定的字段的个数相同。

7-文件：此时可以在列表框中显示其他的驱动器和目录，以及文件名，使用 RowSource 属性还可以限定显示文件的类型。

8-结构：此时列表框将显示 RowSource 属性中指定的表中的字段名。

9-弹出式菜单：此时可以用一个已经定义的弹出式菜单弹出列表框。

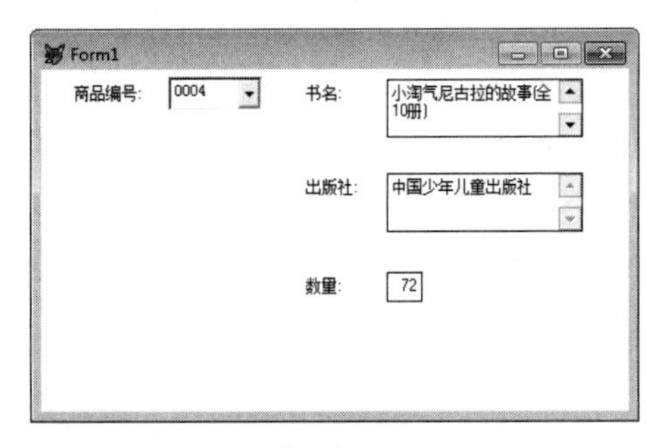

图 7.36　选择商品编号浏览商品库存

3. 应用

【例 7-10】　新建一个表单，使其能够根据给定的商品编号，显示其商品库存，如图 7.36 所示。

具体操作方法如下：

（1）新建一个表单。

（2）将“商品库存”表添加到数据环境设计器中。

（3）添加控件：一个标签控件，一个组合框。

（4）单击数据环境设计器中“商品库存”表“字段”前的符号，并拖动到表单的适当位置，将显示“商品编号”的标签和文本框控件删除，然后重新布局表单中的控件。

（5）修改控件的属性。

① 标签控件

Caption：商品编号

AutoSize：.T.

② 组合框

RowSourseType：6 -字段

RowSourse：商品库存.商品编号

（6）编写事件代码。

为了根据给定的“商品编号”显示其商品库存，还要为组合框的 InteractiveChange 事件编写代码。组合框的 InteractiveChange 事件代码如下。

```
thisform.refresh
```

（7）将表单保存到“D:\网上书店系统”文件夹中，文件名为“商品库存 1.scx”。

（8）运行表单。首先从组合框中选择所需的商品编号，此时表单中将显示该商品编号的库存信息。

7.4.10 列表框

1. 功能

用于在表单中创建列表框。为防止数据中存有无效的数据，可以使用 Visual FoxPro 6.0 提供的列表框和将要介绍的组合框控件。列表框用于显示一系列的选项和信息，让用户在给定的范围内选取数据，用户可以根据需要从列表框中选取一项或多项。

2. 常用属性

ColumnCount：设置列表框的列数，默认值为 0。

ControlSource：设置用于保存用户从列表框中选择的值的名称，如字段，变量等。

MoveBar：选择是否在列表项左侧显示用于对列表项进行重新排列的移动按钮，默认为 F。

Picture：指定在列表项前显示的图形文件。

Multiselect：指定是否允许用户可以一次从列表框中选择多项，默认为 F。

RowSource Type：指定 RowSource 属性中数据源的类型，该属性中各选项的含义如下

0-无：是默认选项。此时数据不能被自动添加到列表中，需使列表框的 AddItem 和 Removeltem 方法来向列表框中添加和删除选项。

1-值：此时可以使用 RowSource 属性指定在列表框中要显示的多个选项，各选项之间用逗号隔开。

2-别名：此时可以从 RowSource 属性指定的表中选择通过 ColumnCount 属性在列表框中显示的字段。

3-SQL 语句：此时可以在 RowSource 属性中加入用括号括起来的 SQL 语句，在 SQL 语句中可以选择要在列表框中显示的多个表中的字段。

4-查询：此时可以将 RowSource 属性中指定的查询文件的结果显示在列表框中。

5-数组：此时要在 RowSource 属性中设置一数组，同时 ColumnCount 属性的值要与数组的维数相同。

6-字段;此时可以在 RowSource 属性中指定要显示的字段名,字段名之间用逗号隔开。同时 ColumnCount 属性的值要与 RowSource 属性中指定的字段的个数相同。

7-文件：此时可以在列表框中显示其他的驱动器和目录，以及文件名，使用 RowSource 属性还可以限定显示文件的类型。

8-结构：此时列表框将显示 RowSource 属性中指定的表中的字段名。

9-弹出式菜单：此时可以用一个已经定义的弹出式菜单弹出列表框。

AddItem：向列表框中添加一个选项，此时该列表框中 RowSource Type 属性为 0。

Remove Item：从列表框中删除一个选项，此时该列表框中 RowSource Type 属性为 0。

Requery：随 RowSource 属性值的改变而更新列表。

3. 应用

【例 7-11】 新建一个表单，其功能是通过列表框选择商品编号，显示其商品库存，如图 7.37 所示。

具体操作方法如下：

（1）新建一个表单。

（2）将“商品库存”表添加到数据环境设计器中。

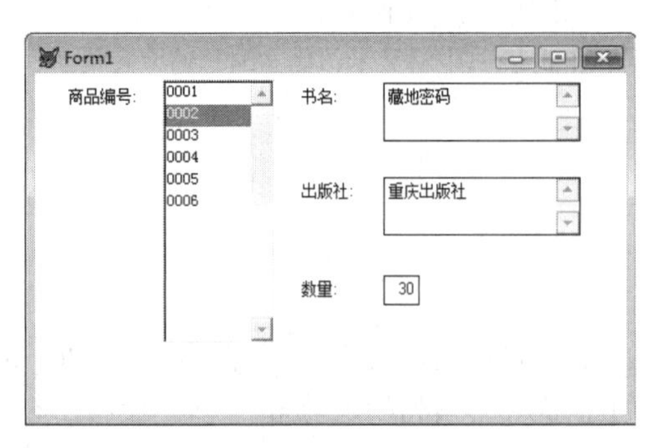

图 7.37　选择商品编号浏览商品库存

（3）添加控件：一个标签控件，一个列表框。

（4）单击数据环境设计器中“商品库存”表“字段”前的符号，并拖动到表单的适当位置，将显示“商品编号”的标签和文本框控件删除，然后重新布局表单中的控件。

（5）修改控件的属性。

① 标签控件

Caption：商品编号

AutoSize：.T.—真

② 列表框

RowSourseType：6 - 字段

RowSourse：商品库存.商品编号

（6）编写事件代码。

为了根据给定的商品编号显示其商品库存，还要为列表框的 InteractiveChange 事件编写代码。列表框的 InteractiveChange 事件代码如下。

```
thisform.refresh
```

（7）将表单保存到“D:\网上书店系统”文件夹中，文件名为“商品库存 2.scx”。

（8）运行表单。首先从列表框中选择所需的商品编号，此时表单中将显示该商品编号的库存信息。

【注意】组合框和列表框给出的例题相同，其区别在于：当数据量较少时，可以使用组合框，否则使用列表框更方便一些。

7.4.11　微调控件

1. 功能

用于在表单中创建一个微调。微调主要用于接受有固定范围的数值数据的输入，它提供了两种输入数据的方法，一种是直接通过键盘输入数据，另一种是利用鼠标点击微调的上下箭头，在给定的范围内一次递增或递减一个数据单位，直到所需要的值为止。微调一般只能接受数值型数据，但结合文本等其他控件，再编写其 UpClick 和 DownClick 事件，也可以实现对其他类型数据的控制。

2. 常用属性

Increment：设置点击调微的上下箭头时，递增或递减的数据单位的量。

KeyBoardHighValue：设置微调控件能接受的通过键盘输入的最大值。

KeyBoardLowValue：设置微调控件能接受的通过键盘输入的最小值。

SpinnetHighValue：设置微调控件能接受的通过单击上箭头输入的最大值。

SpinnetLowValue：设置微调控件能接受的通过单击下箭头输入的最小值。

Value：设置微调控件的默认初始值。

3. 应用

【例 7-12】　设计一个表单，其功能是通过选择列数，显示表中三列字段的信息，如图 7.38 所示。

具体操作方法如下：

（1）新建一个表单。

（2）将“订货信息”表添加到数据环境设计器中。

（3）添加控件：一个标签控件，一个微调控件，一个列表框。

（4）修改控件的属性。

① 标签控件

Caption：列

AutoSize：.T.—真

② 列表框

RowSourseType：6 - 字段

③ 微调

KeyBoardHighValue：3

KeyBoardLowValue：1

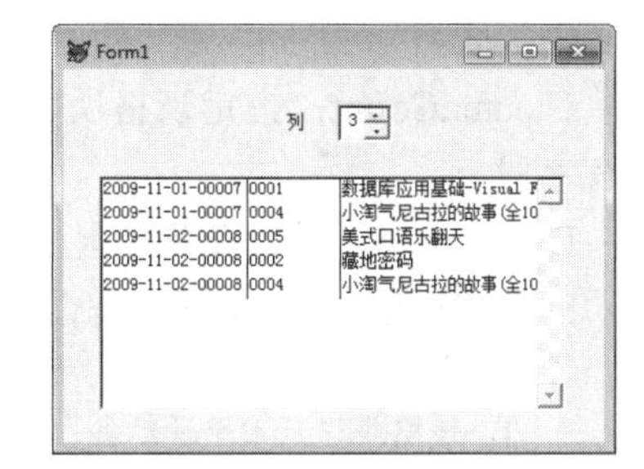

图 7.38　显示表中三列字段的数据

（5）编写事件代码。

为了通过选择列数显示表中相应字段的信息，还要为微调的 InteractiveChange 事件编写代码。微调的 InteractiveChange 事件代码如下。

```
THISFORM.LockScreen = .T.
 DO CASE
      CASE This.Value <= 1
      This.Value = 1
      THISFORM.List1.ColumnCount = 1
      THISFORM.List1.RowSource = "订单编号"
CASE This.Value = 2
      THISFORM.List1.ColumnCount = 2
      THISFORM.List1.RowSource = "订单编号,商品编号"
CASE This.Value = 3
      THISFORM.List1.ColumnCount = 3
      THISFORM.List1.RowSource = "订单编号,商品编号,书名"
ENDCASE
THISFORM.LockScreen = .F.
```

（6）将表单保存到“D:\网上书店系统”文件夹中，文件名为“微调示例.scx”。

（7）运行表单。首先通过微调选择列数，然后观察列表框中显示的字段信息。

7.4.12　表格

1．功能

表格控件是表单中最常用的控件之一，用于在表单中创建一个表格。其外观与浏览窗口类似，按行和列显示对象。表格一般用来对指定表或视图中的记录进行维护和显示。在表格中包含有列，列中又包含有列标头，它们都有各自的属性、事件和方法，通过修改它们的属性、事件和方法，可以指定表格中显示的内容。另外在表格的列中还可以添加文本框、复选框、微调等控件，从而使表格中数据的输入更加方便。

2．常用属性

（1）表格

ClounmCount：指定表格所包含的列数，默认值为-1，即表格中包含与它关联的表中的所有字段。

DataSource：设置在列中显示的数据源。

ScrollBars：指定表格中是否显示滚动条。其中包含：

0：表格中不显示滚动条。

1：表格中显示水平滚动条。

2：表格中显示垂直滚动条。

3：表格中显示水平和垂直滚动条。

RecordSource：设置表格中要显示的数据源。若指定该属性，表格中将显示指定的内容，否则表格中将显示当前工作区中打开的表的所有字段。

AllowRowSizing：指定是否允许在运行时修改表格的行高。

AllowAddNew：指定是否允许在运行时向表格中添加记录。

Partition：用于设置表格是否允许拆分。其中：

0：表格不能拆分。

大于 0：表格从该数值指定的位置开始拆分。

View：设置表格的拆分方式。其中：

0：表格左、右部分均为 Browse 方式。

1：表格左部分为 Browse 方式，右部分为 Change 方式。

2：表格左部分为 Change 方式，右部为 Browse 方式。

3：表格左、右部分均为 Change 方式。

PanelLink：设置表格的左、右部分是否建立链接。

ChildOrder：设置和父表主关键字关联的子表中的外部关键字。

LinkMarster：设置显示在表格中的子记录的父表。

（2）列

ControlSource：设置列中要显示的数据，通常是表中的一个字段。

CurrentControl：指定表格中的活动控件，默认值为 Text1，即第一个文本框。

Width：设置列的宽度。

（3）列标头

Caption：设置列标头显示的内容。

Form1

用户名	订单编号	收货人
YIFANG	2009-11-01-0	易芳
YIYI	2009-11-02-0	依依

图 7.39　使用表格显示表中数据

3．应用

【例 7-13】　设计一个表单，其功能是显示表中数据，并可以添加记录，如图 7.39 所示。

具体操作方法如下：

（1）新建一个表单。

（2）将“订单”表添加到数据环境设计器中。

（3）添加控件：一个表格。

（4）修改控件的属性。

① 表格控件

ColumnCount：3

RecordSourceType：1-别名

RecordSource：订单

AllowAddNew：.T.

② 设置列标头

在对象列表中选择 Column1 下的 header1，设置其 Caption 属性为“用户名”。选择 Column2、Column3 下的 header1，设置其 Caption 属性分别为“商品编号”、“收货人”。

（5）将表单保存到“D:\网上书店系统”文件夹中，文件名为“表格示例.scx”。

（6）运行表单，将显示“订单”表中的数据。当记录指针移动到表的末尾时，还可以添加记录。

7.4.13　计时器

1. 功能

用于在表单中创建一计时器，计时器会以一定的时间间隔执行事先编写的事件代码。在 Timer 事件中，放入需要重复执行的事件代码，如检索系统时钟，定时完成一些处理等。在表单设计器中，计时器是可见的，便于设计者选择该控件，设置其属性和编写事件过程。而运行表单后，计时器就不可见了，因此它的大小和位置不会对表单的界面有任何影响。

2. 常用属性

Enabled：设置计时器是否工作。该属性值为.T.时，计时器开始工作，否则，计时器将被挂起。另外，该属性也可以通过触发其他控件的事件来设置。

Interval：设置两次计时器事件（Timer 事件）的时间间隔，单位为毫秒（ms）。该属性的值不要设置得太小，否则占用处理器的时间太多，会降低整个程序的性能。

3.应用

【例 7-14】　设计一个表单，使其显示系统时间，如图 7.40 所示。

具体操作方法如下：

（1）新建一个表单。

（2）添加控件：一个标签控件、一个计时器控件。

（3）修改控件属性。

① 标签控件

Caption：时间

FontSize：16

② 计时器控件

Enabled：.T.

Interval：500(ms)

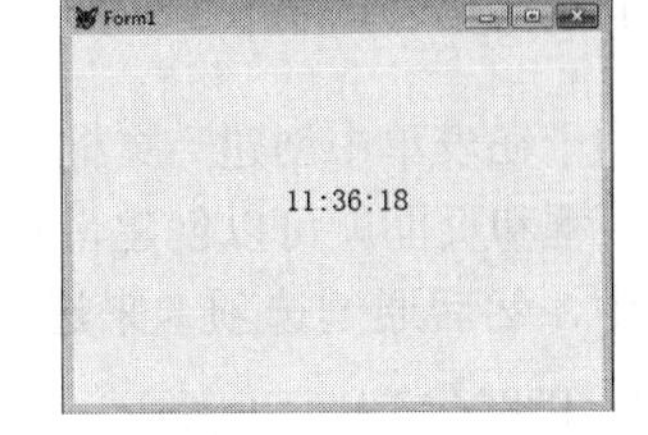

图 7.40　显示系统时间

（4）编写事件代码。

为了使计时器控件能够显示系统时间，还要为其 Init 事件编写代码，代码如下：

```
thisform.Label1.caption=time()
```

（5）将表单保存到“D:\网上书店系统”文件夹中，文件名为“系统时间.scx”。

（6）运行表单，这时标签显示的是系统时间。正如前面介绍的，标签不能在表单上交互式编辑其文本内容，但可以通过表单中的代码改变标签控件中的内容。

【例 7-15】 修改“欢迎界面”表单，其功能是显示欢迎界面，并且要求文字可以滚动显示，如图 7.41 所示。

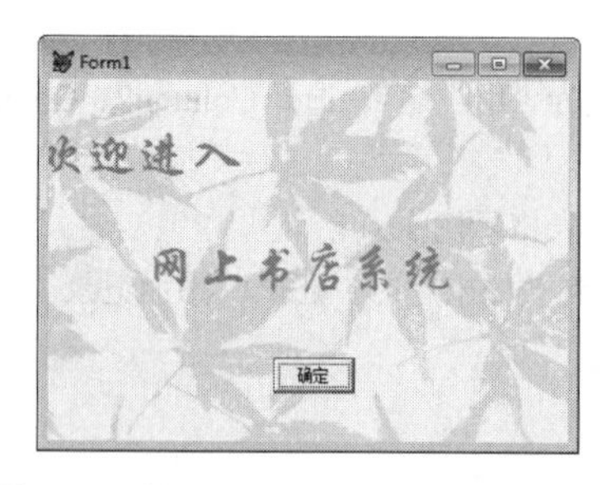

图 7.41　使“欢迎进入”文字滚动显示

具体操作方法如下：

1）打开“欢迎界面”表单设计器。

2）添加控件：一个计时器控件，一个命令按钮。

3）修改控件属性。

① 计时器控件

Interval：100

② 命令按钮

Caption：确定

4）编写事件代码。

为了完成文字的滚动，要为计时器控件的 Timer 事件编写代码。

① 计时器控件的 Timer 事件代码

```
if thisform.label1.left+180>0
    thisform.label1.left=thisform.label1.left-10
else
    thisform.label1.left=360
endif
```

② 命令按钮的 Click 事件代码

```
    thisform.release
```

5）保存对表单的修改。

6）运行表单。可以看到“欢迎进入”在滚动，这是因为在 Timer 事件代码中，只改变了 Label1（第一个标签控件）的值。

7）单击“确定”按钮关闭表单。

7.4.14　页框

1. 功能

用于在表单中创建一页框。在页框中包含有页面，而页面中又可以包含各种控件。这样通过页框和页面就可以创建带有选项卡的表单，即把要添加到表单中的控件分别放在不同的页面中，然后通过选项卡来选择需要显示的页面。在页框中包含的每个页面依次被命名为 page1，page2 等。

2. 常用属性

PageCount：设置页框中页面的个数。把页框控件添加到表单中时，只有两个页面，用户可以通过设置该属性的值来改变页面的个数。

Tabs：指定页框中是否显示选项卡。

TabStyle：设置选项卡的样式，其中 0 为两端方式，1 为非两端方式。

Stretch：设置选项卡的伸展方式，其中 0 为多重行，1 为单行。

3. 应用

【例 7-16】 设计一个表单，分页显示“畅销书”表的信息。其中一页用于浏览记录，另一页用于编辑记录，如图 7.42 和 7.43 所示。

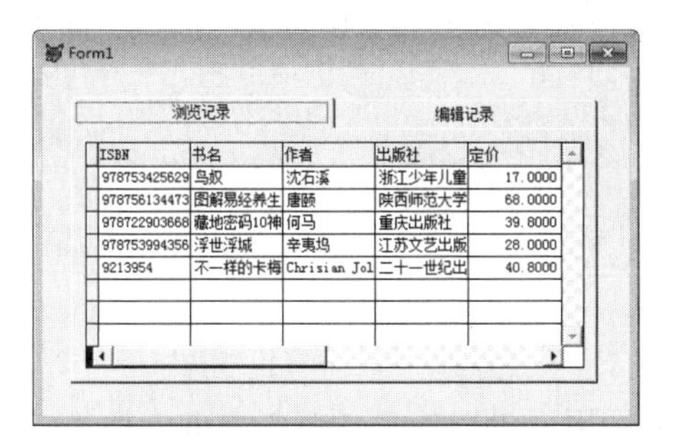

图 7.42　使用页框浏览数据

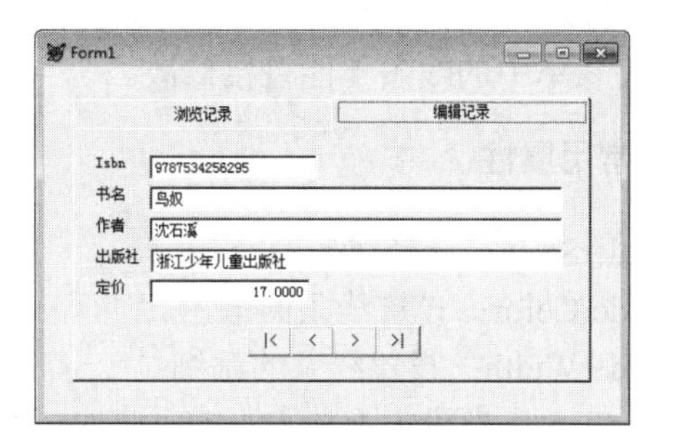

图 7.43　使用页框编辑数据

具体操作方法如下：

（1）新建一个表单。

（2）将表“畅销书”表添加到数据环境设计器中。

（3）添加控件：一个页框。

（4）修改页框的属性。

PageCount：2

（5）选择第一页。从对象列表框中选择 Page1，将其 Caption 属性修改为“浏览记录”。

（6）向第一页添加一个表格。

（7）修改表格控件的属性。

ColumnCount：5

RecordSourceTye：1-别名

RecordSource：畅销书

ReadOnly：.T.

DeleteMark：.F.

设置列标头：在对象列表中选择 Column1 下的 header1，设置其 Caption 属性为“ISBN”。选择 Column2、Column3、Column4 和 Column5 下的 header1，设置其 Caption 属性分别为“书名”、“作者”、“出版社”和“定价”。

（8）选择第二页。从对象列表框中选择 Page2，将其 Caption 属性修改为“编辑记录”。

（9）单击数据环境设计器中“畅销书”表“字段”前的符号，并拖动到表单的适当位置，然后重新布局表单中的控件。

（10）向第二页再添加 4 个命令按钮，其属性的修改和代码的编写请参阅**【例 7-7】**，但要修改命令按钮的引用方式。

（11）编写第二页面 Activeevent 的事件代码：

```
thisform.refresh
```

（12）将表单保存到“D:\网上书店系统”文件夹中，文件名为“页框示例.scx”。

（13）运行表单，观察效果。

7.4.15　线条

1. 功能

单击线条控件，可以直接用鼠标在表单中画出需要的直线。一般情况下，线条控件用于将表单中的控件进行分类，使表单中的控件有条不紊，用户可以一目了然，不会有杂乱无章的感觉。另外线条控件可以美化表单界面的设计，Visual FoxPro 6.0 为用户提供了多种类型的线条，但表单中的线条不能直接修改。

2. 常用属性

BorderStyle：选择线条的类型。

BorderColor：设置线条的颜色。

BorderWidth：设置线条的粗细。

LineSlant：当线条不是水平或垂直时，该属性用于设置线条的倾斜方向，如“/”正斜杠和“\”反斜杠。

7.4.16　形状

1. 功能

形状控件可以在表单上添加矩形、圆或椭圆等形状。形状控件与线条控件的功能一样，用于对表单中的控件进行分组，同时美化表单界面的设计。另外形状控件在表单上显示的图形也是不能直接修改的。

2. 常用属性

Curvature：确定形状的显示曲率，其值的变化范围是 0～99。当值为 0 时，形状无曲率，表示为矩形；当值为 99 时，形状的曲率最大，表示为圆或椭圆。

SpecialEffect：当 Curvature 属性的值为 0 时，该属性才有效，用于确定形状是平面的还是三维的。

FillStyle：指定形状的填充方案。

7.4.17　OLE 容器控件

用于在表单中创建 OLE 容器控制。OLE 是 Object Linking and Embedding（对象链接和嵌入）的缩写，它使表单或报表可以共享其他应用程序的内容，即 OLE 容器控制允许用户向表单或报表中加入 OLE 对象。一个 OLE 对象可以是 OLE 控制（.ocx 文件），也可以是其他应用程序（Microsoft Word 和 Microsoft Excel）创建的可插入 OLE 对象，如 Excel 电子表格或 Word 文档等。

对象的链接（Link）指源文档与目标文档之间的一种连接关系。当源文档中的信息发生变化时，目标文档中的信息也会随之改变。

对象的嵌入（Embed）指将一个对象的副本从一个应用程序插入到另一个应用程序中。

插入后，原来的对象发生变化时，插入的对象不受任何影响。

本章小结

表单是页面的集合，类似标准窗口或对话框。表单中可以包含一些控件，使用控件可以显示、编辑数据。

（1）创建表单的方法包括使用向导和表单设计器创建表单。

（2）控件的使用是本章的重点，主要内容包括在表单中添加控件并将控件与程序相连的主要方法，以及有关控件的基本概念与属性，不同种类的控件可以完成不同的功能和各控件的主要功能与使用方法。

（3）运行表单的方法包括使用菜单或命令的方式运行表单。

（4）管理表单的方法包括对表单的操作和表单集的使用。

习题 7

一、填空

1. 每个表单或表单集都有一个__________，用于定义表单所使用的数据源。
2. Visual FoxPro 6.0 中的对象按类可以分为两种：__________和__________。
3. __________可作为其他对象的父对象，__________可以放置在容器中，但不能作为其他对象的父对象。
4. Visual FoxPro 6.0 提供了两种引用对象的方式：__________和__________。
5. 表单文件的扩展名为__________。

二、选择

1. 表单有自己的属性、事件和__________。

   A．方法　　B．状态　　C．对象　　D．行为

2. 表单里有一个命令按钮，若要将其标题设置为“确定”，应该修改__________属性。

   A．AutoSize　　B．BackStyle　　C．Caption　　D．Visible

3. 在 Visual FoxPro6.0 中，运行表单订单.scx 的命令是__________。

   A．RUN FORM　　B．DO 订单

   C．DO FORM 订单　　D．RUN FORM 订单

4. 表单中有一个“确定”命令按钮，为了实现当用户单击此按钮时能够关闭该表单的功能，应在该按钮的 Click 事件中写入语句__________。

   A．ThisForm.Close　　B．ThisForm.Release

   C．ThisForm.Erase　　D．ThisForm.Return

5. 利用数据环境，将表中备注型字段拖到表单中，将产生一个__________。

   A．标签控件　　B．文本框控件　　C．页框控件　　D．编辑框控件

6. 有关控件对象的 Click 事件的正确叙述是__________。

   A．用鼠标双击对象时引发　　B．用鼠标单击对象时引发

   C．用鼠标右键单击对象时引发　　D．用鼠标右键双击对象时引发

7. 下列叙述中，不属于表单数据环境常用操作的是__________。

   A．向数据环境中添加表或视图　　B．向数据环境中添加控件

   C．从数据环境中删除表或视图　　D．在数据环境中编辑关系

8. 用于指明文本框中显示的数据源的属性是__________。

A. RecordSourceType　　B. RecordSource

C. Caption　　D. ControlSource

9. 对象的相对引用中，要引用当前操作的对象，可以使用的关键字是__________。

A. Parent　　B. ThisForm　　C. ThisformSet　　D. This

10. 表单文件的扩展名为__________。

A. .scx　　B. .sct　　C. .frx　　D. .dbt

11. 在表单设计中经常会用到一些关键字、属性和事件，下面属于属性的是__________。

A. This　　B. ThisForm　　C. Caption　　D. Click

三、问答题

1. 创建表单有哪几种方法？
2. 快速表单有何特点？
3. 运行表单文件有哪几种方法？
4. Visual FoxPro 6.0 中的对象按类可以分为哪几种？各有何特点？
5. 使用表单设计器新建一个表单应如何操作？
6. 如何向表单中添加控件？
7. 如何选中表单中的一个控件？如何同时选中表单中的多个控件？
8. 如何打开属性窗口？属性窗口有哪几部分构成？各有何功能？
9. 修改控件的属性应如何操作？
10. 数据环境设计器有何作用？如何向数据环境中添加表？
11. 请说明什么是方法程序？系统提供了哪些常用的方法程序？
12. 请说明什么是事件？什么是事件代码？如何修改控件的事件代码？
13. 请熟悉各个控件的功能、常用属性及使用方法。

实验

实验一　使用向导设计表单

1. 实验目的

（1）掌握使用向导设计表单的方法。

（2）掌握创建快速表单的方法。

2. 实验内容

创建表单文件：

（1）在“学生成绩管理”项目管理器中，使用表单向导创建一个表单，用于显示“第一学期成绩”表中数据，表单文件名为“第一学期成绩.scx”。

（2）在“学生成绩管理”项目管理器中，创建一个快速表单，用于显示“第二学期成绩”表中数据，表单文件名为“第二学期成绩.scx”。

实验二　使用表单设计器设计表单

1. 实验目的

（1）掌握常用控件的功能和使用方法。

（2）掌握使用表单设计器设计表单的方法。

2. 实验内容

在“学生成绩管理”项目管理器中创建如下表单：

（1）创建一个欢迎表单文件，用于显示欢迎界面，表单文件名为“欢迎.scx”。

（2）创建一个密码表单文件，用于输入进入系统的密码，如果密码正确，调用欢迎表单，表单文件名为“密码.scx”。

（3）使用表单设计器创建一个表单，用于显示“学生基本情况”表中数据，表单文件名为“学生基本情况.scx”。

第 8 章　报表和标签

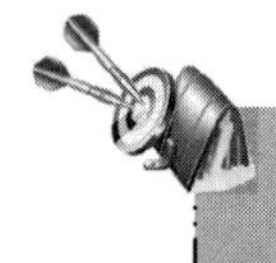

本章知识目标

- 掌握使用报表向导创建报表的方法
- 掌握报表设计器的各部分功能及使用方法

报表和标签是应用程序设计中的重要环节，用户可以通过报表和标签显示并打印表中的数据，为用户提供所需要的信息。虽然报表中的数据形式多样，内容也千变万化，但通过利用 Visual FoxPro 6.0 提供的报表向导和报表设计器强大功能，可以轻松地设计出满足各种需要的报表。

8.1　快 速 报 表

Visual FoxPro 6.0 为用户提供了一种快速创建报表文件的方法，这种方法操作方便，生成报表速度快，但功能有限，只能利用单一表创建报表文件，而且样式也很单一。

【例 8-1】　创建一个快速报表。

（1）启动报表设计器

① 打开“网上书店系统”项目管理器。

② 打开“商品库存”表文件。

③ 选择“文档”选项卡中的“报表”选项，然后单击“新建”按钮，打开如图 8.1 所示的“新建报表”选择框。

④ 单击“新建报表”按钮，即可打开报表设计器。

（2）创建快速报表

① 在系统菜单中，选择“报表”下拉菜单下的“快速报表”选项，系统会弹出“快速报表”对话框，如图 8.2 所示。

图 8.1　“新建报表”选择框

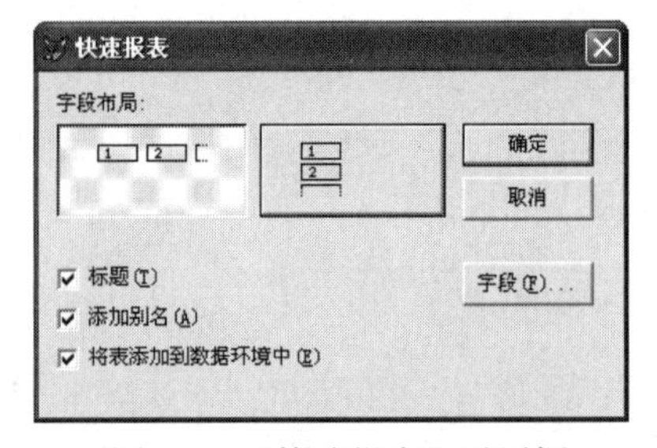

图 8.2　“快速报表”对话框

其中各选项的含义如下：

字段布局：包含列布局和行布局两种方式，如选择列布局，字段在页面上从左到右排列。如选择行布局，字段在页面上从上到下排列。

标题：确定是否将字段名作为标签控件的标题置于相应字段的上面或左侧。

添加别名：自动在“报表设计器”窗口中为所有字段添加别名。

将表添加到数据环境中：确定是否将选中字段所在的表添加到报表的数据环境中。

字段：单击该按钮，会打开“字段选择器”，在此可以选择要输出的字段，如不选择，系统会自动选取全部字段。

② 由于要选取“商品库存”表中的全部字段，因此无需进行字段选取操作。

③ 选择列布局，同时选择“标题”、“添加别名”和“将表添加到数据环境中”3 个选项，然后单击“确定”按钮。

④ 此时系统将自动按所做的选择将数据添加到报表设计器的相应带区中，如图 8.3 所示。

图 8.3　报表设计器结果

（3）预览报表

单击工具栏中的“预览”按钮，可以预览报表的结果，如图 8.4 所示，然后关闭预览窗口返回。

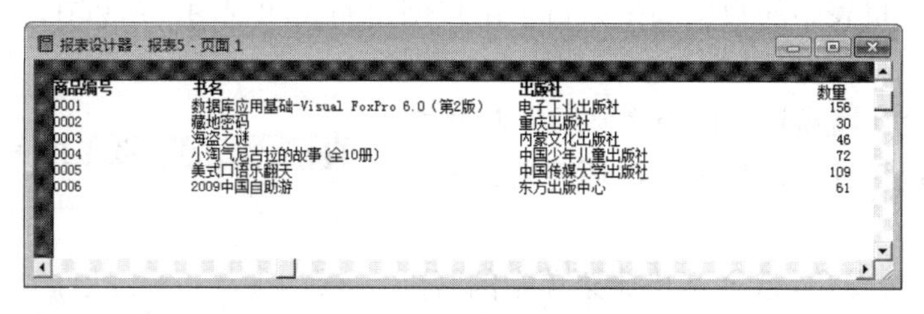

图 8.4　报表预览结果

（4）保存报表

单击工具栏中的“保存”按钮，打开“另存为”对话框，在“保存在”下拉列表中确定路径为“D:\网上书店系统”，在“保存报表为”文本框中输入报表文件名“商品库存”，并单击“保存”按钮。

通过上面的介绍可以看到，创建快速报表的过程非常简单，但所生成的报表样式很单一，所以一般只是利用快速报表生成报表的一个初步布局，然后利用报表设计器对其进行进一步的修改。

8.2　使用报表设计器

利用快速报表创建报表比较方便，但是该方法只能创建基于一个表或视图的报表。借助于报表设计器，能够创建基于任何表或视图的报表，同时，用户可以自己把字段和控件添加到报表中，并通过调整和对齐这些控件来美化报表。本节主要介绍报表设计器的使用方法。

8.2.1 启动报表设计器

启动报表设计器有以下 3 种方法。

（1）在“网上书店系统”项目管理器窗口中，单击“文档”选项卡，选择“报表”选项，然后单击“新建”按钮，打开“新建报表”对话框，再单击“新建报表”按钮，即可启动报表设计器，如图 8.5 所示。

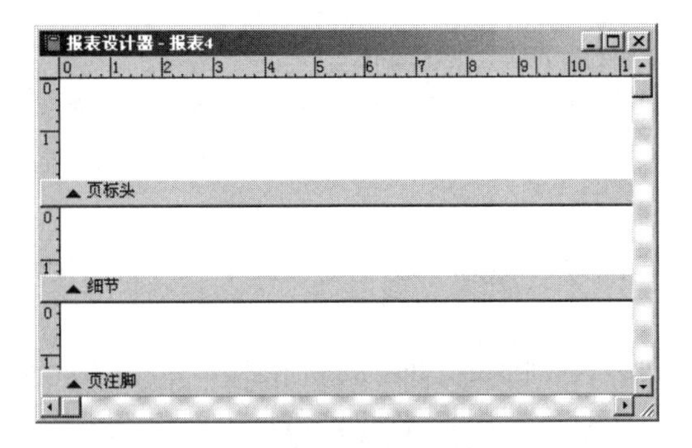

图 8.5 报表设计器

（2）选择系统菜单“文件”下的“新建”选项，打开“新建”选择框中，选择“报表”单选按钮，然后单击“新建文件”按钮，即可打开报表设计器。

（3）在命令窗口中输入下列命令也可启动报表设计器。

命令格式：

Create Report [报表文件名|?]

功能：创建报表文件。

8.2.2 设置数据环境

一般情况下，报表中的数据均是来自于用户创建的表和视图，所以在设计报表时，要指定报表的数据源，具体方法如下。

（1）在报表设计器窗口，选择“显示”下拉菜单下的“数据环境”选项，打开数据环境设计器，如图 8.6 所示。

图 8.6 数据环境设计器

（2）在数据环境窗口，选择其快捷菜单中的“添加”选项，或在系统菜单中，选择“数据环境”下拉菜单下的“添加”选项，均可打开“添加表或视图”对话框。

（3）从中选择要添加到数据环境中的表，如：订货信息，然后单击“添加”按钮。

（4）单击“关闭”按钮，此时数据环境中显示出了“订货信息”及其表中字段。

报表中数据环境的特性，与表单中数据环境的特性相同，这里就不再介绍了。

8.2.3 报表设计器简介

报表设计器由多条带状空白区域组成，如图 8.5 所示。每个空白区域被称为是一个报表带区，报表带区分别用于设计报表页面中的一部分。

报表设计器中通常显示三个带区：页标头、细节和页注脚。每个带区的底部显示有一条

灰色的分隔栏，分隔栏中显示有该带区的名称，有时两个分隔栏互相挨着，这种情况说明下面的分隔栏所指的报表带区在该报表中没有使用。另外，报表设计器还允许使用标题带区和总结带区等。各报表带区的名称和创建方法等如表 8.1 所示。

表 8.1　报表带区及其添加方法

名　称	添加带区的方法
标题	从“报表”菜单中选择“标题/总结”命令可以添加标题。每个报表只有一个标题
页标头	启动报表设计器时，即自动添加页标头
列标头	从“文件”菜单中选择“页面设置”命令，然后设置列数大于 2，这时可以添加列标头
组标头	从“报表”菜单中选择“数据分组”命令，可以添加组标头。每个组有一个组标头
细节带区	在启动报表设计器时，自动添加细节带区
组注脚	从“报表”菜单中选择“数据分组”命令，可以添加组标脚。每个组有一个组注脚
列注脚	从“文件”菜单中选择“页面设置”命令，然后设置列数大于 2，这时可以添加列注脚
页注脚	在启动报表设计器时，自动添加页注脚
总结	从“报表”菜单中选择“标题/总结”命令可以添加总结带区。每个报表只有一个总结带区

8.2.4　调整报表带区的大小

在报表设计器中，报表带区的大小并不是固定不变的，在设计报表过程中，用户可根据需要调整带区的大小和特征。

（1）将鼠标放在需要调整大小的报表带区分隔栏上，使其变成上下双箭头，按下鼠标左键并拖动报表带区分隔栏，即可调整报表带区的大小。

（2）通过对话框调整报表带区的大小

① 双击需要调整大小的报表带区分隔栏，如“细节”，系统将显示如图 8.7 所示的对话框。

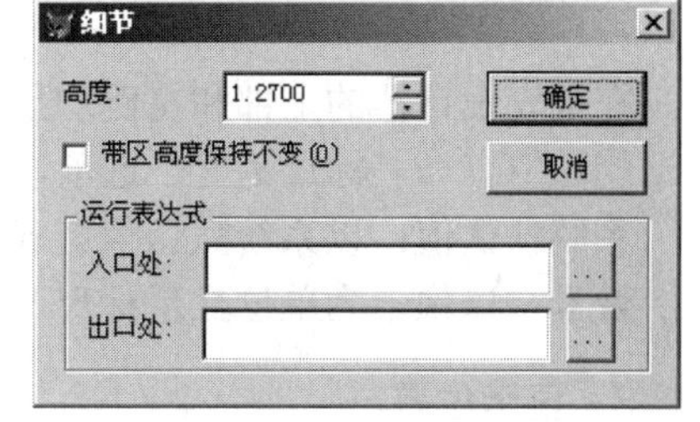

图 8.7　调整“细节”带区大小对话框

对话框中各选项的含义如下：

高度：用于设置报表带区的高度，可以在文本框中直接输入数值，也可以单击、来设置其高度。

带区高度保持不变：选择该选项后带区不会根据用户的操作自动变长或自动缩短，始终保持用户设置的带区高度。

运行表达式：用于设置要计算的表达式，其中：

入口处：设置在打印报表之前要计算的表达式，可以在文本框中直接输入表达式，也可以单击其右侧的按钮，通过表达式生成器生成一个表达式。

出口处：设置在打印报表之后要计算的表达式，可以在文本框中直接输入表达式，也可以单击其右侧的按钮，通过表达式生成器生成一个表达式。

② 设置报表带区高度。设置细节带区高度为 3。

【提示】 设置报表带区高度时一定要注意：带区的高度不能小于布局中的控件高度。

③ 设置完带区高度后，单击“确定”按钮。

8.2.5 报表网格和标尺的使用

向报表设计器中添加控件时，可以使用报表网格和标尺来帮助用户确定控件在报表中的位置。

1. 网格

（1）在报表设计器中添加网格

在系统菜单中，选择“显示”下拉菜单下的“网格线”选项，在报表设计器中即会出现网格。若要取消网格线，只要再次选择“显示”下拉菜单下的“网格线”选项即可。

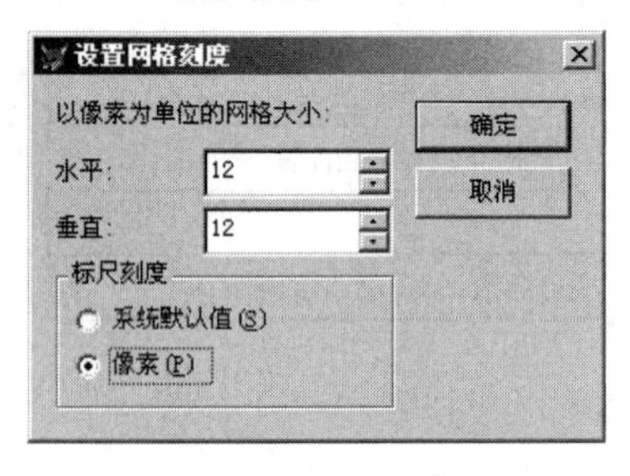

图 8.8 “设置网格刻度”对话框

（2）设置网格的大小

网格的大小是可以调整的，在系统菜单中，选择“格式”下拉菜单下的“设置网格刻度”选项，会打开如图 8.8 所示的“设置网格刻度”对话框，其中“以像素为单位的网格大小”有两个选项：

水平：用于设置水平方面上一格的大小。

垂直：用于设置垂直方面上一格的大小。

将水平和垂直两值修改后，单击“确定”按钮即可。

2. 标尺

在报表设计器的上部和左侧均显示了标尺，同样标尺的刻度也是可以改变的，在如图 8.8 所示的图中有一“标尺刻度”选项，其中：

系统默认值：以系统默认值方式显示标尺。

像素：以像素为单位显示标尺。

3. 显示位置

在系统菜单中，选择“显示”下拉菜单下的“显示位置”选项后，屏幕的最下方会显示鼠标当前所指位置的坐标。

8.3 报表控件的使用方法

报表控件是定义在页面上显示的数据项。用户可以在报表上添加下列控件：域控件、标签、线条、矩形、圆角矩形和图片/ActiveX 绑定控件。下面介绍添加常用控件的方法。

8.3.1 标签控件

标签控件是一种应用比较广泛的控件类型，它用于在报表中显示文本字符的原义。例如，在报表的标题带区可以添加标签，利用标签显示标题或其他说明信息。添加标签控件的步骤如下。

（1）在报表设计器中，单击“显示”菜单中的“报表控件工具栏”命令，打开“报表控

件”工具栏。

（2）在“报表控件”工具栏中，单击“标签”按钮，然后在报表布局中要放置标签的地方单击鼠标，这时 Visual FoxPro 6.0 就将一个标签控件放置在报表中。在输入标签文本之前，屏幕中只显示一个光标。

（3）在光标处输入该标签的文本，如“订货信息”，如图 8.9 所示。文本输入之后，还可以单击菜单中“格式”下的“字体”选项，在“字体”对话框中设置字体的大小和颜色等。

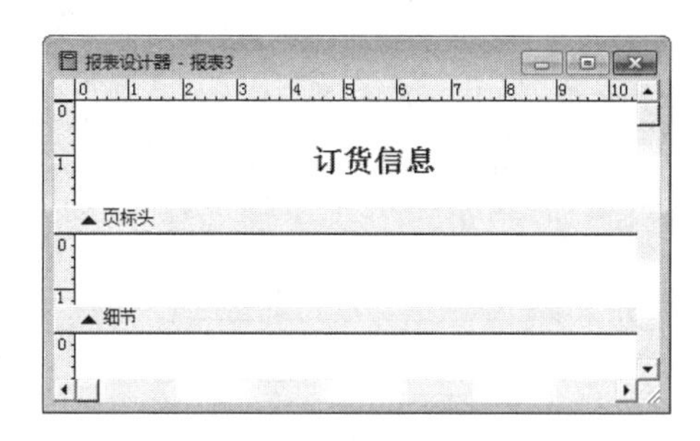

图 8.9　添加标签控件

由于标签控件没有数据来源，所以在添加标签时，不需选择字段或创建计算表达式。

8.3.2　域控件

域控件用于创建字段控件，并显示表中字段、内存变量或其他表达式的内容。添加域控件有两种方法：一种是从数据环境中添加域控件，另一种是从“报表控件”工具栏中添加域控件。如果已经设置了数据环境，最好直接从数据环境中添加域控件。

1. 从数据环境中添加域控件

从数据环境中添加域控件的步骤如下。

（1）在报表设计器中，单击“显示”菜单中的“数据环境”命令，打开报表的数据环境。

（2）在“数据环境”对话框中，选择要添加的字段，然后将它拖放到报表布局中应放置的位置上。如果拖动“数据环境”中表的表名，则将所有字段添加到表设计器中；如果拖动表中字段，则将选中的字段添加到表设计器中。

由此可见，设置数据环境对添加控件的确起到很大的方便作用。当然，在创建报表时，还可以使用“报表控件”工具栏来添加域控件。

2. 从“报表控件”工具栏添加域控件

从“报表控件”工具栏添加域控件的步骤如下。

（1）在报表设计器中，单击“显示”菜单中的“报表控件工具栏”命令，打开“报表控件”工具栏。

（2）在“报表控件”工具栏中，单击“域控件”按钮，然后在报表布局中要放置域控件的位置上单击鼠标，这时出现一个“报表表达式”对话框，如图 8.10 所示，用于设置报表中字段控件的内容。

其中：

表达式：用于设置字段、变量或表达式，用户可以直接输入，也可以单击其右侧的按钮，打开“表达式生成器”创建表达式。

格式：用于指定“表达式”框中显示的表达式的格式。单击其右侧按钮，会打开如图 8.11 所示的“格式”对话框，用户可以在此指定表达式的格式。当选中不同的数据类型时，系统所提供的“编辑选项”的内容也不尽相同。

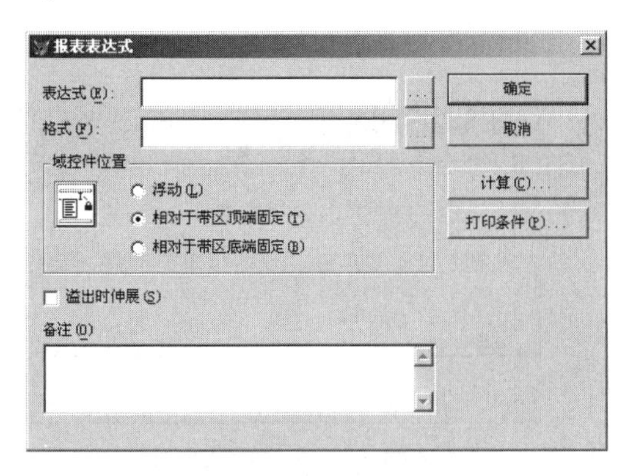

图 8.10　“报表表达式”对话框

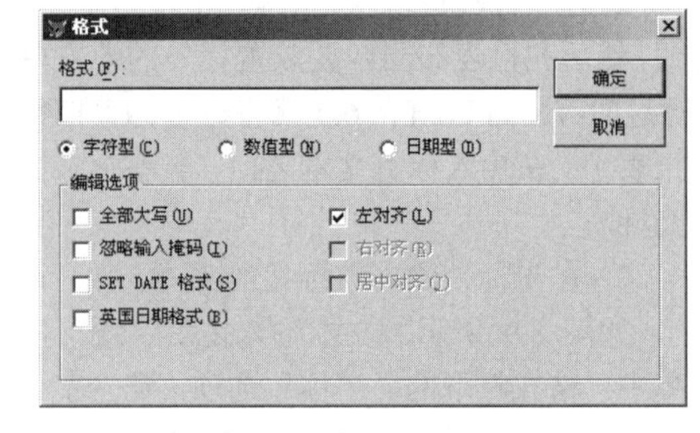

图 8.11　“格式”对话框

域控制位置：有 3 个单选项，其含义如下。

浮动：选定字段根据周围字段的变化而变化，自动调整位置。

相对于带区顶端固定：字段相对于带区顶端的位置固定不动。

相对于带区底端固定：字段相对于带区底端的位置固定不动。

溢出时伸展：当字段的数据溢出时，使字段向报表页面的底部伸展，以便能够显示出字段或表达式的所有内容。

备注：用于给.frx 或.lbx 文件加注释，但所加注释只起一个提示的作用，不会出现在打印结果中。

计算：单击“计算”按钮，会打开“计算字段”对话框，用户可以在此选择一种计算类型，创建一个用于计算的字段。

打印条件：单击“打印条件”按钮，会打开“打印条件”对话框，用户可以在此设置打印的条件。

（3）各选项设置完后，单击“确定”按钮，关闭“报表表达式”对话框。这时，就在报表中单击鼠标的地方添加了一个域控件，该控件按照指定的格式显示指定的字段或表达式的值。由此可见，利用域控件可以创建计算字段，显示表或视图中没有的数据。

8.3.3　图片/ActiveX 绑定控件

在创建报表时，还可以在报表中添加“图片/ActiveX 绑定控件”。例如，在报表的标题带区添加图片显示公司的标志，在报表的细节带区添加 ActiveX 绑定控件显示雇员或客户的照片。在添加图片时，图片不随记录变化。在添加 ActiveX 绑定控件时，显示的内容将随记录的不同而不同。在 Visual FoxPro 6.0 中，可以使用“报表控件”工具栏添加图片/ActiveX 绑定控件。添加图片/ActiveX 绑定控件的步骤如下。

（1）在报表设计器中，单击系统菜单中“显示”下的“报表控件工具栏”选项，打开“报表控件”工具栏。

（2）在“报表控件”工具栏中，单击“图片/ActiveX 绑定控件”按钮，然后在报表中要放置该控件的地方单击鼠标，这时出现一个“报表图片”对话框，如图 8.12 所示，用于指定要添加到报表中的图片或通用型字段。其中：

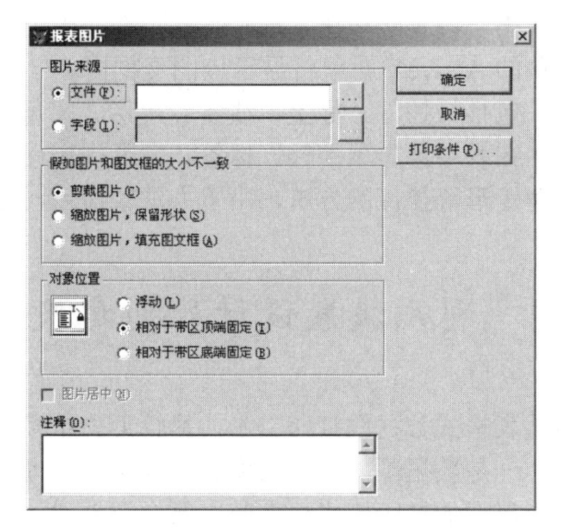

图 8.12　“报表图片”对话框

图片来源：指定图片的来源，图片可以来自文件或字段。

文件：指定图或图标的文件名，用户可以在文本框中直接输入路径和文件名，也可以单击其右侧的按钮，从打开的“打开”对话框中，指定图或图标的文件。

字段：指定要包含在报表中的通用字段或变量，用户可以在文本框中直接输入通用字段名或变量，也可以单击其右侧的按钮，打开“选择字段/变量”对话框，如图 8.13 所示，从中指定字段或变量。

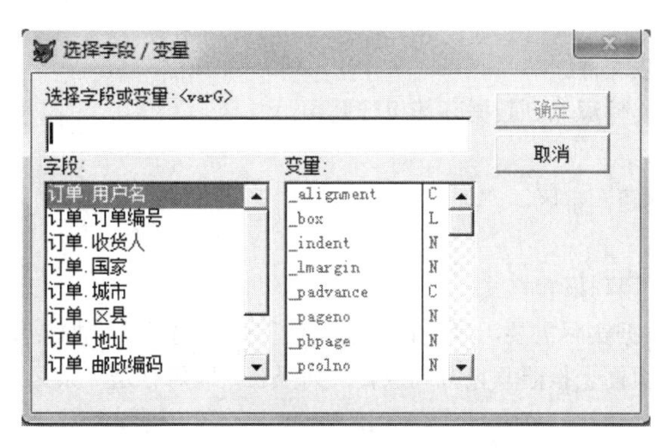

图 8.13　“选择字段/变量”对话框

假如图片和图文框的大小不一致：如果图片和图文框的大小不一致，可以选择下面的选项。

剪裁图片：如果图片的尺寸大于在报表中设置的图文框的尺寸，图片将以图文框的左上角为基准点显示，超出图文框的部分则不显示。

缩放图片，保留形状：显示整个图片，根据图片和图文框的大小，系统会在保持图片相对比例的条件下，自动缩小或放大图片，尽量填满图文框。

缩放图片，填充图文框：显示整个图片，根据图片和图文框的大小，系统会自动缩小或放大图片来完全填满图文框。此时无法保持图片原有的比例，会产生横向或纵向的变形。

图片居中：使比图文框小的通用字段图片放在中央，否则此图文框中的图片将显示在图文框的左上角。

注释：用于添加注释，但所加注释只起一个提示的作用，不会出现在打印结果中。

（3）设置完各选项，单击“确定”按钮。这时，就可在报表中添加一个默认大小的图文框。图片或通用型字段存储的 ActiveX 对象将显示该图文框内。

报表控件的类型很多，包括域控件、标签、线条、矩形、圆角矩形和图片/ActiveX 绑定控件。在这里仅介绍了如何在表中添加域控件、标签和图片/ActiveX 绑定控件，关于如何在表中添加线条、矩形、圆角矩形等控件的方法，由于方法较简单，这里不再详细讲述。

8.4 利用报表设计器创建报表

报表是用来直观地表达表格式数据的打印文本，尽管形式是多种多样的，但从原理上来说，报表包括两部分内容：一是数据源，指数据库表、视图、查询等数据，是形成报表信息来源的基础；二是布局，指报表的打印格式。本节主要介绍创建、预览和打印报表的方法。

8.4.1 创建报表

【例 8-2】 使用报表设计器创建一个报表文件，显示订货信息及所有订单的总金额。具体操作方法如下：

（1）启动报表设计器

① 打开“网上书店系统”项目管理器。

② 启动报表设计器。

（2）设置数据源

① 打开“订货信息”表文件。

② 将“订货信息”表文件添加到数据环境设计器中。

（3）设置报表带区

为报表设计器添加“标题”带区。

（4）确定报表布局

本例中所设计的报表采用列报表格式。

创建报表前，首先应根据实际需要，确定该报表所使用的布局格式，如使用行报表，即每列是一条记录，每条记录的字段在报表页面上按照垂直方向放置；列报表，即每行是一条记录，每条记录的字段在报表页面上按照水平方向放置。

（5）为报表添加字段

向报表中添加字段，可利用“数据环境”的方法，也可以使用“报表控件”的方法。

在报表的“数据环境设计器”中单击表“订货信息”，并将其拖动到细节带区中，然后重新布局，如图 8.14 所示。

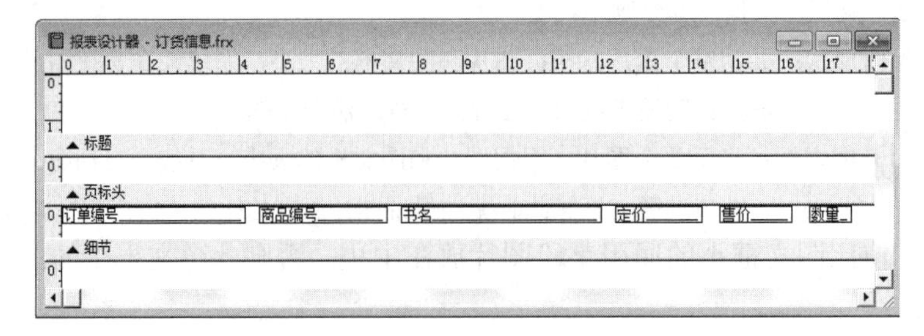

图 8.14 所设置的报表细节带区

（6）设置报表标题

① 在“报表控件”工具栏中，选择“标签”控件，在“标题”带区的适当位置单击，出现输入提示符后，输入标题“订货信息”，然后设置文字的字体、字号等内容。

② 选择“标签”控件，在“标题”带区的相应位置单击，并输入“打印日期”。选择“域控件”控件，在“标签”控件右侧单击，此时将打开“报表表达式”对话框，在“表达式”文本框中输入“Date()”，如图 8.15 所示，然后单击“确定”按钮。

（7）设置页标头

选择“标签”控件，在“页标头”带区的相应位置单击，并输入“订单编号”。采用上述方法依次添加 5 个标签控件，分别输入“商品编号”、“书名”、“定价”、“售价”、“数量”。

（8）设置页注脚

① 选择“标签”控件，在“页注脚”带区的相应位置单击，并输入“总金额”。

② 选择“域控件”控件，在“标签”控件下方单击，此时将打开“报表表达式”对话框。

③ 单击“表达式”右侧的按钮，打开“表达式生成器”对话框，双击“字段”列表框中的“订货信息.售价”字段，然后单击“确定”按钮。

④ 单击“计算”按钮，打开“计算字段”对话框，从“重置”下拉列表中选择“页尾”选项，再选择“总和”单选按钮，如图 8.16 所示，然后单击“确定”按钮。

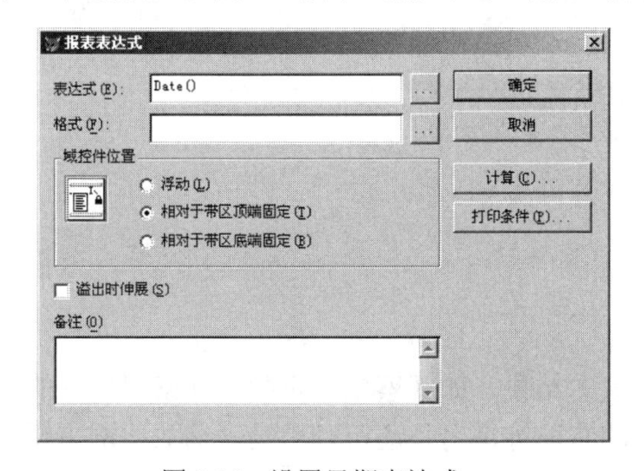

图 8.15　设置日期表达式

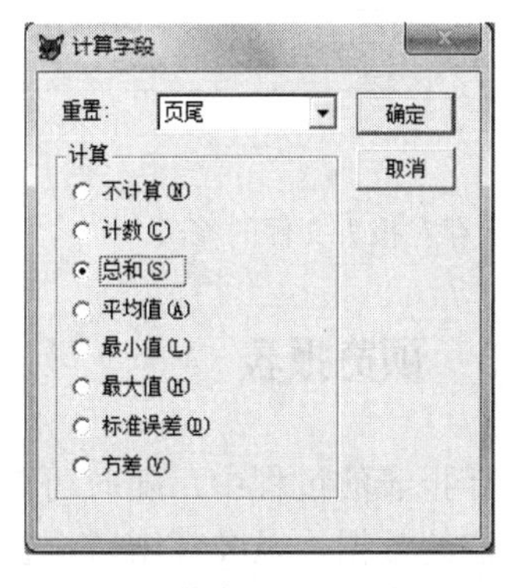

图 8.16　“计算字段”对话框设置结果

⑤ 单击“确定”按钮，报表设置结果如图 8.17 所示。

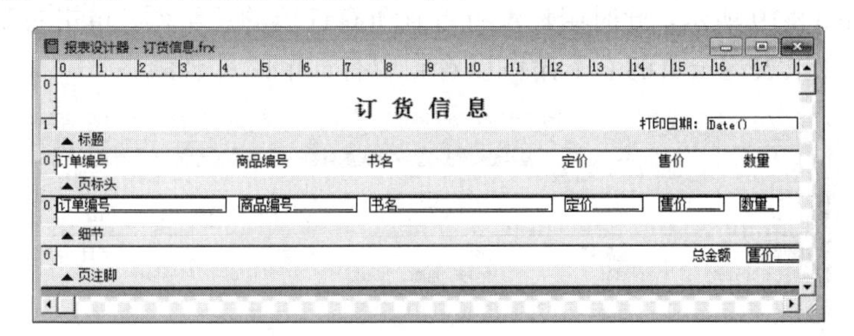

图 8.17　报表设计结果

（9）保存报表

将报表文件保存在“D:\网上书店系统”文件夹下，文件名为“订单信息”。

（10）关闭报表设计器

至此，报表文件最基本的内容已设置完成。用户还可以对报表进行装饰，如放入图片、划线、设计表格等。

8.4.2 修改报表

【例 8-3】 美化“订货信息”报表文件。

具体操作方法如下：

（1）打开“网上书店系统”项目管理器。

（2）单击“文档”选项卡，选择“报表”下的“订货信息”报表文件，然后单击“修改”按钮，即可打开报表设计器。

（3）单击“线条”控件，在“标题”带区的适当位置单击并拖动，产生一条直线。

（4）选择“格式”下拉菜单中“绘图笔”子菜单中的“2 磅”选项，使直线加粗，如图 8.18 所示。

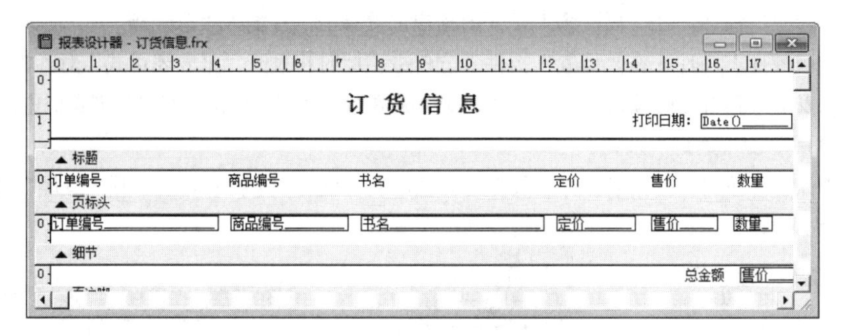

图 8.18　添加一条直线

（5）保存对报表文件的修改。

8.4.3 预览报表

在设计报表的过程中，随时可以预览报表的结果。如观察整个页面，观察报表中的数据是否是所需的数据，以及观察数据在报表中的布局等，另外还可以用某一缩放比例来预览。

在报表设计器窗口中单击工具栏中“预览”按钮，或用鼠标右键单击报表设计器，从弹出的快捷菜单中选择“预览”选项，即可预览报表。“订货信息”报表文件的预览结果及预览窗口的工具条如图 8.19 所示，此时用户没有看到所有订单的总金额，单击右侧的滑块并将其拖动到最下方，在报表这一页的右下角可以看到所有订单的总金额。

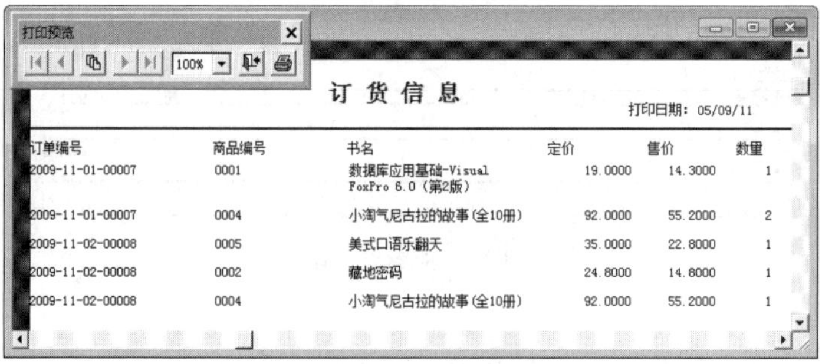

图 8.19　预览结果及预览窗口的工具条

用户可以从预览窗口的工具条中选择显示报表的第几页，显示报表的比例，打印报表，以及预览报表后返回报表设计器等。通过预览工具条可以非常方便地控制预览窗口的操作。

8.4.4　打印报表

报表文件创建好后就可以打印了，操作方法如下：

（1）设置报表页面

在打印报表之前，可以根据需要对报表的页面进行设置。

① 打开报表文件的设计器。

② 在系统菜单中，选择“文件”下拉菜单中的“页面设置”选项，系统将弹出“页面设置”对话框，如图 8.20 所示。其中各选项的含义如下。

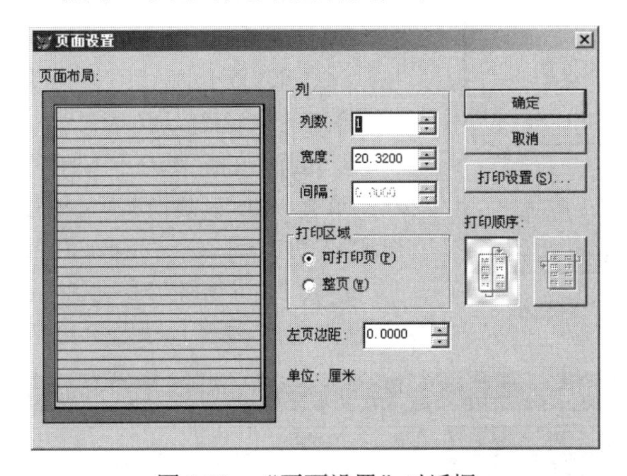

图 8.20　“页面设置”对话框

页面布局：根据页面的设置，显示出页面的实际情况。

列：设置列的相关参数。

列数：指定页面上要打印的列数。

宽度：指定一列的宽度。

间隔：指定列间距离。

打印区域：指定页面要打印的范围。其中：

可打印页：采用当前使用的打印机驱动程序所指定的最小页边距。

整页：采用由打印纸尺寸所指定的最小页边距。

左页边距：指定左边距。

单位：指定宽度、间隔和左页边距的单位。

打印设置：单击该按钮可打开“打印设置”对话框，在此用户可以选择打印机，并设置打印机的属性，选择纸张大小及设置打印方向等。

打印顺序：当列数大于 1 时，用于指定打印记录的顺序。一种方法是先打印一列的数据，当满一页后再回到页头打印下一列的数据。另一种方法是打印完一列同一行的数据后，再换行打印每一列下一行的数据。

③ 页面设置好后，单击“确定”按钮。

（2）打印报表

① 在系统菜单中，选择“文件”下拉菜单中的“打印”选项，系统将弹出“打印”对话框。

② 设置好各选项后，即可单击“确定”按钮进行打印。

8.5 分组/总计报表

在实际应用中，有时需要把报表中的数据按某种属性进行分组，并进行统计。现在就介绍设计分组/总计报表的方法。

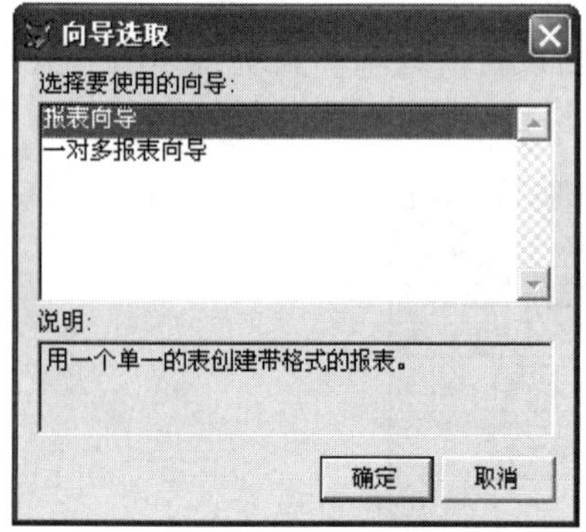

图 8.21 “向导选取”对话框

【例 8-4】 按“订单编号”显示客户的订货信息，并统计出每个订单的总金额。

（1）向导选取

① 打开“网上书店系统”项目管理器。

② 打开“订货信息”表文件。

③ 选择“文档”选项卡下的“报表”选项，并单击“新建”按钮，在弹出的“新建报表”选择框中，单击“报表向导”，此时会弹出“向导选取”对话框，如图 8.21 所示。

④ 在“向导选取”对话框中，选择“报表向导”选项，进入“报表向导”步骤 1，如图 8.22 所示。

图 8.22 “报表向导”步骤 2

（2）选取字段

“报表向导”步骤 1 用于选取字段，首先选择“订货信息”表，然后单击右向双箭头，选取表中的所有字段。单击“下一步”按钮，进入“报表向导步骤 2”，如图 8.23 所示。

（3）设置分组依据

“报表向导”步骤 2 用于设置报表的分组依据，在此，最多可以设置三级的分组依据。

① 从第一级的下拉列表中选取“订单编号”字段作为分组依据。

② 单击“分组选项”按钮，打开“分组间隔”对话框，如图 8.24 所示。“分组级字段”中给出了设置的分组依据“订单编号”。“分组间隔”是一下拉列表，用于进一步指定分组条件。本例选择“整个字段”，并单击“确定”按钮返回。

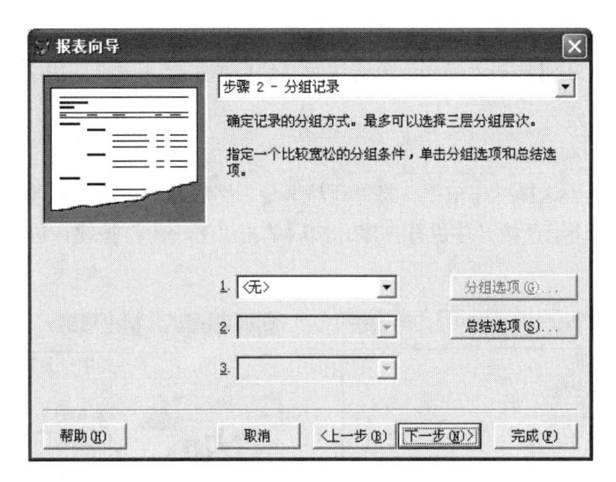

图 8.23　“报表向导”步骤 2

③ 单击“总结选项”按钮，打开“总结选项”对话框，如图 8.25 所示。在“售价”对应的“求和”框中单击，该框会出现一对勾，并选择“细节及总结”单选项。单击“确定”按钮返回。

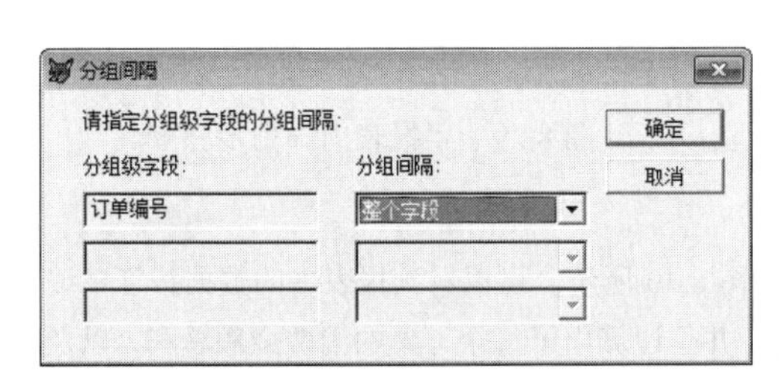

图 8.24　“分组间隔”对话框

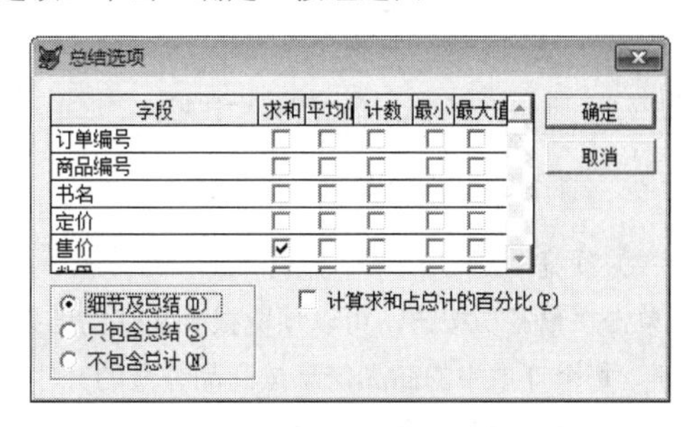

图 8.25　“总结选项”对话框

④ 分组依据设置好后，单击“下一步”按钮进入“报表向导”步骤 3，如图 8.26 所示。

（4）选择报表样式

“报表向导”步骤 3 用于选择报表的样式，并可通过左上角的放大镜进行观看。本例选择“带区式”。然后单击“下一步”按钮，进入“报表向导”步骤 4，如图 8.27 所示。

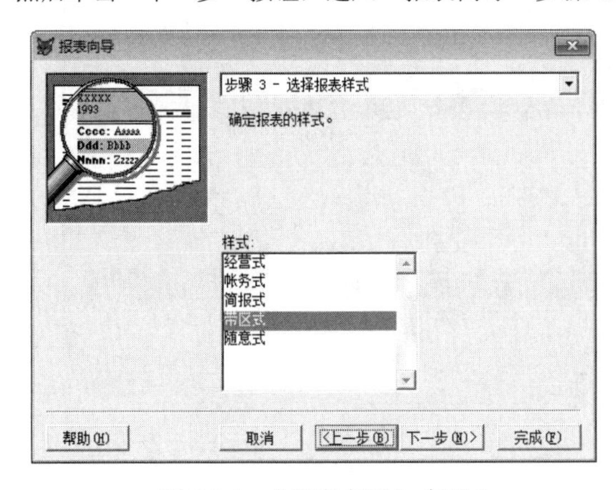

图 8.26　“报表向导”步骤 3

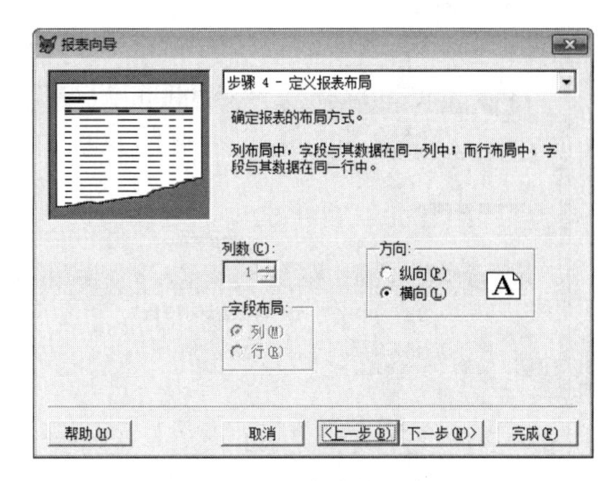

图 8.27　“报表向导”步骤 4

（5）定义报表布局

“报表向导”步骤 4 用于定义报表布局，所定义的报表布局会在左上角显示出来。如选择列布局，字段

与其数据在同一列中；如选择行布局，字段与其数据在同一行中。另外还可以选择纸张的方向，即横向还是纵向。本例由于字段较多，所以选择“横向”单选按钮。然后单击“下一步”按钮，进入“报表向导”步骤5，如图 8.28 所示。

（6）排序记录

“报表向导”步骤 5 用于选择排序依据。将“商品编号”字段从“可用的字段或索引标识”列表框移到“选定字段”列表框中，并让记录按升序进行排序。然后单击“下一步”按钮，进入“报表向导”步骤 6，如图 8.29 所示。

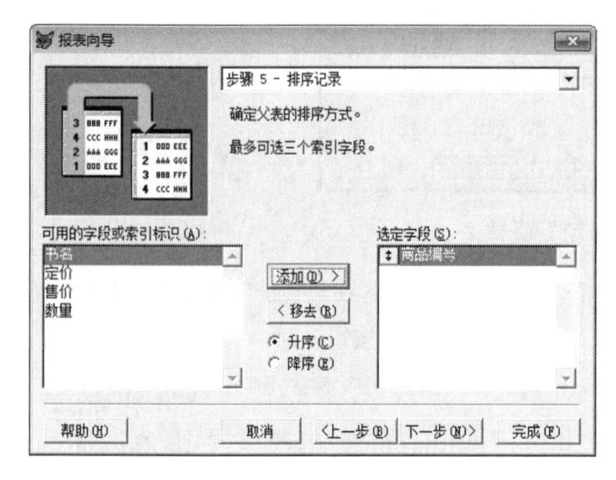

图 8.28 “报表向导”步骤 5

图 8.29 “报表向导”步骤 6

（7）预览

单击“预览”按钮，可以预览报表文件的结果，如图 8.30 所示，可以看到报表中的数据按订单编号进行分类，每个订单中的商品信息按商品编号的升序排列，并且计算出了每个订单的消费金额总和，以及所有订单的消费金额总和。关闭预览窗口返回。

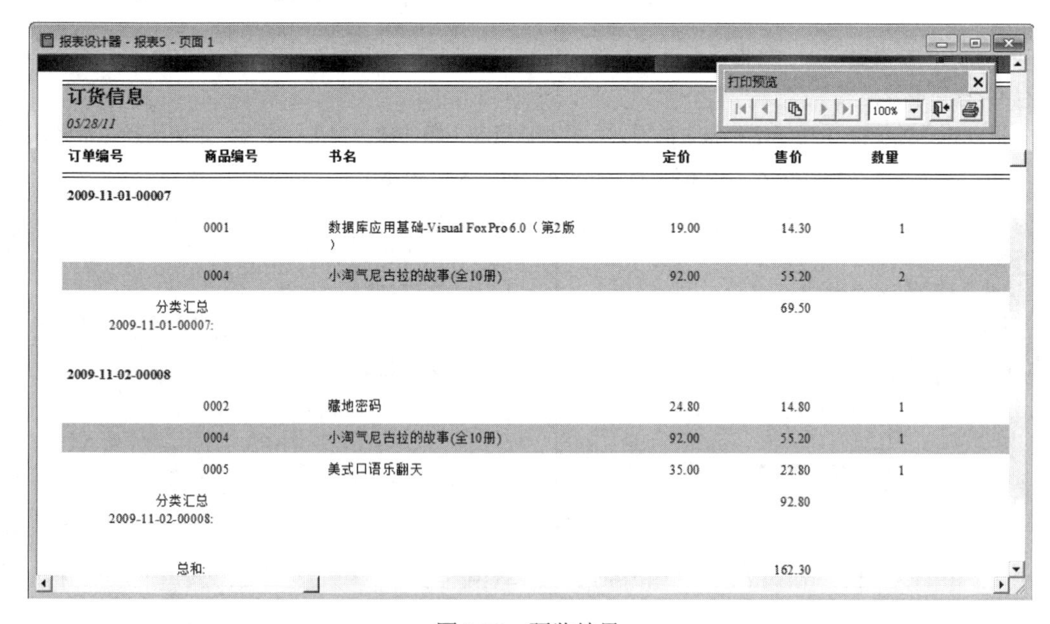

订单编号	商品编号	书名	定价	售价	数量
2009-11-01-00007					
	0001	数据库应用基础-Visual FoxPro 6.0（第2版）	19.00	14.30	1
	0004	小淘气尼古拉的故事(全10册)	92.00	55.20	2
分类汇总 2009-11-01-00007:				69.50	
2009-11-02-00008					
	0002	藏地密码	24.80	14.80	1
	0004	小淘气尼古拉的故事(全10册)	92.00	55.20	1
	0005	美式口语乐翻天	35.00	22.80	1
分类汇总 2009-11-02-00008:				92.80	
总和:				162.30	

图 8.30 预览结果

（8）完成

若对报表文件结果不满意，可以单击“上一步”按钮进行修改，否则，选择保存报表后的去向。本例

选择“保存报表以备将来使用”，并输入标题“订货信息”，并选择“对不能容纳的字段进行折行处理”选项，最后单击“完成”按钮。

（9）保存

在弹出的“另存为”对话框中，确定保存文件的路径为“D:\网上书店系统”，报表文件名为“分组订货信息”，并单击“保存”按钮。

8.6 一对多报表

在创建报表时，报表中的数据通常来自于多个表，即报表中包含一组父表及其相关表中的记录。下面通过例题来介绍生成一对多报表的方法。

【例 8-5】 统计每本书的销售数量，并显示其全部信息。

（1）向导选取

① 打开“网上书店系统”项目管理器中。

② 打开“商品信息”和“订货信息”两个表文件。

③ 选择“文档”选项卡中的“报表”选项，并单击“新建”按钮，在弹出的“新建报表”选择框中，单击“报表向导”，此时会弹出“向导选取”对话框。

④ 在“向导选取”对话框中，选择“一对多报表向导”，然后单击“确定”按钮，进入“一对多报表向导”步骤 1，如图 8.31 所示。

（2）从父表选择字段

首先从父表选择字段。选择“商品信息”表作为父表，并选择其中的“商品编号”、“书名”、“作者”、“出版社”、“出版时间”、“版次”、“印刷时间”、“ISBN”、“所属分类”、“定价”和“售价”字段到“选定字段”列表框，然后单击“下一步”按钮，进入“一对多报表向导”步骤 2，如图 8.32 所示。

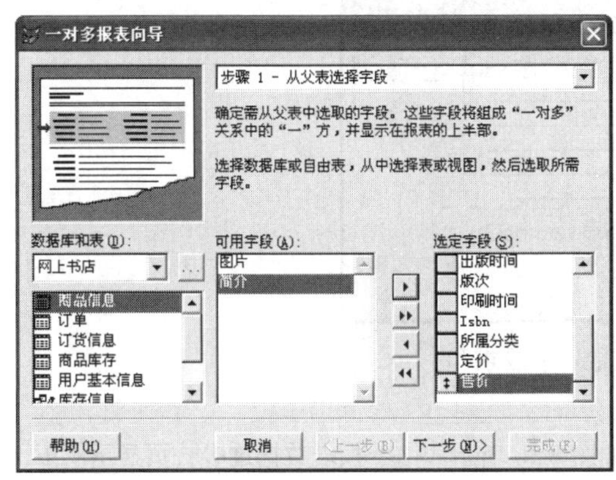

图 8.31 “一对多报表向导”步骤 1

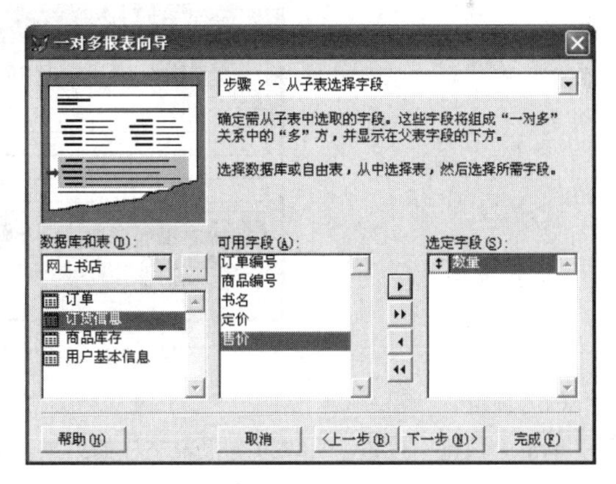

图 8.32 “一对多报表向导”步骤 2

（3）从子表选择字段

“一对多报表向导”步骤 2 是从子表选择字段。从“订货信息”表中选择“数量”字段到“选定字段”列表框，如图 8.32 所示，然后单击“下一步”按钮，进入“一对多报表向导”步骤 3，如图 8.33 所示。

（4）关联表

“一对多报表向导”步骤 3 用于设置两个数据表的关联字段。由于“商品信息”和“订货信息”两个表已建立了永久关系，因此，向导将自动按表间关系选取匹配的字段。若两个表间未建立永久关系，可以分别单击两个字段选项框右侧的向下箭头，从其字段列表中选择“商品编号”字段作为两个数据表的关联字段，然后单击“下一步”按钮，进入“一对多报表向导”步骤 4，如图 8.34 所示。

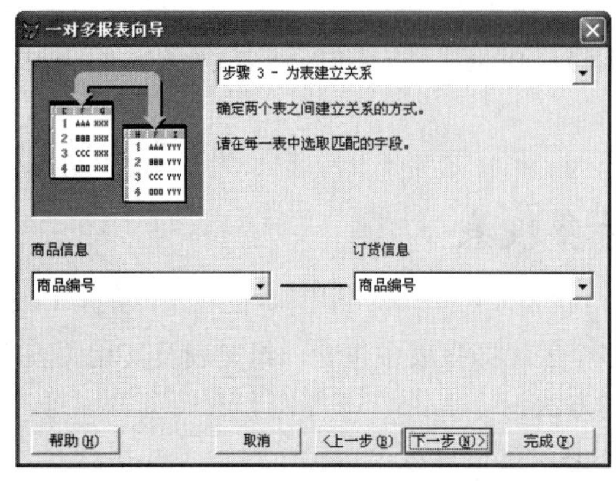

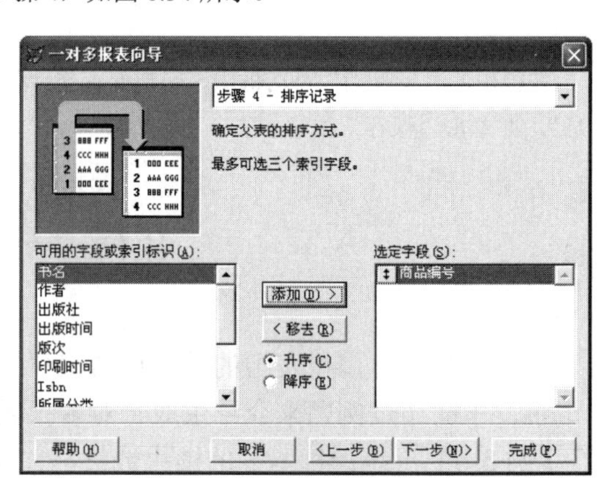

图 8.33　“一对多报表向导”步骤 3　　　图 8.34　“一对多报表向导”步骤 4

（5）设置排序依据

“一对多报表向导”步骤 4 用于设置父表的排序依据。将“商品编号”字段从“可用的字段或索引标识”列表框移到“选定字段”列表框中，并让记录按升序进行排序。单击“下一步”按钮，进入“一对多报表向导”步骤 5。

（6）选择报表样式

“一对多报表向导”步骤 5 用于选择报表的样式。本例选择样式中的“账务式”选项，方向选择“纵向”。由于需要统计每本书的销售数量，因此要对“数量”字段求和。单击“总结选项”按钮，打开“总结选项”对话框，在“数量”对应的“求和”框中单击，该框会出现一对勾。再选择“细节及总结”单选项，最终设置如图 8.35 所示。单击“下一步”按钮，进入“一对多报表向导”步骤 6。

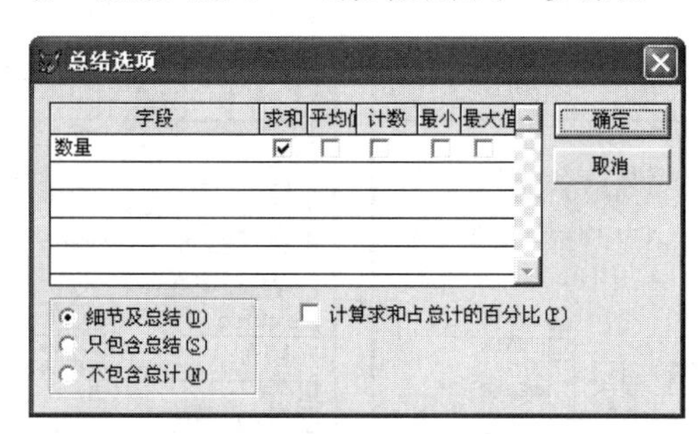

图 8.35　对“数量”字段求和

（7）预览

单击“预览”按钮，可以预览报表文件的结果，如图 8.36 所示。由于报表数据过多一页显示不下，可以单击“下一页”按钮▶进行查看，可以看到对“数量”字段进行了求和统计，预览后关闭预览窗口返回。

（8）完成

若对报表文件结果不满意，可以单击“上一步”按钮进行修改，否则选择保存报表后的去向。本例选择“保存报表以备将来使用”，并输入标题“商品销售信息”，最后单击“完成”按钮。

（9）保存

在弹出的“另存为”对话框中，确定保存文件的路径为“D:\网上书店系统”，报表文件名为“商品销售信息”，并单击“保存”按钮。

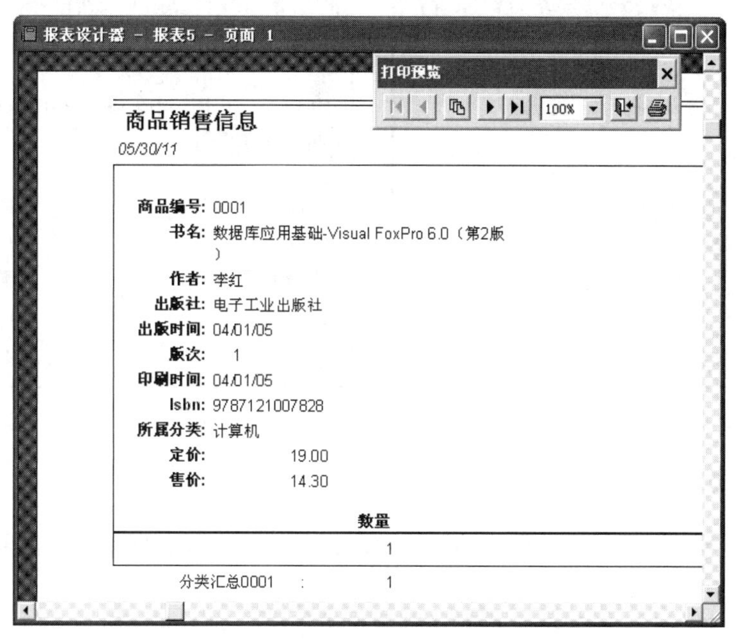

图 8.36　预览结果

8.7　创建标签文件

标签与报表极为类似，创建与修改方法也基本相同，本节主要介绍利用标签向导创建标签文件的方法。

1．启动标签向导

（1）打开“网上书店系统”项目管理器中。

（2）打开“商品信息”表文件。

（3）选择“文档”选项卡中的“标签”选项，并单击“新建”按钮，在弹出的“新建标签”选择框中，单击“标签向导”，按钮，进入“标签向导”步骤 1，如图 8.37 所示。

2．表选取

“标签向导”步骤 1 用于选取标签所需的表或视图，这里选择“商品信息”表，然后单击“下一步”按钮，进入“标签向导”步骤 2。

3．选取标签类型

“标签向导”步骤 2 用于选取标签的类型，如选择“英制”选项，“大小”是英制单位。如选择“公制”选项，“大小”是米制单位。在此选择“公制”选项，“商品信息”表中数据较多，因此可以选择较大的类型，然后单击“下一步”按钮，进入“标签向导”步骤 3，如图 8.38 所示。

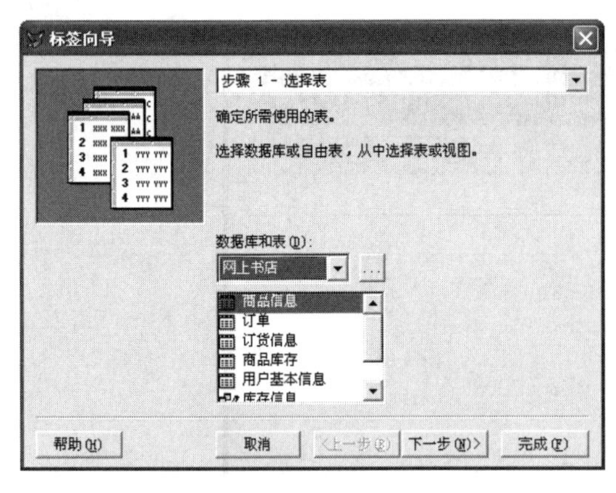

图 8.37 “标签向导”步骤 1

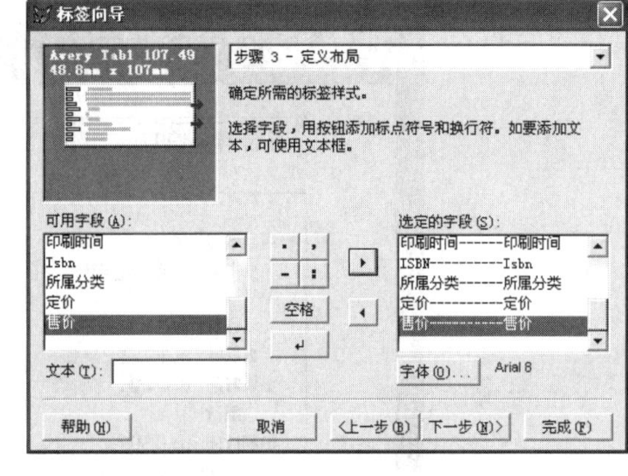

图 8.38 “标签向导”步骤 3

4．定义布局

“标签向导”步骤 3 用于选取标签中的字段，并定义字段在标签中的位置，定义的布局情况可通过左上角来观看。

这个窗口主要分为 3 个部分，最左边是“可用字段”列表框，用户可以从中选择所需的字段。下面是“文本”文本框，用于输入文本信息。最右边是“选定的字段”列表框，用于显示已经选定的字段。中间是系统提供的用于定义布局的符号。

（1）构建布局

在文本框中输入“商品编号”，然后单击带右箭头的按钮，将其添加到“选定的字段”列表框中，再单击几次空格键，然后从“可用字段”列表框中选择“商品编号”字段，并单击带右箭头的按钮，将其添加到“选定的字段”列表框中，最后按回车键。按照同样的方法，依次在文本框中输入字段名，然后从“可用字段”列表框中选择相应字段，最后布局如图 8.38 所示。

（2）设置字体

在“字体”按钮右侧可以看到标签显示的字体为“Arial”，大小为“8”。如需修改，请单击“字体”按钮，打开“字体”对话框，如图 8.39 所示。从“字体”列表框中选择“宋体”，从“大小”列表框中选择“10”，然后单击“确定”按钮返回“标签向导”。

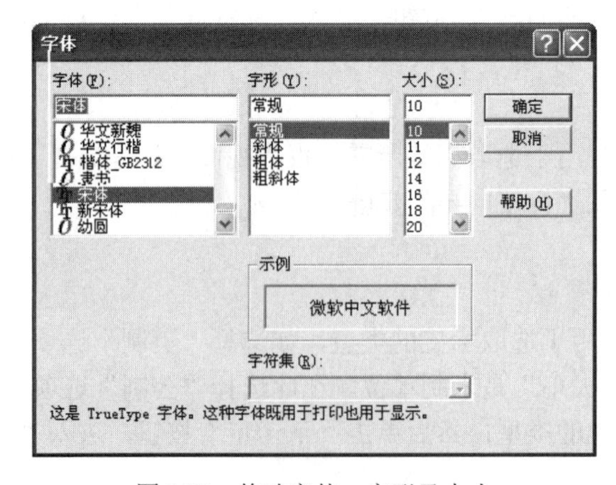

图 8.39 修改字体、字形及大小

（3）单击“下一步”按钮，进入“标签向导”步骤 4。

5．排序记录

“标签向导”步骤 4 用于设置排序记录的依据。将“商品编号”字段从“可用的字段或索引标识”列表框移到“选定字段”列表框中，并让记录按升序进行排序。单击“下一步”按钮，进入“标签向导”步骤 5。

6．预览

在步骤 5 窗口中，单击“预览”按钮，可以观看标签文件的结果，如图 8.40 所示。然后关闭预览窗口返回。

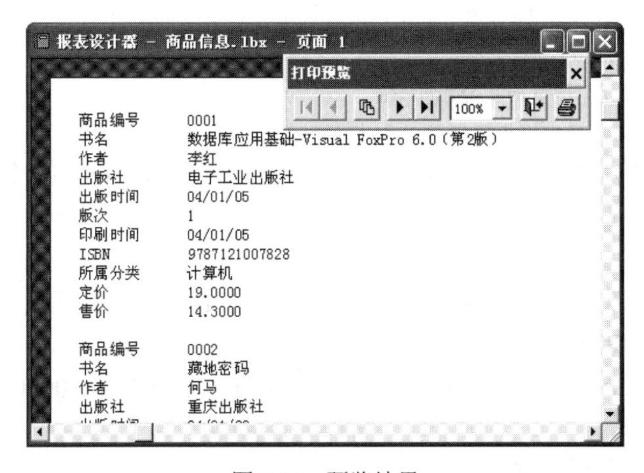

图 8.40　预览结果

7．完成

如对标签文件结果不满意，可以单击“上一步”按钮进行修改，否则选择保存标签后的去向，在此选择“保存标签以备将来使用”，然后单击“完成”按钮。

8．保存

在弹出的“另存为”对话框中，确定保存文件的路径为“D:\网上书店系统”，标签文件名为“商品信息”，并单击“保存”按钮。

8.8　向应用程序中添加报表和标签

一个好的数据管理系统，除了美观、方便的用户界面和完备的数据处理功能外，还需要报表和标签的输出功能。这就要求在应用程序中的相应位置调用相应的报表和标签文件。

8.8.1　控制报表和标签的输出

用户可以根据需要控制报表和标签输出到什么地方，在应用程序中对报表的应用、输出数据的过滤等都是通过 REPORT 命令来完成的。

命令格式：

```
REPORT FORM 报表(标签)文件名|?
  [FOR 条件表达式]
  [TO PRINTER]
  [PREVIEW]
  [TO FILE 文件名]
```

功能：预览或打印报表(标签)文件

参数说明

?：显示“打开”对话框，从中选择报表（标签）文件。

FOR 条件表达式：只打印使条件表达式的计算值为“真”的记录。

TO PRINTER：把报表输出到打印机打印。

PREVIEW：以页面预览形式显示报表。

TO FILE 文件名：指定报表要送往的文本文件。

如果不使用任何关键字，报表（标签）将输出到屏幕或活动窗口。例如：在程序中执行“REPORT FORM D:\网上书店系统\订货信息.frx PREVIEW”命令，用户将会在屏幕上看到该报表的预览结果。

此外，用户还可以通过 REPORT FORM 命令的 FOR 子句限制输出记录的范围，例如：使用“REPORT FORM D:\网上书店系统\订货信息.frx PREVIEW FOR 订单编号="2009-11-01-00007"”，可在报表中仅输出订单编号为“2009-11-01-00007”的订单信息。

8.8.2 集成查询和报表

用户可以将执行查询和报表的代码添加到应用程序的表单按钮、菜单项或工具栏按钮对象中。

若要添加查询、视图或程序，可将 DO 或 USE 合作添加到表单命令按钮、工具栏按钮或菜单项的相关代码中。例如，可以添加与下列代码类似的代码。

```
DO MYQUERY.QPR
DO MYPROGRAM.PRG
USE myview
```

若要创建或修改报表和标签，可使用如下命令。

```
CREATE REPORT
CREATE LABEL
MODIFY REPORT
MODIFY LABEL
```

例如，可以添加如下类似代码。

```
MODIFY REPORT MYREPORT.FRX
MODIFY LABEL MYLABEL.LBX
```

本章小结

1. 创建报表布局有 3 种方法：利用报表向导创建简单的基于单个表或多个表的报表；利用快速报表创建简单的报表；利用报表设计器修改已有的报表或创建新的报表。

2. 报表设计器由若干个带区组成，用户可以根据需要设计报表设计器的带区，也可以改变带区的大小。

3. 报表的控件有标签控件、域控件和图片/ActiveX 绑定控件，用于输入文本、创建字段控制和显示指定的图片及通用型字段的内容。

4. 标签与报表极为类似，创建与修改的方法也基本相同。VFP 6.0 对它们没有严格的区分，用户可以根据需要进行选择。

习题 8

一、填空

1. 报表设计器中通常显示 3 个带区：__________、__________和__________。
2. 从“报表”菜单中选择__________命令可以添加标题，每个报表只有一个标题。
3. 标签控件是一种应用比较广泛的控件类型，它用于在报表中__________。
4. 报表向导分为：报表向导和__________。
5. 设计报表时要显示字段的内容应该使用__________控件。
6. 若一个报表总要使用相同的数据源，那么可以将该数据源添加到报表的__________中。
7. 报表标题要通过__________控件定义。
8. 为了能够打印出多栏报表，需要在“页面设置”对话框中进行两项比较重要的设置，它们分别是和__________。
9. 报表可以在打印机上输出，也可以通过__________浏览。
10. 定制报表控件时，可使用“格式”菜单中__________命令对控件进行字体属性的设置。
11. 图片/ActiveX 绑定控件按钮是用于显示__________或__________的内容。

二、选择

1. 报表文件的扩展名是__________。
   A. .frx　　B. .rpx　　C. .rtp　　D. .rep
2. 下列不能作为报表数据源的是__________。
   A. 自由表　　B. 查询　　C. 文本文件　　D. 临时表
3. 在创建快速报表时，基本带区包括__________。
   A. 标题、细节和总结　　B. 页标头、细节和页注脚
   C. 组标头、细节和组注脚　　D. 报表标题、细节和页注脚
4. 报表控件工具栏不包括__________控件。
   A. 标签　　B. 矩形　　C. 文本框　　D. 域
5. 在报表设计过程中，列标题一般位于报表的__________带区。
   A. 页标头　　B. 细节　　C. 页注脚　　D. 标题
6. 下列各项是报表的带区名，其中__________在报表的每一页上打印一次。
   A. 总结　　B. 页标头　　C. 标题　　D. 细节

7．在设计报表时，如果要输出当前表中的每条记录，一般应将表的字段拖放到__________带区。

A．页标头　　B．细节　　C．页注脚　　D．标题

8．当在报表设计器的任意带区中放置一个域控件时，VFP 6.0 会立刻显示一个对话框__________。

A．报表向导　　B．快速报表　　C．报表表达式　　D．报表计算

9．在用报表向导创建一对多报表的步骤中，第 1 个步骤是要确定__________。

A．报表样式　　B．父表　　C．子表　　D．父表与子表的关联

三、问答题

1．如何建立快速报表？
2．启动报表设计器有哪些方法？
3．设计报表时，报表带区有何作用？有哪些报表带区？各带区应如何使用？
4．报表设计中各报表控件有什么意义？
5．如何利用“数据环境”为报表设置数据源？
6．设计报表大体有哪些步骤？
7．预览报表有哪些方法？
8．如何设置报表页面？
9．设计报表与设计标签有哪些不同？
10．如何在应用程序中调用报表和标签文件？

实验

实验一　设 计 报 表

1．实验目的

（1）掌握建立快速报表的方法。
（2）掌握使用报表设计器设计多表报表的方法。
（3）掌握报表控件的使用方法。

2．实验内容

（1）建立快速报表文件

在“学生成绩管理”项目管理器中，建立快速报表文件，文件名为“学生基本情况报表”。报表要求如下：

① 使用的表文件为“学生基本情况”。
② 报表标题为“学生基本情况表”，设置标题文字格式为水平居中、黑体、粗体、20 号。
③ 报表中页标头所使用字段为学号、姓名、性别、政治面貌、职务、班级。
④ 报表的页面设置为 A4 纸、纵向打印。
⑤ 页注脚中设置打印日期、页码。
⑥ 设计出的报表美观、大方，字体、格式与纸张相互协调。

（2）建立多表报表

在“学生成绩管理”项目管理器中，使用报表设计器创建一个报表文件，文件名为“第一学期平均成绩表”。报表要求如下：

① 在报表设计器的数据环境中，添加表文件为“学生基本情况”和“第一学期成绩”。

② 报表标题为“第一学期成绩报表”，设置标题文字格式为水平居中、黑体、粗体、20 号。

③ 报表中页标头内容为学号、姓名、班级、语文、数学、英语、政治、计算机基础、操作系统、平均成绩。

④ 在报表细节区中添加求平均值的域控件，表达式为“(语文+数学+英语+政治+计算机基础+操作系统)/6”。

⑤ 为报表添加装饰：在报表标题下添加线条控件。

⑥ 页注脚中设置打印日期、页码。

⑦ 报表的页面设置为 A4 纸、纵向打印。

⑧ 页注脚中设置打印日期、页码。

⑨ 设计出的报表美观、大方，字体、格式与纸张相互协调。

实验二　向应用程序中添加报表和标签

1．实验目的

（1）掌握使用标签设计器设计标签的方法。

（2）掌握向应用程序中添加报表和标签的方法。

2．实验内容

（1）建立标签文件

在“学生成绩管理”项目管理器中，使用标签设计器创建一个标签文件，文件名为“学生成绩卡标签”。标签要求如下：

① 向标签设计器的数据环境中添加表文件：“学生基本情况”和“第一学期成绩”。

② 标签标题为“学生成绩卡”，设置标题文字格式为黑体、粗体、18 号。

③ 在标签细节区中添加标签控件：学号、姓名、班级、语文、数学、英语、政治、计算机基础、操作系统。

④ 为标签添加装饰：在标签四周添加圆角矩形控件。

⑤ 标签的页面设计为 B5 纸、纵向打印、每页打印一列。

⑥ 设计出的标签美观、大方，字体、格式与纸张相互协调。

（2）向应用程序中添加报表和标签

① 在表单中添加两个命令按钮控件，其 Caption 分别为“预览报表”、“预览标签”。

② 在命令按钮控件的 Click 事件中分别添加预览报表和预览标签的命令。如：

```
Report Form 学生基本情况报表 Preview
Label Form 学生成绩卡标签 Preview
```

③ 对所建的表单进行其他设置。

④ 运行表单文件。

第9章　菜单设计

本章知识目标

- 掌握菜单设计器的使用方法
- 掌握设计主菜单、子菜单的方法
- 掌握设置菜单快捷键的方法
- 掌握生成和运行菜单的方法
- 掌握菜单调用其他应用程序的综合运用

在应用程序中，一般都为用户提供一个菜单式的界面，使用户能够有一个友好的，操作简单、方便的工作环境，因此，菜单的设计就显得至关重要。

Visual FoxPro 6.0 为用户提供了菜单设计器，使用户能够非常轻松地设计出具有各种功能、高质量的菜单。

9.1　创建菜单系统的步骤

一个设计合理的菜单，在反映出应用程序中功能模块的设计结构的同时，还必须为用户提供一个友好的，操作简单、方便的工作环境，以提高用户的工作效率。因此在创建菜单系统之前，必须先了解创建菜单系统的目的、步骤和原则。

创建一个合理完整的菜单系统必须经过如下 6 个步骤。

（1）规划菜单系统

菜单设计的整体规划和应用程序的设计结构密切相关。根据应用程序所具备的功能和用户要求，确定在应用程序中需要哪些菜单，这些菜单出现在何处，哪些菜单需要有子菜单，主菜单和子菜单之间的层次关系等。

（2）设计菜单和子菜单

利用菜单设计器设计菜单和子菜单。

（3）指定菜单要执行的任务

通过写入相应的代码来指定菜单系统要执行的任务。如：添加记录，删除记录等。

（4）预览菜单

设计好菜单系统后，通过“预览”按钮来预览整个菜单，并对不合理的地方进行进一步的修改。

（5）生成菜单程序

（6）运行菜单并对菜单进行进一步的测试

【提示】　在创建菜单系统时要注意以下几点：

① 菜单系统简单明了、层次分明。② 菜单及其各选项的名称要和他所执行的任务相符。③ 为常用的菜单及其选项设置快捷键。④ 对于当前选中的菜单或选项要用亮显。

9.2　利用菜单设计器设计菜单

设计菜单系统的工作是在“菜单设计器”中完成的，使用菜单设计器可以创建并设计菜单、菜单项、子菜单、分隔相关菜单组的分隔线和菜单项的快捷键等。本节主要学习菜单设计器的使用方法及如何利用菜单设计器设计菜单。

9.2.1　启动菜单设计器

用户可以通过以下几种方法打开菜单设计器：

（1）在项目管理器中选择“其他”选项卡下的“菜单”选项，单击“新建”按钮，在弹出的“新建菜单”选择框中，根据需要选择“菜单”或“快捷菜单”选项，即可打开如图 9.1 所示的“菜单设计器”或“快捷菜单设计器”。从外观上看，这两种菜单设计器并没有什么不同，只是用它们设计出的菜单的用途不同而已。

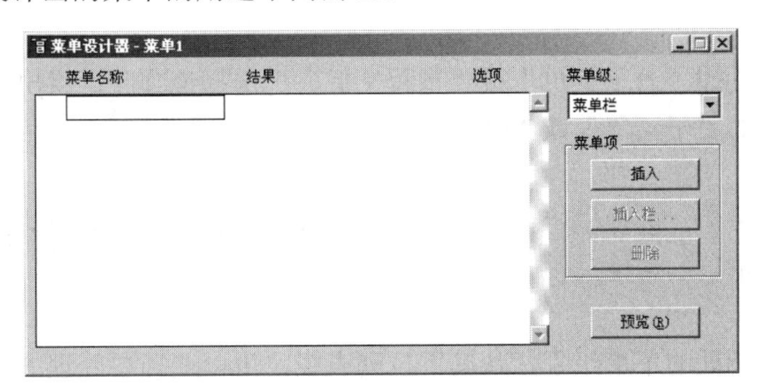

图 9.1　“菜单设计器”窗口

（2）在系统菜单中，选择“文件”下拉菜单中的“新建”选项，在弹出的“新建”对话框中，选择“菜单”文件类型，并单击“新建文件”按钮，此时会弹出“新建菜单”选择框，用户可以根据要求选择“菜单”或“快捷菜单”选项。

（3）使用命令。

```
CREATE MENU [文件名|? ]
    [NOWAIT][SAVE]
    [WINDOW 窗口名 1]
    [IN[WINDOW] 窗口名 2|IN SCREEN]
```

9.2.2　菜单设计器简介

下面介绍菜单设计器窗口的组成及各选项的功能。

（1）菜单名称

用于指定在菜单系统中菜单项的名称。

（2）结果

结果指定菜单项所具有的功能。其下拉列表中有四个选项。

其中：

子菜单。用户所定义的当前菜单具有子菜单时选择此项，此时其右侧将出现一个“创建”按钮，单击该按钮，系统会显示新的一屏，用于设计子菜单。

图 9.2　过程代码窗口

命令。当前菜单项的任务只是通过一条命令执行某种动作时选择此项， 此时其右侧将出现一个“文本框”，用户可在此输入要执行的命令。

过程。用于输入菜单要执行的命令和过程，与“命令”选项相似，只是选择此项后其右侧将出现一个“创建”按钮，单击该按钮，会弹出编辑窗口（图 9.2），供用户输入过程代码，此时可输入任意行的程序。

（3）创建

当在“结果”选项中选择“子菜单”或“过程”时将出现“创建”按钮，用于创建当前菜单项的子菜单或过程。

（4）编辑

当为某菜单项创建了“子菜单”或“过程”后，再选择该项时，将出现“编辑” 按钮，用于修改该菜单项的“子菜单”或“过程”。

（5）选项

单击“选项”按钮，会弹出“提示选项”对话框，用于定义键盘快捷键或设置用户定义的菜单系统中各菜单项的属性。

（6）菜单级

用于显示当前所处的菜单级别，从其下拉列表中，可以选择要处理的任一级菜单。

（7）预览

显示正在创建的菜单的结果。

（8）插入

在当前菜单项的前面插入一个空白的菜单项。

（9）插入栏

单击“插入栏”按钮，会弹出“插入系统菜单条”对话框，用于插入标准的 Visual FoxPro 菜单项。

（10）删除

删除当前菜单项。

另外，在每一个菜单项的左侧有一个方框按钮，用鼠标拖动它可以改变当前菜单项在菜单列表中的位置，方框按钮上显示有一带有上下箭头的符号，用于表示该菜单项为当前选中的菜单项。

9.2.3　设计主菜单

【例 9-1】　利用菜单设计器设计主菜单。

（1）启动菜单设计器。

（2）在菜单设计器窗口“菜单名称”下的输入框中，输入“编辑”，作为该菜单项的名称。此时系统自动在“结果”的下面添加“子菜单”选项，这是一个下拉列表，用户可以从中选择菜单项的“结果”。在此选择“子菜单”，其右侧会出现一个“创建”按钮，用于生成子菜单。同时系统还会自动生成一个空白框，用于输入下一个菜单项。在菜单名称左侧还会出现一带有上下箭头的小方框，用于调整该菜单项在菜单列表中的位置。另外，可以看到在“菜单级”下拉列表中显示的是“菜单栏”，说明当前处于主菜单窗口。如果用户想为菜单项加入快捷键，可在约定为快捷键的字母前面加上一反斜杠(\)和小于号(<)。如果用户没有定义快捷键，系统会自动将菜单提示字符串的第一个字母当作快捷键。

（3）单击第一个菜单项下面的空白框，输入“打印”作为第二个菜单项的名称，同样选择“结果”中的“子菜单”选项。

（4）单击第二个菜单项下的空白框，输入“退出”作为第三个菜单项的名称，此菜单项用于退出本菜单系统，而完成退出操作只需一条命令，因此选择结果中的“命令”选项，此时其右侧会出现一个空白框，输入命令“quit”，最终结果如图 9.3 所示。

（5）单击“预览”按钮，可以预览设计菜单的结果，同时系统还会显示一个“预览”对话框，如图 9.4 所示。可以看到设计的菜单已取代了 Visual FoxPro 的主菜单，单击“预览”对话框中的“确定”按钮，可返回菜单设计器。

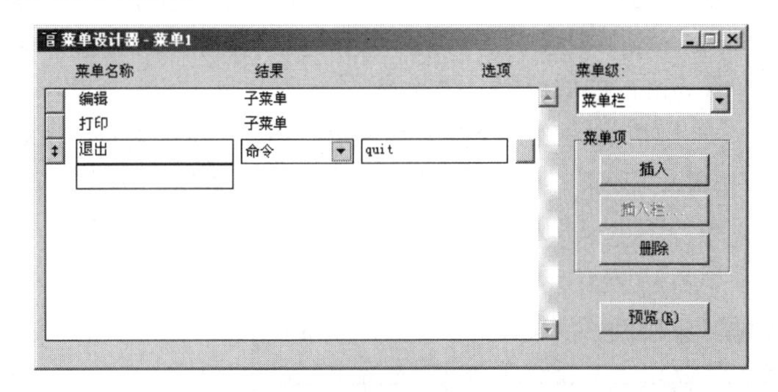

图 9.3　设计的主菜单

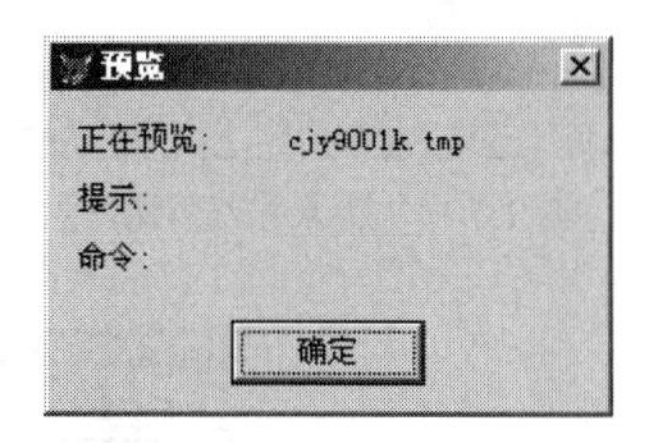

图 9.4　“预览”对话框

（6）将菜单保存到“d:\网上书店系统”文件夹下，文件名为“菜单”。

至此，菜单系统中的 3 个主菜单选项就设计完成了。

9.2.4　添加子菜单

【例 9-2】　利用菜单设计器为主菜单中的“编辑”和“打印”两个菜单项设计子菜单。

（1）在项目管理器中选择“其他”选项卡下的“菜单”选项，单击“修改”按钮，打开“菜单设计器”。

（2）单击“编辑”菜单项的“创建”按钮，进入设计该菜单项的子菜单界面。在“菜单级”下拉列表中显示的是“编辑”，说明当前处于“编辑”菜单项的子菜单窗口。

（3）在“菜单名称”下的输入框中输入“商品信息”作为该菜单项的名称，此时系统会自动在“结果”的下面添加“子菜单”选项，打开其下拉列表可以看到有 4 个选项，其中“菜单项”代表了主菜单“结果”选项中的“填充名称”选项，该选项主要用于定义一个需要在程序中引用的菜单项，如利用它来设计动态菜单。

在 Visual FoxPro 中系统虽然会为每个主菜单或子菜单项指定一个名称，但是用户不知道这个名称。在此从其结果中选择“过程”选项，并单击其右侧的“创建”按钮，打开“编辑窗口”，输入过程代码

```
do form d:\网上书店系统\商品信息 1
```

然后关闭此窗口返回。此时“创建”按钮变为“编辑”按钮，最终设计结果如图 9.5 所示。

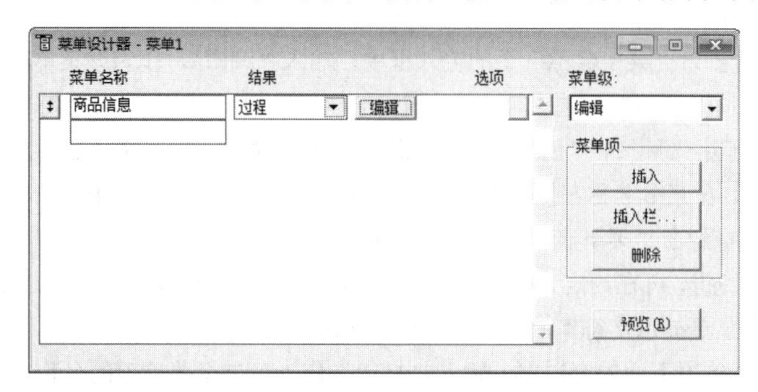

图 9.5 “编辑”菜单项的子菜单

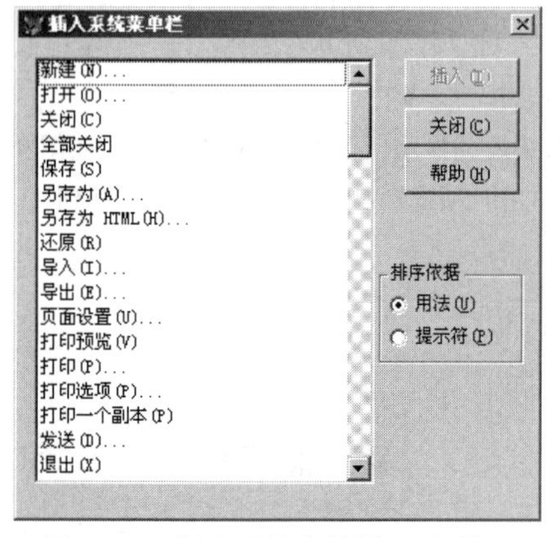

图 9.6 “插入系统菜单栏”对话框

（4）在“菜单级”列表中选择“菜单栏”选项，返回主菜单设计窗口。

（5）单击“打印”菜单项的“创建”按钮，进入设计该菜单项的子菜单界面。

（6）单击“插入栏”按钮，打开“插入系统菜单栏”对话框，如图 9.6 所示。从中选择“页面设置”选项，单击“插入”按钮，然后单击“关闭”按钮返回，此时“页面设置”就成为该子菜单的第一个菜单项了。

（7）单击第一个菜单项下的空白框，并用同样的方法从“插入系统菜单栏”对话框中选择“打印预览”，“打印选项”和“打印”3 个选项，并将它们插入当前菜单设计器窗口，如图 9.7 所示。

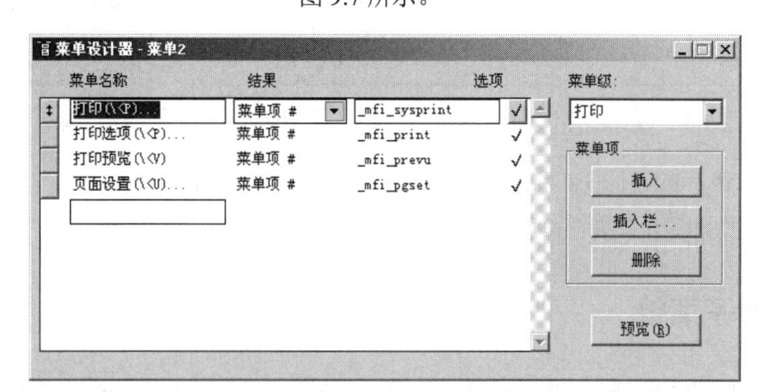

图 9.7 “打印”菜单项的子菜单

（8）单击“预览”按钮，可以预览设计菜单的结果，单击“预览”对话框的“确定”按钮返回菜单设计器窗口。

（9）保存对菜单文件的修改。

通过上面的操作，创建了一个简单的菜单系统。

9.2.5　设置菜单的快捷键

前面介绍了在为菜单项设置快捷键时只有在菜单系统被激活的条件下才能起作用，这里介绍定义菜单项快捷键的方法。无须激活菜单系统，只要用户按了菜单项的快捷组合键，系统就会立即执行指定的操作。如果用户没有为主菜单定义快捷键，系统会默认主菜单的快捷键为“Alt”加热键字母，但是子菜单项没有默认的快捷键，用户必须自己定义。

【例 9-3】　为菜单项设置快捷键。

（1）打开“菜单”菜单设计器。

（2）在菜单设计器窗口单击需要设置快捷键的菜单项的“选项”按钮，如单击主菜单中“退出”的“选项”按钮，打开“提示选项”对话框，如图 9.8 所示。

图 9.8　“提示选项”对话框

其中：

① 快捷方式：用于定义菜单或菜单项的快捷键，快捷键是 Ctrl 键和其他键的组合。其中：

“键标签”用于显示定义的快捷组合键。

“键说明”用于显示出现在菜单项旁边的文本。

② 位置：当用户在应用程序中编辑一个 OLE 对象时，用于指定菜单项的位置。

③ 跳过：用于控制菜单项的状态，单击其右侧的按钮，会打开表达式生成器，在此设置允许使用菜单的条件。当表达式为真时，菜单项不可用，反之，菜单项可用。

④ 信息：用于输入菜单项的提示信息，可直接在文本框中输入，也可单击其右侧的按钮，通过表达式生成器生成提示信息。当用户选择了该菜单项时，提示信息将出现在 Visual FoxPro 的系统状态条上。

⑤ 主菜单名：用于为菜单项指定一个标题，以便其他的程序代码通过这个标题来引用该菜单项。在默认状态下，各菜单项无固定的名称，系统在生成菜单程序时将给出一个随机的名称。

⑥ 注释：用于输入对菜单项的注释，该注释只起增强可读性的作用，在运行菜单程序时，Visual FoxPro 将忽视所有的注释。

（3）定义快捷键。

在“键标签”框中输入“Ctrl+T”作为快捷键。在“键说明”框中输入“^R”。 在“信息”文本框中针对“退出”菜单给出“退出系统”的提示信息，然后单击“确定”按钮返回，可看到“退出”菜单项的“选项”按钮上出现了一个“对勾”符号。

（4）保存对菜单文件的修改。

9.3 生成和运行菜单

在菜单设计器中完成的菜单文件其扩展名为.mnx，而.mnx 文件不能直接运行，用户必须将其生成菜单程序文件（其扩展名为.mpr），才能直接运行。

9.3.1 生成菜单

【例 9-4】 生成菜单程序文件。

（1）打开菜单设计器。

（2）在菜单设计器窗口，选择系统菜单中“菜单”下拉菜单中的“生成”选项，此时会弹出“生成菜单”对话框，如图 9.9 所示。在“输出文件”文本框中显示了刚输入的菜单文件的路径及文件名，如果想用该文件名作为生成的菜单程序的文件名，单击“生成”按钮即可，否则单击其右侧的按钮，在打开的“另存为”对话框中输入生成的菜单程序的文件名。

图 9.9 “生成菜单”对话框

另外，用户也可以通过项目管理器来生成菜单程序文件。在项目管理器中，单击“连编”按钮或选定一个菜单文件后，单击“运行”按钮，系统都将自动生成菜单程序。

9.3.2 运行菜单

（1）在菜单设计器窗口，选择系统菜单中“程序”下拉菜单下的“运行”选项，或在项目管理器中，选择一个菜单文件，单击“运行”按钮，都会弹出“运行”对话框，如图 9.10 所示。从中指定要运行的.mpr 程序后，单击“运行”按钮。此时可以看到创建的菜单系统已经取代了 Visual FoxPro 的主菜单。

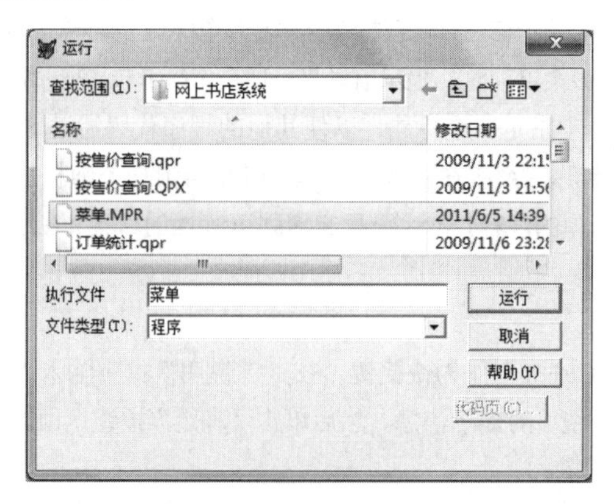

图 9.10 “运行”对话框

（2）选择“编辑”菜单下的“商品信息”选项，会显示“商品信息”表单，用户可以通过表单上的按钮对该表进行各种操作。

（3）选择菜单中的“退出”选项，可以退出本菜单系统，同时也退出了 Visual FoxPro 系统。如只想退出菜单系统而不退出 Visual FoxPro 系统，可输入如下程序代码。

```
set sysmenu to default          &&还原 Visual FoxPro 的系统菜单
clear Windows
```

（4）在设计菜单时，为“退出”菜单设置了快捷键，所以不使用“退出”菜单，而直接用 Ctrl+T 快捷键也可以退出菜单。

9.4 “常规选项”对话框和“菜单选项”对话框

在菜单设计器窗口中，除了在系统菜单条上出现的“菜单”选项外，在“显示”菜单中还出现了两个新的选项：常规选项和菜单选项。下面分别介绍这两个选项的功能及设置方法。

9.4.1 “常规选项”对话框

在菜单设计器窗口，从系统菜单中选择“显示”下拉菜单下的“常规选项”选项，将弹出“常规选项”对话框，如图 9.11 所示。这个常规选项对话框可以为整个菜单系统指定程序代码，窗口中各选项的含义如下。

“过程”编辑框：用于输入菜单过程的程序代码，当程序代码长度超出了显示的编辑区时编辑区右侧的滚动条将被激活。

“编辑”按钮 编辑(I) ：单击该按钮，会打开一个编辑窗口，用户可以在这个较大的编辑窗口中输入菜单过程的代码，单击“编辑”按钮后，再单击“确定”按钮，即可激活编辑窗口。

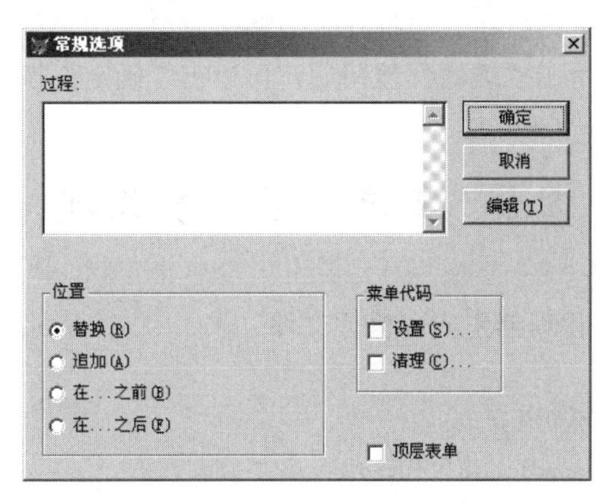

图 9.11　“常规选项”对话框

“位置”区：用于设置自定义菜单与 Visual FoxPro 系统菜单之间的关系，它包括：

替换：用用户自定义的新的菜单系统替换现有的菜单系统。

追加：将用户自定义的菜单添加到现有的系统菜单的后面。选择该选项后，再运行菜单程序，创建的菜单将被添加到现有的系统菜单的后面。

在...之前：将用户自定义的菜单插入到指定系统菜单的前面。选择该选项后，其右侧将出现一个列表，用于选择将用户自定义的菜单插入到哪个系统菜单前面。

在...之后：将用户自定义的菜单插入到指定系统菜单的后面。选择该选项后，其右侧将出现一个列表，用于选择将用户自定义的菜单插入到哪个系统菜单的后面。

菜单代码：菜单代码包含两个选项：

设置：选择该选项后，系统将自动打开一个编辑窗口，用于为菜单系统添加初始化程序代码，即刚进入该菜单系统时运行的代码。选择该选项后，再单击“确定”按钮，即可进入编辑窗口。

清理：选择该选项后，系统将自动打开一个编辑窗口，用于为菜单系统添加清理代码，即刚退出菜单系统时运行的代码。选择该选项后，再单击“确定”按钮，即可进入编辑窗口。

顶层表单：如选择该选项，则允许该菜单在顶层表单（SDZ）中使用，否则只允许在 Visual FoxPro 页框中使用。

9.4.2 “菜单选项”对话框

在菜单设计器窗口，从系统菜单中选择“显示”下拉菜单的“菜单选项”选项，将弹出“菜单选项”对话框，如图 9.12 所示。“菜单选项”可以为菜单栏（顶层菜单）或各子菜单项输入代码，窗口中各选项的含义如下。

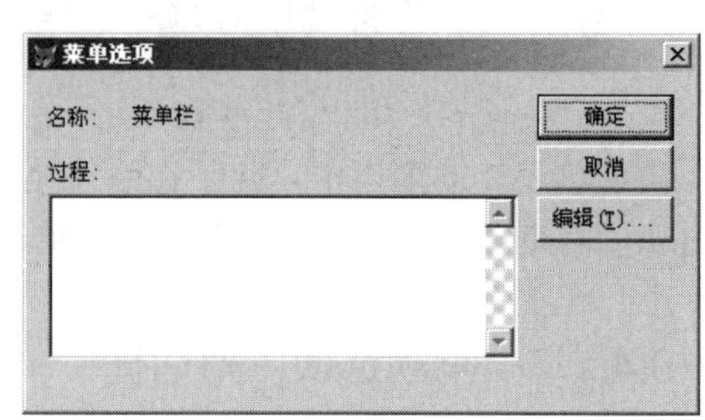

图 9.12 “菜单选项”对话框

名称：用于显示当前选择的菜单的名称。如果用户当前正在“编辑”主菜单，则名称只能是“菜单栏”，说明该菜单是顶层菜单，此时名称是不能改变的。如果用户当前正在编辑子菜单，则名称是可以改变的。在默认状态下，该文件名与“菜单设计器”的“提示”列中的文本相同。如使用了汉字提示，这里最好把文件名改一下。

“过程”编辑框：用于输入或显示菜单的过程代码。当程序代码表长度超出了显示的编辑区时，编辑区右侧的滚动条将被激活。

编辑按钮编辑(T)...**：**单击该按钮，会打开一个编辑窗口，用户可以在这个较大的编辑窗口中输入菜单过程的代码。单击“编辑”按钮后，再单击“确定”按钮，即可激活编辑窗口。

9.5 应用程序项目集成

【例 9-5】 使用项目管理器生成可执行文件。

（1）修改欢迎表单

① 打开“欢迎界面”的表单设计器。

② 修改命令按钮即 Command1 的事件代码为

```
do d:\网上书店系统\菜单.mpr
thisform.release
```

③ 保存对表单的修改。

（2）创建程序文件

① 打开“网上书店系统”项目管理器。

② 单击“代码”选项卡，选择“程序”选项，单击“新建”按钮，打开“程序”窗口。

③ 输入程序代码。

```
clear all              &&从内存中释放所有的内存变量和数组，以及所有用户自定义工
                       &&具栏、菜单和窗口的定义
close all              &&关闭所有工作区中打开的数据库、表和索引，并选择
                       &&工作区 1
set talk off           &&阻止对话结果传送到 Visual FoxPro 主窗口、系统信息窗
                       &&口、图形状态栏、或用户自定义窗口中
set sysmenu off        &&在程序执行期间废止 Visual FoxPro 主菜单栏
set status bar on      &&显示图形状态栏
zoom window screen max          &&放大程序主窗口至整屏
* 运行"进入"表单并建立事件循环
do form d:\网上书店系统\密码.scx
read events
```

④ 保存程序。

◎ 单击常用工具栏上的“保存”按钮，打开“另存为”对话框。

◎ 在“保存在”下拉列表中，确定保存文件的位置为“d:\网上书店系统”，在“保存文档为”文本框中输入文件名“主程序”。

◎ 单击“保存”按钮。

（3）设置主文件

在“网上书店系统”项目管理器中，选择“代码”选项卡中的“主程序”文件，再选择系统菜单“项目”中的“设置主文件”选项，将该文件设置为主文件。

（4）创建可执行程序

① 在“网上书店系统”项目管理器中，单击“连编”按钮，打开“连编选项”对话框，如图 9.13 所示。

② 选择“操作”中的“连编可执行程序”单选按钮，再选择“选项”中的“重新编译所有文件”和“显示错误”两个复选框。

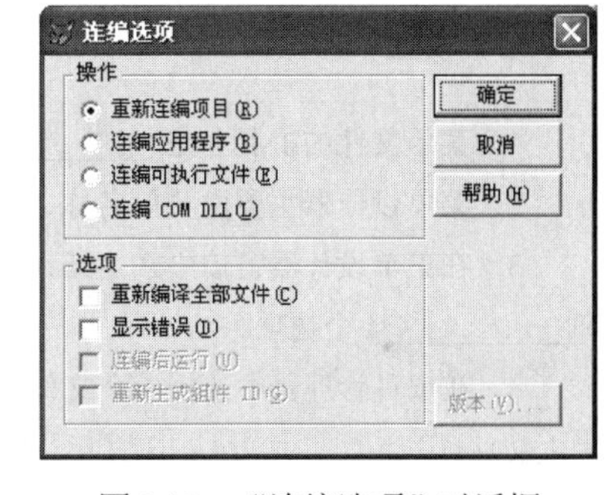

图 9.13　“连编选项”对话框

③ 单击“确定”按钮，打开“另存为”对话框。

④ 在“保存在”下拉列表中，确定保存文件的位置为“d:\网上书店系统”，在“应用程序名”文本框中输入文件名“网上书店系统”。

⑤ 单击“保存”按钮。

（5）运行可执行文件

① 单击“开始”按钮，打开“运行”对话框。

② 单击“浏览”按钮，从“浏览”对话框中选择“网上书店系统”，如图 9.14 所示，单击“打开”按钮。

图 9.14　“运行”对话框

③ 单击“确定”按钮，运行指定的文件，请用户验证每一部分的正确性。

本章小结

1. 设计菜单系统的工作是在“菜单设计器”中完成的，使用“菜单设计器”可以创建并设计菜单、菜单项、子菜单、分隔相关菜单组的分隔线和菜单项的快捷键等。

2. 启动菜单设计器可以使用系统菜单命令，可以在项目管理器中启动，也可以使用菜单的命令方式。

3. 菜单设计器的使用方法比较简单，主要是菜单名称、结果、创建、编辑等选项功能的使用。

4. 每一菜单或菜单项都是完成特定任务的。为菜单指定任务主要是为菜单指定“命令”、为菜单指定“填充名称”、为菜单指定“子菜单”、为菜单指定“过程”和为菜单设置键盘访问键及快捷键等。

5. 菜单文件其扩展名为.mnx，而.mnx 文件不能直接运行。用户必须将其生成菜单程序文件，其扩展名为.mpr，才能直接运行。生成菜单程序选择系统菜单“菜单”下的“生成”选项即可。

6. 运行菜单，可以在项目管理器中运行，也可以用运行菜单程序文件的命令运行菜单程序文件。

7. 用菜单程序调用其他应用程序是灵活使用菜单的关键，本章通过综合实例的实践，使菜单的设计工作再进一步。

习题 9

一、填空

1．菜单文件的扩展名是__________，菜单程序的扩展名是__________。

2．菜单设计器主要由菜单名称、__________、选项、菜单级、菜单项和__________6 部分组成。

3．在菜单设计器窗口中，“结果”栏是一下拉列表，包含__________、__________、__________和__________ 4 个选项。

4．在项目管理器中选择一个文件，再选择系统菜单“项目”中的__________选项，可以将该文件设置为主文件。

5．控制事件循环的方法是执行__________命令，该命令使 Visual Foxpro 开始处理例如鼠标单击、输入等用户事件。

二、选择

1．使用菜单设计器窗口时，在“结果”组合框选项中，如果定义一个过程，应选择__________。

A．命令　　B．过程　　C．子菜单　　D．填充名称

2．将一个预览成功的菜单存盘，再运行该菜单，却不能执行，这是因为__________。

A．没有放到项目中　　B．没有生成菜单程序

C．要用命令方式　　D．要编入程序

3．在使用“菜单设计器”设计菜单时，如果要为当前的菜单项指定需要相应执行的若干条命令，应在其对应的“结果”栏中选择__________。

A．过程　　B．子菜单　　C．命令　　D．填充名称

4．连编后可以脱离开 Visual Foxpro 独立运行的程序文件是__________。

A．APP 程序　　B．EXE 程序　　C．FXP 程序　　D．PRG 程序

三、问答题

1．启动菜单设计器有哪几种方法？

2．系统菜单“菜单”项下的“快速菜单”的意义是什么？

3．菜单设计器的“结果”栏下有“命令”、“填充名称”、“子菜单”和“过程”4个选项，各选项的意义是什么？

4．如何为菜单项设置快捷键？

5．.mnx与.mpr文件有什么区别？.mpr文件怎样生成？

6．运行菜单有哪些方法？

7．如果在应用程序中菜单文件为主文件，如何在菜单设计器中设置选项，以使菜单不至于在屏幕上一闪即逝？

8．如何在菜单中调用表单、报表、视图等应用程序？

实验

实验一　菜 单 设 计

1．实验目的

（1）掌握使用“菜单设计器”创建菜单的方法。

（2）掌握使用菜单调用其他应用程序的方法。

2．实验内容

在“学生成绩管理”项目管理器中，使用“菜单设计器”创建一个菜单文件，文件名为“学生成绩管理菜单”。在菜单中调用数据录入程序、查询程序、报表程序或其他表单等。设计菜单要求如下。

（1）各级菜单名称及调用相应文件如下表。

一级菜单名称	二级菜单项	调用相应文件名
数据录入	编辑第一学期成绩表	第一学期成绩.scx
	编辑第二学期成绩表	第二学期成绩.scx
	编辑学生基本情况表	学生基本情况.scx
数据查询	查询学生成绩资料	查询学生成绩资料1.qpr
	查询第一学期成绩	查学第一学期成绩.qpr
	查询第二学期成绩	查学第二学期成绩.qpr
打印	学生基本情况报表	学生基本情况报表
	第一学期平均成绩表	第一学期平均成绩表
	学生成绩卡标签	学生成绩卡标签
退出		Quit

其中“调用相应文件名”列中的文件都已在其他章节实验中建立。

（2）设置菜单常规选项中的“清理”选项，即执行系统菜单“显示”下的“常规选项”。在“常规选项”对话框中单击“清理”选项，然后在出现的编辑器中输入“read events”命令，以使菜单执行时能“挂”在窗口上。

（3）为各菜单项设置相应的快捷键。

（4）生成菜单“菜单”。

实验二　创建可执行文件

1．实验目的

（1）掌握创建程序文件的方法。

（2）掌握连编成可执行文件的方法。

2．实验内容

（1）创建一个程序文件，在程序中调用密码.scx 表单，文件名为“主程序”。

（2）修改“欢迎.scx”表单，使单击“确定”按钮时，可以调用实验十二创建的菜单。

（3）将“主程序”文件设置为主文件。

（4）连编成可执行文件“学生成绩管理系统”。

（5）运行学生成绩管理系统。

第 10 章　数据的导入和导出

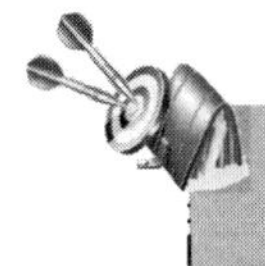

本章知识目标

- 理解导入、导出的含义
- 掌握导入数据、导出数据的操作方法

Visual FoxPro 6.0 具有与其他应用程序间相互导入（Improt）、导出（Export）数据的功能，数据可以是各种文本和电子表格等。

10.1　理解导入和导出

Visual FoxPro 6.0 与其他应用程序间复制数据主要有 3 种方法：导入（Import）、追加（Append）、导出（Export）。

（1）导入或追加数据指将其他应用程序的数据置入到 Visual FoxPro 6.0 中。导出数据指将数据由 Visual FoxPro 6.0 表输出到其他应用程序所用的文件中。数据的导入与导出允许用户复制和使用数据，但不允许用户链接和共享数据。

导入数据的过程是从源文件复制数据，创建新表并将源文件的数据填入新表。例如，从 dBase 表导入数据并创建 Visual FoxPro 6.0 表。文件导入完毕后，就可以像任何其他 Visual FoxPro 6.0 表一样使用。

（2）追加数据是在 Visual FoxPro 6.0 表的最后一条记录之后向该表追加源数据。可以指定要导入的字段，以及选定满足一定条件的所有记录。从某一文件追加数据后，就可以在 Visual FoxPro 6.0 表中查看并编辑记录。

（3）导出数据是从 Visual FoxPro 6.0 表将数据复制到其他应用程序所用的新文件中。例如，可以将 Visual FoxPro 6.0 数据导出到一个 Excel 电子表格文件中。

10.2　导 入 数 据

如果要从源文件中导入数据，可以让 Visual FoxPro 6.0 定义新表结构或者用导入向导（Import Wizard）来指定表结构。Visual FoxPro 6.0 用源文件中字段的顺序来定义目标表的结构。如果希望自己定义结构，可以在源应用程序中修改文件或者使用“导入向导”。

导入文件时，必须选择要导入的文件类型并指定源文件和目标表的名称。

10.2.1　选择导入的文件类型

Visual FoxPro 支持多种可以导入的文件类型，如表 10.1 所示。

表 10.1　可导入的文件类型

文 件 类 型	文件扩展名	含　　义
Microsoft Excel	XLS	Microsoft Excel 工作表格格式，列为字段，行为记录
Lotus1-2-3	WKS,WK1,Wk3	Lotus 1-2-3 电子表格，列为字段，行为记录
Borland Paradox	DB	从 Paradox 3.5 版或 4.0 版数据库文件中导入数据
Symphony	WR1,WRK	从 Lotus Symphony 1.0、1.1 或 1.2 版的电子表格中导入数据。列为字段，行为记录
FrameWork	FW2	从由 Framework II 创建的文件中导入数据
Multiplan	MOD	从 Microsoft Multiplan 4.01 版本的文件中导入数据
RapidFile	RPD	从由 RapidFile 1.2 版本创建的文件中导入数据

如果导入文件是 Visual FoxPro 早期版本或者 dBase 文件中的表，则不用导入就可以打开并使用，Visual FoxPro 将询问是否把表转换为 Visual FoxPro 6.0 格式。表经过版本转换后，不能再用以前的软件版本打开。

10.2.2　导入数据

1. 从 Microsoft Excel 导入数据

现在导入一个 Microsoft Excel 工作表格格式文件，操作步骤如下：

（1）选择系统菜单中“文件”下拉菜单中的“导入”选项，打开如图 10.1 所示的“导入”对话框。

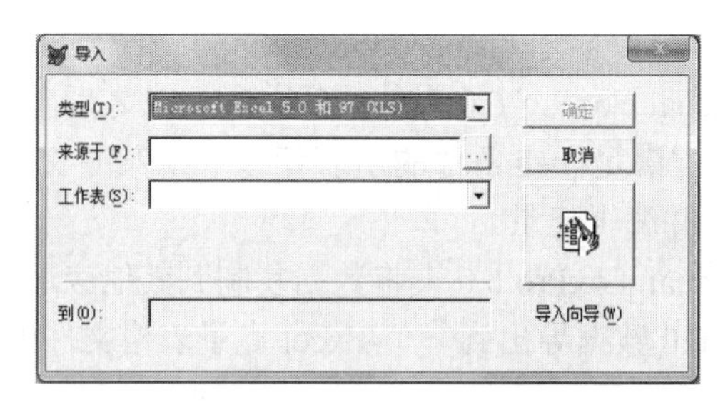

图 10.1　“导入”对话框

（2）在“类型”下拉列表中选择要导入的文件格式。本例选择“类型”右侧文本框中的默认类型。

（3）在“来源于”文本框中输入源文件名。也可以单击“来源于”右侧的…按钮，打开“打开”对话框，选择要导入的源文件。这里选择“d:\畅销书.xls”，然后单击“确定”按钮返

回“导入”对话框。

（4）由于在“类型”下拉列表中选择了 Microsoft Excel 工作表，因此需要在“工作表”文本框内输入工作表号。“畅销书.xls”文件只有一个工作表，因此选择“Sheet1”。

（5）“到”文本框用于确定文件被导入的位置。最终设置如图 10.2 所示。

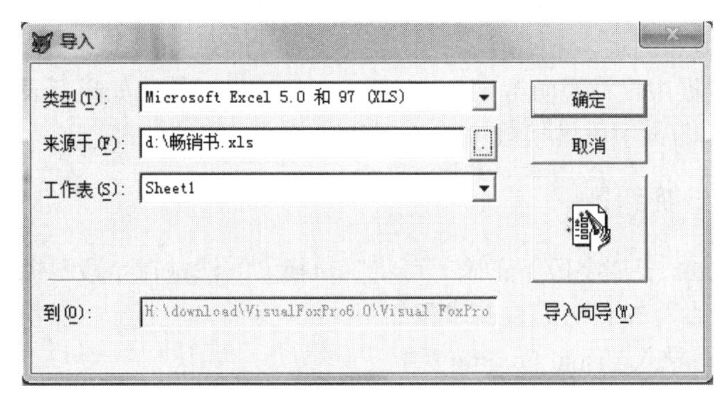

图 10.2　“导入”对话框最终设置

（6）单击“确定”按钮完成文件的导入。

（7）将导入的文件添加到“网上书店”数据库中，浏览表中数据，如图 10.3 所示。

畅销书

A	B	C	D	E
ISBN	书名	作者	出版社	定价
9787534256295	鸟奴	沈石溪	浙江少年儿童出版社	17
9787561344736	图解易经养生中国养生智慧的源泉	唐颐	陕西师范大学出版社	68
9787229036683	藏地密码10神圣大结局	何马	重庆出版社	39.8
9787539943565	浮世浮城	辛夷坞	江苏文艺出版社	28
9213954	不一样的卡梅拉	Chrisian Jolibois	二十一世纪出版社有限责任公司发行部	40.8

图 10.3　“畅销书”表中数据

文件导入后，可将其添加到选定的数据库中，再使用“表设计器”修改其结构。

导入数据时还可以使用“导入向导”，导入向导可以帮助用户利用源文件创建一个新表。向导提出一系列问题，并根据用户的回答导入文件，而且允许控制新表的结构。导入工作表数据时，Visual FoxPro 使用 Microsoft Excel 工作表的第一行确定新表字段的数据类型。如果第一行有每列的文字标题，则表中的所有字段都将是字符型字段，即使其他行含有数字数据也是如此。若要确保字段具有正确的数据类型，可在 Microsoft Excel 中修改工作表，使其第一行包含表中想要的第一条数据记录。

【注意】如果 Microsoft Excel 工作表中有长度为 255 的字段，当导入 Visual FoxPro 表中时，截取前 254 个字符。

2. 从 Lotus1-2-3 导入数据

导入电子表格数据时，Visual FoxPro 使用 Lotus1-2-3 电子表格的第一行确定新表中字段的数据类型。如果第一行的每列标题是文本，则表中的所有字段都将是字符字段，即使其他行含有数字数据也是如此。

若要确保字段具有正确的数据类型，可在 Lotus1-2-3 中修改电子表格，使第一行包含表中想要的第一条数据记录。

如果工作表的版本为 2.X 或 3.X（文件扩展名为.WK1 或.WK3），并且含有多于 8 个或 9 个字符的列，则 Visual FoxPro 将截短字符型字段为 9 个字符（版本 2.X），而对 3.X 版的工作表只取前 8 个字符。如果不希望截取表中的字段，可使用“导入向导”或先创建 Visual FoxPro 表，再从工作表中追加记录。

Lotus 储存的数据中日期无负数，从 1900 年 1 月 1 日开始。如果新表中有不正确的数据类型，可以把 Lotus 日期字段转换成 Visual FoxPro 格式。

3. 转换 Lotus 日期字段

如果输入的 Lotus 日期字段不正确，可将其转换，方法是在字段日期值中添加公历日期 1900 年 1 月 1 日（值为 2415019），其步骤如下。

（1）将电子表格导入 Visual FoxPro 表中。

（2）使用“表设计器”修改表，然后向表中添加新日期字段。

（3）如果按数字值导入日期，要使用 REPLACE 命令和 CTOD()函数将日期复制到新字段中。

```
REPLACE ALL NewDataField;
    WITH CTOD (SYS (10,OldDataField+2415019))
```

如果按字符值导入日期，要使用下列命令将日期复制到新字段中：

```
REPLACE ALL NewField;
    WITH CTOD (SYS (10,VAL (OldField) +2415019)
```

（4）从表中删除原来不正确的日期字段。

10.2.3 使用“导入向导”导入数据

下面使用“导入向导”导入一个 Microsoft Excel 工作表格格式文件，操作步骤如下。

（1）启动“导入向导”

① 选择系统菜单中“文件”下拉菜单中的“导入”选项，打开如图 10.1 所示的“导入”对话框。

② 单击“导入向导”按钮，打开“数据识别”对话框。

（2）数据识别

主要是选择源文件，并确定数据的导入位置。

① 在“文件类型”下拉列表中选择要导入的文件格式：Microsoft Excel 5.0 和 97（XLS）。

② 单击“源文件”右侧的“定位”按钮，打开“打开”对话框，选择“d:\畅销书.xls”文件，然后单击“确定”按钮返回“导入向导”。

③ 目标文件选择“新建表”单选按钮。单击“定位”按钮，打开“另存为”对话框，选择“d:\网上书店系统”，然后单击“确定”按钮返回“导入向导”。此时“数据识别”对话框如图 10.4 所示。

若要选择“现有的表”单选按钮，则需要先创建一个表文件，使其字段与文本文件中字段顺序、数据类型和宽度相匹配。

④ 单击“下一步”按钮，进入“选择数据库”对话框。

⑤ 选择“将表添加到下列数据库中”单选按钮。

⑥ 在下面的文本框中输入“网上书店”，将表添加到“网上书店”数据库中。

⑦ 在“表名”文本框中输入“畅销书”，如图 10.5 所示。

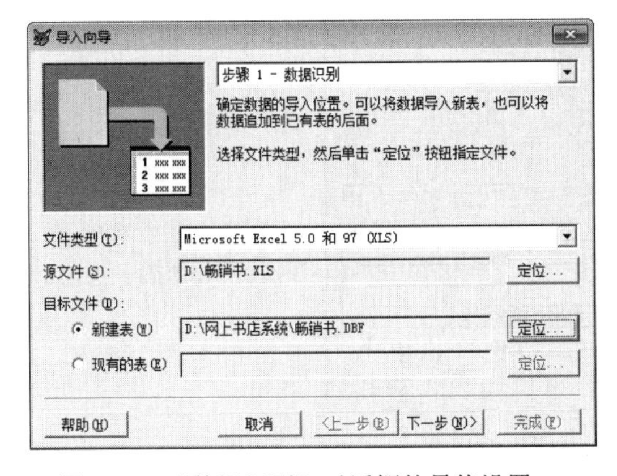

图 10.4 “数据识别”对话框的最终设置

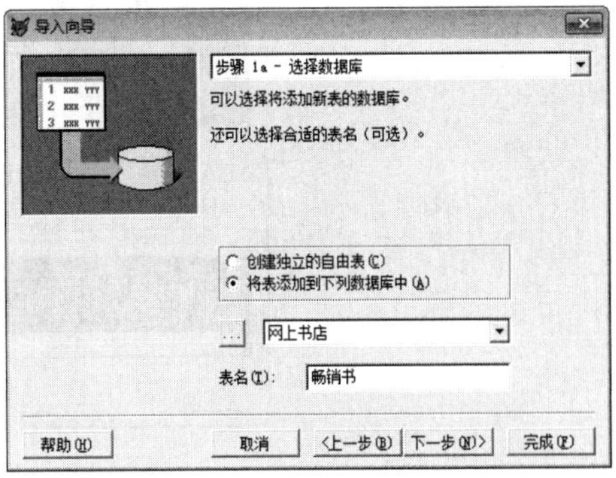

图 10.5 “选择数据库”对话框

⑧ 单击“下一步”按钮，进入“定义字段类型”对话框。

（3）定义字段类型

① “字段名所在行”文本框使用默认值：1，表示表的字段名为工作表中第一行的数据。

② 在“导入起始行”文本框中输入：2，表示从工作表中第二行的数据开始导入，作为表中字段。

③ 从“工作表”下拉列表中选择“Sheet1”选项，表示将工作表中表名为“Sheet1”的数据导入，如图 10.6 所示。

④ 单击“下一步”按钮，进入“描述数据”对话框，如图 10.7 所示。

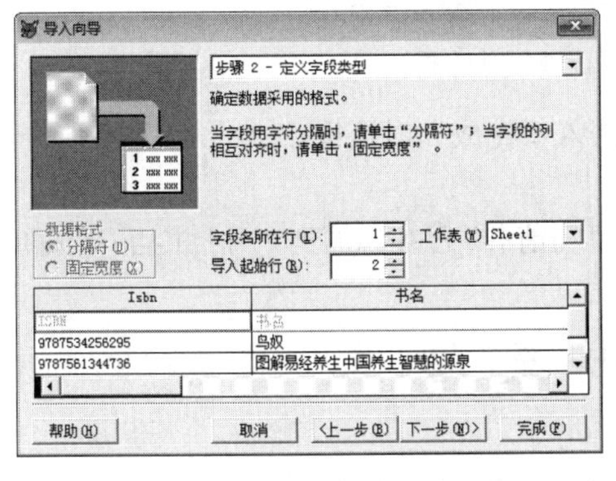

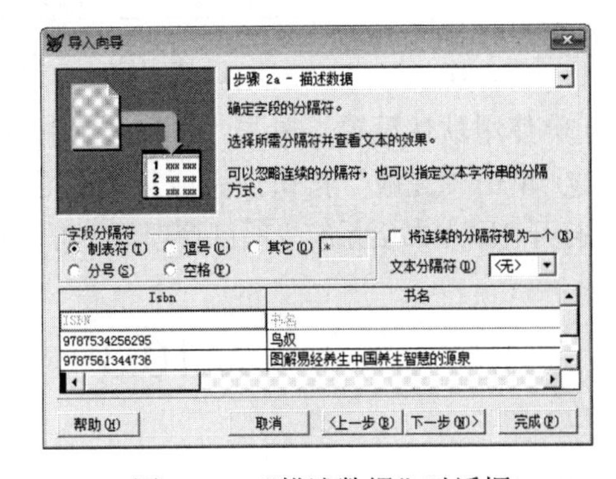

图 10.6 “定义字段类型”对话框

图 10.7 “描述数据”对话框

⑤ 使用默认设置，单击“下一步”按钮，进入“定义输入字段”对话框，如图 10.8 所示。

（4）定义输入字段

① 选择第一列，“名称”文本框使用默认值“ISBN”，该名称即是表的字段名。

② “类型”文本框也使用默认值，表明该字段的数据类型为字符型。

③ 在“宽度”文本框中输入“13”，表明该字段的字段长度为 13。

④ 依次选择“书名”、“作者”、“出版社”等列，按照上述方法修改字段名、数据类型、字段宽度和小数位数。

⑤ 单击“下一步”按钮，进入“指定国际选项”对话框，如图 10.9 所示。

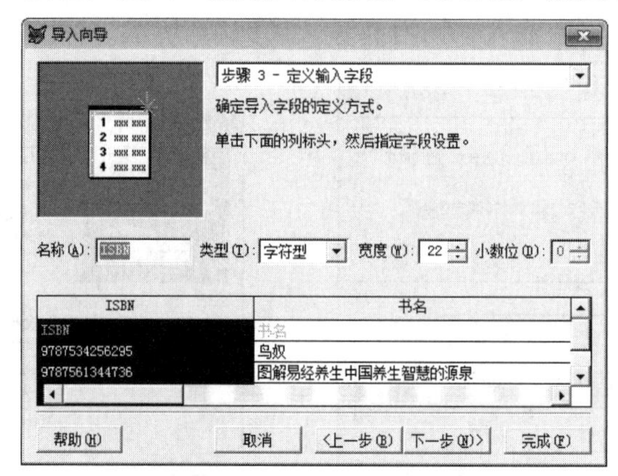

图 10.8 “定义输入字段”对话框

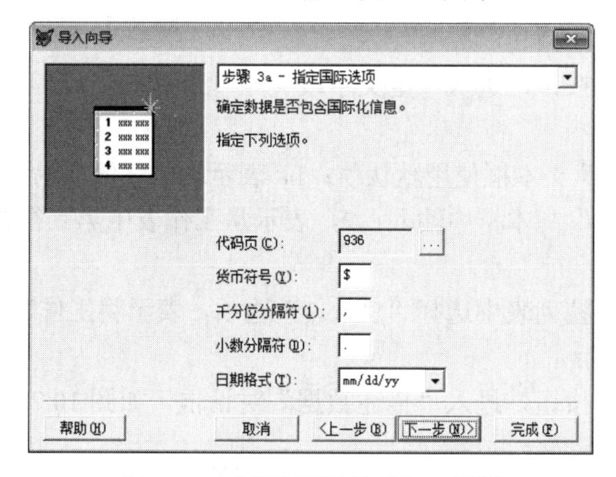

图 10.9 “指定国际选项”对话框

⑥ 使用默认设置，单击“下一步”按钮，进入“完成”对话框。

⑦ 单击“完成”按钮，完成数据的导入。

打开“网上书店系统”项目管理器，可以看到“畅销书”已被添加到“网上书店”数据库中。

10.3 导出数据

可以把数据从 Visual FoxPro 表导出到文本文件、电子表格或者其他应用程序使用的表中。导出过程需要源表以及目标文件的类型和名称。如有必要，还可以对导出的字段和记录进行选择。可以在任何支持所选文件类型的应用程序中使用生成的文件。

10.3.1 选择导出的文件类型

Visual FoxPro 可以导出不同的文件类型，如表 10.2 所示。

表 10.2　可导出的文件类型

文件类型	文件扩展名	说明
制表符分隔	TXT	用制表符分隔每个字段的文本文件
逗号分隔	TXT	用逗号分隔每个字段的文本文件
空格分隔	TXT	用空格分隔每个字段的文本文件
系统数据格式	SDF	具有定长记录且记录以回车和换行符结尾的文本文件
表	DBF	Visual FoxPro、FoxPro、FoxBASE+®、dBase 或 Paradox3.5 和 4.0 表
Microsoft Excel	XLS	Microsoft Excel（2.0、3.0、4.0、5.0 和 97 版本）电子表格格式。列单元转变为字段，行转变为记录
Lotus1-2-3	WKS、WK1	1-A、2.x 和 3.x 版本 Lotus1-2-3 电子表格。列单元转变为字段，行转变为记录

10.3.2　导出数据到新文件

可以把所有字段和记录从 Visual FoxPro 表复制到一个新文件中，也可以仅复制选定的字段和记录，操作步骤为如下。

（1）在“文件”系统菜单中选择“导出”选项，打开“导出”对话框，如图 10.10 所示。

（2）在“类型”下拉列表中选择目标文件的类型。

（3）在“到”文本框中输入目标文件名，也可以单击“到”右侧的...按钮，打开“另存为”对话框，选择目标文件。

（4）在“来源于”文本框中输入源文件名，或单击“来源于”右侧的按钮，从打开的“打开”对话框中选择源文件。

（5）如果要选择导出的字段或者记录，请单击“选项”按钮，打开“导出选项”对话框（图 10.11），设置各种导出条件。导出条件设置好后，单击“确定”按钮，返回“导出”对话框。

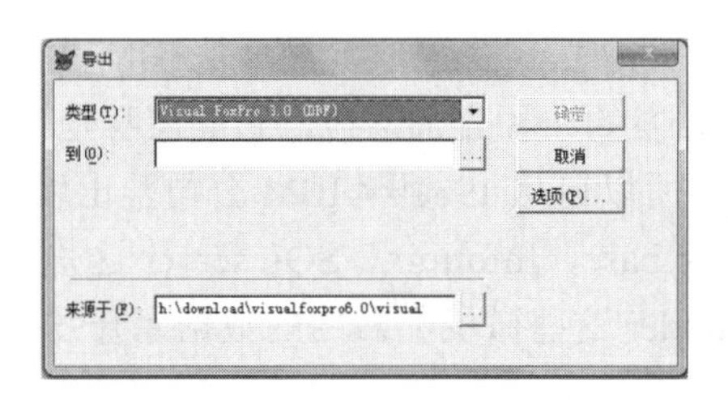

图 10.10　“导出”对话框

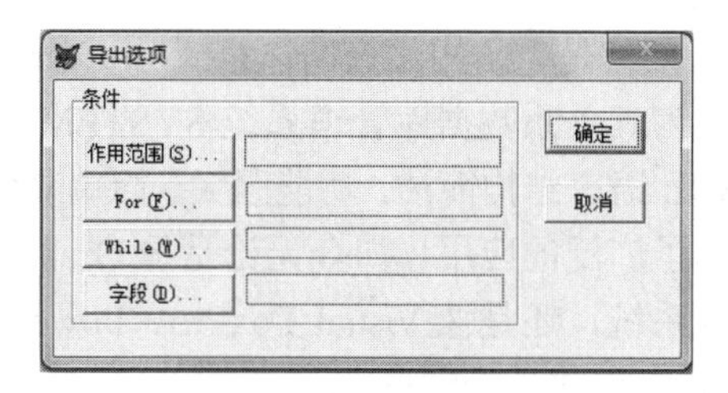

图 10.11　“导出选项”对话框

（6）单击“确定”按钮即可完成数据的导出。

本章小结

导入或追加数据指将其他应用程序的数据置入到 Visual FoxPro 中。导出数据指将数据由 Visual FoxPro 表输出到其他应用程序所用的文件中。数据的导入与导出允许用户复制和使用数据，但不允许用户链接和共享数据。

如果 Microsoft Excel 工作表中有长度为 255 的字段，当导入 Visual FoxPro 表中时，截取前 254 个字符。

第 11 章　SQL 语言

本章知识目标

- 了解 SQL 语言的特点
- 了解 SQL 语言的发展
- 掌握 SQL 语言的基本功能及应用

结构化查询语言是关系数据库的标准语言，也是国际上数据库的主流语言，其功能包括查询、操作、定义和控制 4 个方面。SQL 语言语法完善、功能丰富、综合性强、语句简单易学，备受用户欢迎。

11.1　SQL 语言概述

11.1.1　SQL 语言的产生

SQL 全称是“结构化查询语言（Structured Query Language）”，最早是 IBM 的圣约瑟研究实验室为其关系数据库管理系统 SYSTEM R 开发的一种查询语言，它的前身是 SQUARE 语言。SQL 语言结构简洁、功能强大、简单易学，所以自从 1981 年 IBM 公司推出以来，SQL 语言得到了广泛的应用。如今无论是像 Oracle、Sybase、Informix、SQL server 这些大型的数据库管理系统，还是像 Visual FoxPro、PowerBuilder 这些微机上常用的数据库开发系统，都支持 SQL 语言作为查询语言。

11.1.2　SQL 语言的历史

在 20 世纪 70 年代初，E.F.Codd 首先提出了关系模型。20 世纪 70 年代中期，IBM 公司在研制 SYSTEM R 关系数据库管理系统中研制了 SQL 语言，最早的 SQL 语言（SEQUEL2）是在 1976 年 11 月的 IBM Journal of R&D 上公布的。

1979 年 ORACLE 公司首先提供商用的 SQL，IBM 公司在 DB2 和 SQL/DS 数据库系统中也实现了 SQL。

1986 年 10 月，美国 ANSI 采用 SQL 作为关系数据库管理系统的标准语言（ANSI X3.

135-1986），后为国际标准化组织（ISO）采纳为国际标准。

1989 年，美国 ANSI 采纳在 ANSI X3.135-1989 报告中定义的关系数据库管理系统的 SQL 标准语言，称为 ANSI SQL 89，该标准替代 ANSI X3.135-1986 版本。该标准为下列组织所采纳：

（1）国际标准化组织（ISO），为 ISO 9075-1989 报告“Database Language SQL With Integrity Enhancement”。

（2）美国联邦政府，发布在 The Federal Information Processing Standard Publication (FIPS PUB)127。

目前，所有主要的关系数据库管理系统支持某些形式的 SQL 语言，大部分数据库都遵守 ANSI SQL89 标准。

11.1.3　SQL 语言的优点

SQL 广泛地被采用正说明了他的优点。他使全部用户，包括应用程序员、DBA 管理员和终端用户受益匪浅，他的特点如下。

1．非过程化语言

SQL 是一个非过程化的语言，因为他一次处理一条记录，对数据提供自动导航。SQL 允许用户在高层的数据结构上工作，而不对单个记录进行操作，可操作记录集。所有 SQL 语句接受集合作为输入，返回集合作为输出。SQL 的集合特性允许一条 SQL 语句的结果作为另一条 SQL 语句的输入。SQL 不要求用户指定对数据的存放方法，这种特性使用户更易集中精力于要得到的结果。所有 SQL 语句使用查询优化器，他是 RDBMS 的一部分，由他决定对指定数据存取的最快速度的手段。查询优化器知道存在什么索引，哪儿使用合适，而用户从不需要知道表是否有索引，表有什么类型的索引。

2．统一的语言

SQL 可用于所有用户的 DB 活动模型，包括系统管理员、数据库管理员、应用程序员、决策支持系统人员及许多其他类型的终端用户。SQL 为许多任务提供了命令，包括：

（1）查询数据

（2）在表中插入、修改和删除记录

（3）建立、修改和删除数据对象

（4）控制对数据和数据对象的存取

（5）保证数据库一致性和完整性

以前的数据库管理系统为上述各类操作提供单独的语言，而 SQL 将全部任务统一在一种语言中。

3．是所有关系数据库的公共语言

由于所有主要的关系数据库管理系统都支持 SQL 语言，用户可将使用 SQL 的技能从一个 RDBMS 转到另一个。所有用 SQL 编写的程序都是可以移植的。

4．语言的简洁、易学性

SQL 是一种简洁、易学、易用的语言。SQL 语言只用了 9 个动词就完成了数据控制、数据操纵和数据定义的核心功能，而且 SQL 语法也比较简单。

11.1.4　SQL 语言的分类

SQL（Structured Query Language）语言包含 4 个部分：

1．数据查询语言 DQL-Data Query Language SELECT

2．数据操纵语言 DQL-Data Manipulation Language INSERT、UPDATE、DELETE

3．数据定义语言 DQL-Data Definition Language CREATE、ALTER、DROP

4．数据控制语言 DQL-Data Control Language COMMIT、ROLLBACK

11.2　SQL 的数据定义语言

SQL 的数据定义语言主要是对数据表、视图、存储过程、规则和索引等数据对象的定义，涉及创建、修改、删除等操作，内容包括 CREATE、DROP、ALTER 等语句，这些语句统称为数据定义语句（DDL）。

11.2.1　SQL 提供的基本数据类型

SQL 提供的一些主要数据类型如表 11-1 所示。

表 11-1　SQL 提供的一些主要数据类型

SQL-99	ORACLE	INFORMIX	DB2 UDB	说　明	C
char(n)	char(n) n<=4000	char(n) n<=32767	char(n) n<=254	定长字符型	char array[n+1]
varchar(n)	varchar(n) varchar2(n)	varchar(n)	varchar(n)	变长字符型	char array[n+1]
numeric(p,d) decimal(p,d)	numeric(p,d) decimal(p,d) number(p,d)	numeric(p,d) decimal(p,d)	numeric(p,d) decimal(p,d)	定点数，有 p 位数字（不包括符号、小数点）小数点后面有 d 位数字	无
smallint	smallint	smallint	smallint	短整数	short int
integer	integer	integer	integer	长整数	Int, long int
real	real	real	real	浮点数	float
double precision, float, float(n)	double precision, number,float float(n)	double precision, float	double precision, double, float, float(n)	取决于机器精度的双精度浮点数 至少为 n 位精度	double

11.2.2　数据库的创建与删除

1. 创建数据库

数据库是一个包括了多个基本表的数据集，使用 SQL 的 CREATE DATABASE 语句可以创建所需的数据库。

【语法格式】：CREATE DATABASE <数据库名> [其他参数]

【功能】：创建数据库。

【例 11-1】　建立网上书店数据库 eshop。

```
CREATE DATABASE eshop
```

以上为创建数据库的最基本的形式。

2. 删除数据库

【语法格式】：DROP DATABASE <数据库名>

【功能】：将数据库及其全部内容从系统中删除。

【例 11-2】　删除网上书店数据库 eshop。

```
DROP DATABASE eshop
```

11.2.3　基本表的创建、修改和撤销

1. 创建基本表

建立数据库最重要的一步就是定义一些基本表。SQL 语言使用 CREATE TABLE 语句定义基本表。

【语法格式】：CREATE TABLE <表名>

(<列名><数据类型>[列级完整性约束条件]
[,<列名><数据类型>[列级完整性约束条件]]…
[,<表级完整性约束条件>])

【功能】：创建基本表。

【例 11-3】　创建网上书店数据库 eshop 的基本表 product，表结构如表 11-2 所示。

表 11-2　product 表结构

列　名	数据类型	长　度	允许空	备　注
Productid	Varchar	10	Not	产品 ID
Category	Varchar	10	Not	类别
Name	Varchar	80	Yes	产品名称
Descn	Varchar	255	Yes	产品描述

创建 produc 表的 SQL 语句如下：

```
create table product (
    productid varchar(10) not null,
    category varchar(10) not null,
```

```
    name varchar(80) ,
    descn varchar(255),
    constraint pk_product primary key (productid),
    constraint fk_product_1 foreign key (category)
    references category (catid)
)
```

说明：productid 为主键（非空且唯一）；category 为非空；name 和 descn 可以为空；pk_product 为主键约束的名称；fk_product_1 为外键约束的名称；字段 category 与 category 表中的 catid 存在关联。

执行以上 SQL 语句后，建立了 product 表的结构。

2. 修改基本表

由于应用环境和应用需求的变化，经常需要修改表的结构，比如增加新列和完整性约束、修改原有列定义和完整性约束等。SQL 语句使用 ALTER TABLE 命令来完成这一功能。

【语法格式】：ALTER TABLE<表名>
[ADD<新列名><数据类型>[完整性约束]]
[DROP<完整性约束名>]
[MODIFY<列名><数据类型>]

【功能】：修改表的结构。

【说明】：

<表名>：要修改的基本表。

ADD 子句：用于增加新列和新的完整性约束条件。

DROP 子句：用于删除指定的完整性约束条件。

MODIPY 子句：用于修改原有的列定义，包括修改列名和数据类型。

（1）ADD 方式

【语法格式】：ALTER TABLE <表名> ADD <列定义>|<完整性约束定义>

【功能】：用于增加新列和完整性约束。

【例 11-4】 在 product 表中增加一个列 quality。

```
ALTER TABLE ADD quality int
```

【例 11-5】 在 product 表中增加完整性约束定义，使 quality 值在 0～1000 之间。

```
ALTER TABLE product
ADD CONSTRAINT quality_chk CHECK(quality BETWEEN 0 AND 1000)
```

使用此方式增加的新列自动填充 NULL 值。

（2）ALTER 方式

【语法格式】：ALTER TABLE<表名> ALTER COLUMN<列名> <数据类型> [NULL|NOT NULL]

【功能】：用于修改某些列。

【例 11-6】 把 product 表中的姓名列加宽到 90 个字符。

```
ALTER TABLE product ALTER COLUMN name varchar (90)
```

3. 删除基本表

【语法格式】：DROP TABLE <表名>

【功能】：删除基本表。

基本表一旦删除，表中的数据、此表上建立的索引和视图都将自动被删除掉。因此执行删除基本表的操作一定要格外小心。

【例 11-7】　删除表 product。

```
DROP TABLE product
```

11.3　SQL 的数据查询

11.3.1　SELECT 命令的格式

在数据库中最常用的操作是查询，他是其他操作的基础，是数据库最基本的功能，也是最重要的功能。在 SQL Server 中进行数据查询主要是使用 SELECT 语句，下面详细介绍使用 SELECT 对数据库进行查询的各种方法。

查询是指对 SQL Server 发出一个数据请求，从数据库中检索所需要的数据。

【语法格式】：SELECT select_list
　[INTO　new_table]
　FROM table_source
　[WHERE search_condition]
　[GROUP BY group_by_expression]
　[HAVING search_condition]
　[ORDER BY order_expression[ASC|DESC]]

【说明】：

SELECT 子句：用于指定选择的列或行及其限定。

INTO 子句：用于将查询结果集存储到一个新的数据库表中。

FROM 子句：用于指出所查询的表名以及各表之间的逻辑关系。

WHERE 子句：用于指定对记录的过滤条件。

GROUP BY 子句：用于对查询到的记录进行分组。

HAVING 子句：用于指定分组统计条件，要与 GROUP BY 子句一起使用。

ORDER BY 子句：用于对查询到的记录进行排序处理。

在这些子句中，只有 SELECT 子句和 FROM 子句是必选项，其他子句均为可选项。

11.3.2　SQL 语句中的运算符

当要在表中找出满足某条件的行时，则需要使用 WHERE 子句指定查询条件。SQL 语句中的运算符包括：

1. 算术运算符

算术运算符如表 11-3 所示。

2. 比较运算符

比较运算符如表 11-4 所示。

3. 逻辑运算符

逻辑运算符如表 11-5 所示。

表 11-3　算术运算符

运　算　符	含　　义
+	加号
—	减号
*	乘号
/	除号

表 11-4　比较运算符

运　算　符	含　　义
=	等于
>	大于
<	小于
<=	小于等于
>=	大于等于
! =	不等于
<>	不等于
! >	不大于
! <	不小于

表 11-5　逻辑运算符

运　算　符	含　　义
[NOT] IN	在[不在]其中
ANY	任何一个
ALL	全部(每个)
[NOT]EXISTS	[不]存在
[NOT]	在[不在]范围
IS [NOT] NULL	是[不是]空值
[NOT] LIKE	模式比较
AND	与运算
OR	或运算
NOT	非运算

11.3.3　简单表查询

单表查询是指只涉及一个表的查询。例如，选择一个表的某些列值，选择一个表中满足某个条件的部分记录等。

为了能更好地说明 SELECT 语句的用法，现给出 eshop 数据库中的数据表 product、category、item、supplier 中的部分记录，分别如图 11-1～图 11-4 所示。

productid	category	name	descn
0123456789	001	IBMBest Practices for Developing WebSphere based...	IBMBest Practices for Developing WebSphere based Applications 2002
0201616173	001	Enterprise Java Programming with IBM WebSphere	详细介绍在WebSphere下开发EJB
032118579X	001	Enterprise Java Programming with IBM WebSphere, ...	Enterprise Java Programming with IBM WebSphere, Second Edition
1931182140	001	Building Applications with IBM WebSphere Studio an...	Building Applications with IBM WebSphere Studio and JavaBeans: A G...
4512331123	001	使用WSAD开发Web应用	WSAD开发案例，详细介绍了在WSAD下开发J2EE Web应用的教程
4512331124	001	Webshpere管理参考	管理Webshpere应用服务器的必备书籍
4512331125	001	DB2参考手册	管理DB2服务器的必备书籍

图 11-1　product 表的部分记录

catid	name	descn
001	计算机图书	最新的计算机图书
002	English图书	英语考试类、普及读物等
003	VCD	流行电影VCD光盘

图 11-2　category 表的部分记录

itemid	productid	listprice	unitcost	supplier	status	attr1	attr2	attr3	attr4	attr5
04061003a	1931182140	49.2	59.5	10001	1	精装图书	内容介绍：	相关产品：	封面：<img src="/e-shop/productPic/cover1.jpg">	评论：
04061003b	1931182140	45.5	56.5	10001	1	普通装图书	内容介绍：	相关产品：	封面：<img src="/e-shop/productPic/cover.jpg">	评论：
04061003c	1931182140	30	37.5	10001	1	电子版	内容介绍：	相关产品：	封面：<img src="/e-shop/productPic/cover2.jpg">	评论：
04061004a	032118579X	55.2	66.5	10001	1	精装图书	内容介绍：	相关产品：	封面：<img src="/e-shop/productPic/cover3.jpg">	评论：
04061004b	032118579X	45.2	56.5	10001	1	普通装图书	内容介绍：	相关产品：	封面：<img src="/e-shop/productPic/cover4.jpg">	评论：
04061004c	032118579X	35.2	46.5	10001	1	电子版	内容介绍：	相关产品：	封面：<img src="/e-shop/productPic/cover4.jpg">	评论：

图 11-3　item 表的部分记录

suppid	name	status	addr1	addr2	city	state	zip	phone
10001	xxxx电子出版社	1	北京xxx路xxx号		北京	北京	100082	1234567
10002	新吉出版社	1	北京市大望中路38号	NULL	北京	北京	100018	NULL

图 11-4　supplier 表的部分记录

1．查询指定列

【例 11-8】　查询 product 表中 productid 和 name。

SELECT productid,name From product

查询结果如图 11-5 所示。

从查询结果中可以看出，结果集中除了 productid 和 name 列，其他列不显示。

productid	name
0123456789	IBMBest Practices for Developing WebSphere based Applications 2002
0201616173	Enterprise Java Programming with IBM WebSphere
032118579X	Enterprise Java Programming with IBM WebSphere, Second Edition
1931182140	Building Applications with IBM WebSphere Studio and JavaBeans: A Guided Tour
4512331123	使用WSAD开发Web应用
4512331124	Webshpere管理参考
4512331125	DB2参考手册

图 11-5　product 表中的 productid 和 name

2．查询全部列

如果要查询表中的全部列，可以有两种方法：一种是在目标列名表达式中列出所有的属性列，另一种是如果列的显示顺序与其在表中定义的顺序相同，刚可以简单地在目标列名表达式中用“*”表示。

【例 11-9】　查询 category 表中的所有记录。

SELECT * FROM category

该语句等价于：

SELECT catid,name,descn FROM category

查询结果如图 11-6 所示。

如果要查询的全部列的顺序与原表中列的顺序不一致时，则不能使用“*”表示。

3．指定属性列的别名进行查询

在查询中，也可以为查询结果的列指定别名，用子句“AS<新列名表达式>”实现。

【例 11-10】　查询 category 表中的所有记录，列名显示为类别 ID、类别名称、描述。

SELECT catid AS 类别 ID，name AS 类别名称，descn AS 描述 FROM category

查询结果如图 11-7 所示。

catid	name	descn
001	计算机图书	最新的计算机图书
002	English图书	英语考试类、普及读物等
003	VCD	流行电影VCD光盘

图 11-6　category 表中的所有记录

类别ID	类别名称	描述
001	计算机图书	最新的计算机图书
002	English图书	英语考试类、普及读物等
003	VCD	流行电影VCD光盘

图 11-7　按指定属性列的别名显示

4．选择表中若干条记录

前面介绍的例子都是选择表中的全部记录，而没有对表中的记录进行任何有条件的选择。实际上，在查询过程中，除了可以选择属性列之外，还可以对表中的记录进行有条件的选择，使查询结果更加满足用户要求。

查询满足条件的记录是能过 WHERE 子句实现的。

（1）比较大小

【例 11-11】　在 product 表中，查询 name 为“DB2 参考手册”的产品信息。

SELECT * FROM product WHERE name='DB2 参考手册'

查询结果如图 11-8 所示。

【例 11-12】　在 item 表中查询 unitcost 大于 50 的所有商品的 itemid、productid、unitcost。

SELECT itemid,productid,unitcost FROM item where unitcost>50

查询结果如图 11-9 所示。

productid	category	name	descn
4512331125	001	DB2参考手册	管理DB2服务器的必备书籍

图 11-8　name 为“DB2 参考手册”的产品信息

itemid	productid	unitcost
04061003a	1931182140	59.5
04061003b	1931182140	56.5
04061004a	032118579X	66.5
04061004b	032118579X	56.5

图 11-9　unitcost 大于 50 的所有商品信息

（2）确定条件范围

BETWEEN…AND…和 NOT BETWEEN…AND…是一个逻辑运算符，可以用来查找列值在或不在指定范围内的记录，其中在 BETWEEN 后指定范围下限，AND 后指定范围的上限。

【语法格式】：<列名>|<表达式>[NOT]BETWEEN<下限值>|<上限值>

【功能】：用于查询列或表达式的值在下限值和上限值之间的记录。

BETWEEN…AND…一般用于对数值型数据进行比较，列或表达式的数据类型要与下限值或上限值的数据类型一致。

【例 11-13】　在 item 表中，查询 unitcost 在 50~60 之间所有商品的 itemid、productid、unitcost。

```
SELECT itemid,productid,unitcost FROM item where unitcost BETWEEN 50 AND 60
```

该语句等价于：

```
SELECT itemid,productid,unitcost FROM item WHERE unitcost>=50 AND unitcost<=60
```

查询结果如图 11-10 所示。

【例 11-14】　在 item 表中查询 unitcost 大于 60 或小于 50 的商品的 itemid、productid、unitcost。

```
SELECT itemid,productid,unitcost FROM item WHERE unitcost<50 OR unitcost>60
```

该语句等价于：

```
SELECT itemid,productid,unitcost from item where unitcost not between 50 and 60
```

查询结果如图 11-11 所示。

itemid	productid	unitcost
04061003a	1931182140	59.5
04061003b	1931182140	56.5
04061004b	032118579X	56.5

图 11-10　unitcost 在 50～60 之间所有商品信息

itemid	productid	unitcost
04061003c	1931182140	37.5
04061004a	032118579X	66.5
04061004c	032118579X	46.5

图 11-11　unitcost 大于 60 或小于 50 的商品信息

（3）确定集合

IN 是一个逻辑运算符，可以用来查找某列值属于指定集合的记录。

【语法格式】：<列名>[NOT] IN (<常量 1>，<常量 2>, …, <常量 *n*>)

用 IN 进行比较的数据一般为字符型数据。

【例 11-15】　在 product 表中查询 productid 为'1931182140'或'032118579X'的产品信息。

```
select * from product where productid in('1931182140','032118579X')
```

该语句等价于：

```
select * from product where productid='1931182140' OR productid='032118579X'
```

查询结果如图 11-12 所示。

productid	category	name	descn
032118579X	001	Enterprise Java Programming w...	Enterprise Java Programming ...
1931182140	001	Building Applications with IBM ...	Building Applications with IBM ...

图 11-12　productid 为'1931182140'或'032118579X'的产品信息

（4）字符匹配查询

上面所介绍的例子均属于完全匹配查询，当不知道完全精确的值时，还可以使用 LIKE 或 NOT LIKE 进行部分匹配查询（也称模糊查询）。

【语法格式】：<属性名>LIKE<字符串常量>

【说明】：属性名必须为字符型。字符串常量可以包含通配符，如表 11-6 所示，以进行模糊查询。

表 11-6　字符串中可以含有的通配符

通　配　符	功　　能	实　　例
%	代表零个或多个字符	‘ab%’：’ab’后可接任意字符
_(下画线)	代表一个字符	‘a_b’：’a’与’b’之间可有一个字符
[ ]	表示在某一范围字符	[0~9]：0~9 之间的字符
[^]	表示不在某一范围的字符	[^0~9]：不在 0~9 之间的字符

【例 11-16】 在 product 表中，查询所有包含“IBM”的产品信息。

```
SELECT * FROM product WHERE name LIKE 'IBM%'
```

查询结果如图 11-13 所示。

（5）空值查询

某个字段没有值称之为具有空值（NULL）。通常没有为一个列输入值时，该列的值就是空值。空值不同于零和空格，他不占任何存储空间。

【例 11-17】 查询没有 phone(电话)的供应商信息。

```
SELECT * FROM supplier where phone is null
```

查询结果如图 11-14 所示。

productid	ca...	name	descn
0123456789	001	IBMBest Practices for Developing WebSphere based Applications 2002	IBMBest Practices f...
0201616173	001	Enterprise Java Programming with IBM WebSphere	详细介绍在WebSp...
032118579X	001	Enterprise Java Programming with IBM WebSphere, Second Edition	Enterprise Java Pro...
1931182140	001	Building Applications with IBM WebSphere Studio and JavaBeans: A Guided Tour	Building Applications...

图 11-13 在 product 表中包含“IBM”的产品信息

suppid	name	status	addr1	addr2	city	state	zip	phone
10002	新青出版社	1	北京市大望中路38号	NULL	北京	北京	100018	NULL

图 11-14 没有 phone（电话）的供应商信息

11.3.4 汇总函数查询

汇总函数也称为聚合函数，其作用是对一组值进行计算并返回一个值。SQL 提供的汇总函数如表 11-7 所示。

表 11-7 SQL 常有的库函数

函数名称	功　能
AVG	按列计算平均值
SUM	按列计算值的总和
MAX	求一列中的最大值
MIN	求一列中的最小值
COUNT	按列值计算个数

函数 SUM 和 AVG 只能对数值型字段进行计算。

【例 11-18】 求所有商品的平均单价(unitcost)。

```
SELECT   SUM(unitcost) as totalprice, AVG(unitcost) as avgprice from item
```

查询结果如图 11-15 所示。

【例 11-19】 求所有商品的最高价格、最低体格及他们的差值。

```
SELECT MAX(unitcost) as 最大单价，MIN(unitcost) as 最低价格，
MAX(unitcost)-MIN(unitcost) as 差值 FROM item
```

查询结果如图 11-16 所示。

【例 11-20】　求所有产品的总数。

```
SELECT COUNT(*) AS 产品数量 FROM product
```

查询结果如图 11-17 所示。

totalprice	avgprice
323	53.833...

图 11-15　所有商品的平均单价

最大单价	最低价...	差值
66.5	37.5	29

图 11-16　商品的最高、最低体格

产品数量
7

图 11-17　所有产品的总数

11.3.5　分组查询

GROUP BY 子名可以将查询结果按属性列或属性列组合在行的方向上进行分组，每组在属性列组合上具有相同的值。

【例 11-21】　在 item 表中,求每种产品的商品数量。

```
SELECT productid, count(*) AS number FROM item GROUP BY productid
```

查询结果如图 11-18 所示。

productid	number
032118579X	3
1931182140	3

图 11-18　每种产品的商品数量

GROUP BY 子句按 productid 进行分组，所有具有相同 productid 的元组为一组，对每一组使用函数 COUNT 进行计算，统计出每种产品的商品数量。若在分组后还要按照一定的条件进行筛选，则需要使用 HAVING 子句。

【例 11-22】　在 item 表中，求每种产品数量大于或等于 3 的商品数量。

```
SELECT productid, count(*) AS number FROM item
   GROUP BY productid HAVING(count(*)>=3)
```

当在一个 SQL 查询中同时使用 WHERE 子句、GROUP BY 子句和 HAVING 子句时，其顺序是 WHERE、GROUP BY、HAVING。WHERE 与 HAVING 子句的根本区别在于作用对象不同。WHERE 子句作用于基本表或视图，从中选择满足条件的元组；HAVING 子句的作用在于选择满足条件的元组，必须用于 GROUP BY 之后，但 GROUP BY 子句可没有 HAVING 子句。

11.3.6　对查询结果进行排序

当需要对查询结果进行排序时，应该使用 ORDER BY 子句，ORDER BY 子句必须出现在其他的子句之后。排序方式可以指定是升序或是降序，默认为升序。

【例 11-23】　在 item 表中，按 unitcost 进行降序排列。

```
SELECT * from item ORDER BY unitcost desc
```

查询结果如图 11-19 所示。

itemid	productid	listprice	unitcost	supplier	status	attr1	attr2	attr3	attr4	attr5
04061004a	032118579X	55.2	66.5	10001	1	精装图...	内容...	相关...	封面：<i...	评论：
04061003a	1931182140	49.2	59.5	10001	1	精装图...	内容...	相关...	封面：<i...	评论：
04061003b	1931182140	45.5	56.5	10001	1	普通装...	内容...	相关...	封面：<i...	评论：
04061004b	032118579X	45.2	56.5	10001	1	普通装...	内容...	相关...	封面：<i...	评论：
04061004c	032118579X	35.2	46.5	10001	1	电子版	内容...	相关...	封面：<i...	评论：
04061003c	1931182140	30	37.5	10001	1	电子版	内容...	相关...	封面：<i...	评论：

图 11-19　unitcost 按降序排列

11.3.7　显示部分结果

在使用 SELECT 语句进行查询时，有时只希望列出前几个结果。例如竞赛时，可能只取成绩最高的前三名，这时就需要使用 TOP 关键字来选取输出的结果。

【语法格式】：TOP <n>[percent][with ties]

【说明】：

N：为非负整数

TOP<n>：表示取查询结果的前 n 行。

Top <n> percent：表示取查询结果的前 n%。

With ties：表示包括并列结果。

TOP 谓词写在 SELECT 单词的后面，查询列表的前面。

【例 11-24】　在 item 表中，查询 unitcost 价格最低的 3 种商品的信息。

```
SELECT TOP 3 * FROM item order by unitcost ASC
```

查询结果如图 11-20 所示。

itemid	productid	listprice	unitcost	supplier	status	attr1	attr2	attr3	attr4	attr5
04061003c	1931182140	30	37.5	10001	1	电子版	内容介绍：	相关产品：	封面：<img src="/e-shop/productPic/cover2.jpg">	评论：
04061004c	032118579X	35.2	46.5	10001	1	电子版	内容介绍：	相关产品：	封面：<img src="/e-shop/productPic/cover4.jpg">	评论：
04061003b	1931182140	45.5	56.5	10001	1	普通装图书	内容介绍：	相关产品：	封面：<img src="/e-shop/productPic/cover.jpg">	评论：

图 11-20　unitcost 价格最低的 3 种商品的信息

11.3.8　将查询结果存入表中

INTO 子句用于创建新表并将结果行从查询插入新表中。用户若要执行带 INTO 子句的 SELECT 语句，必须在目的数据库内具有 CREATE TABLE 权限。SELECT...INTO 不能与 COMPUTE 子句一起使用。

【语法格式】：[INTO new_table]

【说明】：new_table 为要创建的新表名。

new_table 的格式通过对选择列表中的表达式进行取值来确定。new_table 中的列按选择列表指定的顺序创建。new_table 中的每列有与选择列表中的相应表达式相同的名称、数据类型和值。

【例 11-25】　在 item 表中，查询 productid 为“1931182140”的信息，将查询结果存在表 item1 中。

```
SELECT * INTO item1  FROM item WHERE productid='1931182140'
```

11.3.9　数据库表连接及连接查询

数据库中的各个表中存放着不同的数据，用户往往需要用多个表中的数据来筛选出所需要的信息。如果一个查询需要对多个表进行操作，就称为连接查询。表的连接方法有二种：

1．表之间满足一定条件的行进行连接时，FROM 子句指明进行连接的表名，WHERE 子句指明连接的列名及其连接条件。

2．利用关键字 JOIN 进行连接。

（1）INNER JOIN（内连接）：显示符合条件的记录，此为默认值

（2）LEFT(OUTER)JOIN：称为左（外）连接，用于显示符合条件的数据行及左边表中不符合条件的数据行，此时右边数据行以 NULL 值显示。

（3）RIGHT(OUTER)JOIN：称为右（外）连接，用于显示符合条件的数据行及右边表中不符合条件的数据行，此时左边数据行以 NULL 值显示。

（4）FULL(OUTER)JOIN：显示符合条件的数据行以及左边表和右边表中不符合条件的数据行，此时缺少数据的数据行以 NULL 值显示。

（5）CROSS JOIN：将一个表的每一条记录和另一个表的每条记录匹配成新的数据行。

当将 JOIN 关键词放于 FROM 子句中时，应有关键词 ON 与之对应，以表明连接的条件。表的连接操作如下：

1）等值连接与非等值连接。连接条件的一般格式为：

```
[<表名1> .]<列名1><比较运算符>[<表名2>.]<列名2>
其中比较运算符主要有：=、>、<、>=、<=、!=
```

2）引用列名。

【例 11-26】　查询所有供应商提供的商品信息，显示 name、productid、unitcost、attr1，其中 unitcost 小于 55。

```
select name as 供应商名,productid AS 产品 ID,unitcost AS 单价,attr1 AS 类型
    from supplier s,item i where s.suppid=i.supplier and unitcost<55
```

查询结果如图 11-21 所示。

供应商名	产品ID	单...	类型
xxxx电子出版社	1931182140	37.5	电子版
xxxx电子出版社	032118579X	46.5	电子版

图 11-21　unitcost 小于 55 的商品信息

11.4　插入、更新、删除数据

11.4.1　插入数据

【语法格式】：INSERT [INTO]　表名[（列名, …）]

VALUES（表达式 I DEFAULT, ….）

【功能】：向关系中插入一个新元组。

【说明】：如果目标列省略，则在 VALUES 子句中必须有值和此关系的所有目标列一一对

应，如果没值必须填上 NULL。

【例 11-27】 在 category 表中插入一条新记录。

```
INSERT INTO category (catid,name,descn)
    values('004','计算机图书','计算机技术应用')
```

执行完成后，category 表的内容如图 11-22 所示。

catid	name	descn
001	计算机图书	最新的计算机图书
002	English图书	英语考试类、普及读物等
003	VCD	流行电影VCD光盘
004	计算机图书	计算机技术应用

图 11-22 插入了一条新记录

11.4.2 更新数据

【语法格式】：UPDATE 表名
SET 列名 = 表达式
WHERE 条件

【例 11-28】 将 category 表中“计算机技术应用”改为“计算机软件技术”。

```
update category
    set descn='计算机软件技术'
    where descn='计算机技术应用'
```

执行完成后，category 表的内容如图 11-23 所示。

catid	name	descn
001	计算机图书	最新的计算机图书
002	English图书	英语考试类、普及读物等
003	VCD	流行电影VCD光盘
004	计算机图书	计算机软件技术

图 11-23 “计算机技术应用”改成了“计算机软件技术”

11.4.3 删除数据

【语法格式】：DELETE 表名
WHERE 条件；

【例 11-29】 将 category 表中说明为“计算机软件技术”删除。

```
delete category where descn='计算机软件技术'
```

执行完成后，category 表的内容如图 11-24 所示。

catid	name	descn
001	计算机图书	最新的计算机图书
002	English图书	英语考试类、普及读物等
003	VCD	流行电影VCD光盘

图 11-24 category 数据表内容

11.5　数据控制语言

数据控制语言 DCL 的命令用于创建关系用户访问以及授权的对象。下面简单介绍几个 DCL 命令，其中主要是针对视图的。

视图是数据库系统的一个重要机制。无论从方便用户的角度，还是从加强数据库安全的角度，视图都有着极其重要的作用。

一个视图是从一个或多个关系（基本表或已有的视图）导出的关系。导出后，数据库中只存有此视图的定义（在数据字典中），但并没有实际生成此关系。因此视图是虚表。

用户使用视图时，其感觉与使用基本表是相同的。但是由于视图是虚表，所以 SQL 对视图不提供建立索引的语句，SQL 一般也不提供修改视图定义的语句（有此需要时，只要把原定义删除，重新定义一个新的即可，这样不影响任何数据），对视图中数据做更新时是有些限制的。

11.5.1　创建视图

【语法格式】：CREATE VIEW<视图名>[<列名清单>]

AS<子查询>

[WITH CHECK OPTION]

【说明】：

<视图名>：给出所定义的视图的名称。

<列名清单>：若有<列名清单>，则此清单给出了此视图的全部属性的属性名；否则，此视图的所有属性名即为子查询中 SELECT 语句中的全部目标列。

<子查询>：为任一合法 SELECT 语句（但一般不含有 ORDER BY，UNION 等语法成分）。

[WITH CHECK OPTION]：有[WITH CHECK OPTION]时，则以后对此视图进行 INSERT、UPDATE 和 DELETE 操作时，系统会自动检查视图是否符合原定义视图时子查询中的<条件表达式>。不符合时，就不执行。

本语句执行后，此视图的定义即进入数据字典，对语句中的<子查询>并未执行，也即视图并未真正生成。所以说，视图是虚表。

11.5.2　删除视图

【语法格式】：DROP VIEW<视图名>

【功能】：将指定视图的定义从数据字典中删除。

一个关系（基本表或视图）被删除后，所有由该关系导出的视图并不自动删除，他们仍在数据字典中，但已无法使用。删除视图必须用 DROP VIEW 语句。

11.5.3　查询视图

对用户来说，对视图的查询与对基本表的查询是没有区别的，都使用 SELECT 语句对有关的关系进行查询工作。在查询时，用户不需区分是对基本表查询，还是对视图查询。SELECT 语句中无须（也不可能）标明被查询的关系是基本表还是视图。

DBMS 对某 SELECT 语句进行处理时，若发现被查询对象是视图，则 DBMS 将进行下述操作：

1．从数据字典中取出视图的定义。

2．把视图定义的子查询和本 SELECT 的查询相结合，生成等价的对基本表的查询（此过程称为视图的消解）。

3．执行对基本表的查询，把查询结果（作为本次对视图的查询结果）向用户显示。

一般情况下，对视图的查询是不会出现问题的。但有时视图消解过程不能给出语法正确的查询条件。因此对视图查询时，如出现语法错误，可能不是查询语句本身有语法错误，而是转换后出现的语法错误。此时，用户必须自行对视图的查询转化为对基本表的查询。

11.5.4 更新视图

视图是虚表，是没有数据的。所谓视图的更新，表面上是对视图执行 INSERT、UPDATE 和 DELETE 来更新视图的数据，其实质是由 DBMS 自动转化成对导出视图的基本表的更新，转化成对基本表的 INSERT、UPDATE 和 DELETE 语句。

本章小结

本章详细介绍了关系数据库标准语言的基础知识，包括 SQL 基础知识、SQL 的基本概念和 SQL 的组成；基本表；数据定义语言、创建表、修改表、删除表、创建和删除索引；数据操作语言、单表查询、联合查询、插入数据、更新数据、删除数据；数据控制语言、创建视图、删除视图、查询视图、更新视图；嵌入式的 SQL 和动态 SQL 的基础知识。

习题 11

一、填空

1. 查询命令 SELECT * FROM 成绩，其中“*”表示__________________；查询命令 SELECT * FROM 学籍，成绩，“*” 表示________________________。

2. 在 SQL-SELECT 命令的 ORDER BY 子句中，DECS 表示按________输出，省略 DECS 表示按________输出。

3．用来创建表结构的 SQL 命令是__________________。

4．用来向表中输入记录的 SQL 命令是______________。

5．删除表中记录的 SQL 命令是______________。

6．用来修改表结构的 SQL 命令是______________。

二、选择

1．在 SQL-SELECT 查询时，使用 WHERE 子句指出的是______。

A．查询目标　　　　B．查询结果
C．查询条件　　　　D．查询视图

2．下面有关 HAVING 子句描述错误的是______。
A．HAVING 子句必须与 GROUP BY 子句同时使用，不能单独使
B．使用 HAVING 子句的同时不能使用 WHERE 子句
C．使用 HAVING 子句的同时可以使用 WHERE 子句
D．使用 HAVING 子句的作用是限定分组的条件

3．SQL-SELECT 查询中的条件短语是______。
A．WHERE　　　　B．WHILE
C．FOR　　　　D．CONDITION

4．SQL-INSERT 命令的功能是______。
A．在表头插入一条记录
B．在表尾插入一条记录
C．在表中指定位置插入一条记录
D．在表中指定位置插入若干条记录

5．SQL-UPDATE 命令的功能是______。
A．数据定义　　　　B．数据查询
C．更新表中字段的属性　　　　D．更新表中字段的内容

6．与查询命令“SELECT 姓名,专业 FROM 学籍”等价的命令是______。
A．LIST OFF　FIELDS　姓名,专业
B．DISPLAY　FIELDS　姓名,专业
C．BROWSE　FIELDS　姓名,专业
D．CHANGE　FIELDS　姓名,专业

7．在 SQL-SELECT 查询命令中，能够实现数据表之间关联的选项是______。
A．HAVING　　　　B．GROUP　BY
C．WHERE　　　　D．ORDER　BY

三、问答题

1．SQL 主要包括哪些主要功能？

2．在 SELECT…ORDER BY 查询命令中，能否直接使用表达式进行排序或分组？如果不能，应如何设置才能进行操作？

3．字段输出函数 SUM(DISTINCT AA)中的 DISTINCT 的含义是什么？字段 AA 是什么数据类型？

4．使用 SQL 的 CREATE TABLE 命令能否建立自由表？

5．使用 INSERT INTO 命令一次可以插入多少条记录？

第 12 章　备份和还原数据库

本章知识目标

- 了解备份和还原
- 了解备份操作
- 了解管理备份

虽然 VFP 具有很高的稳定性，也提供了内置的安全和数据保护，但这种安全管理主要是为防止非法登录者或非授权用户对数据库或数据造成破坏。在有些情况下，这种安全管理机制显得力不从心。例如，合法用户不小心对数据库作了不正确操作，或者保存数据库的设备发生了损坏，这些事情都是不可避免的，需要有另外的方案来解决这些问题。VFP 提供了备份和还原的功能来解决这类问题。

12.1　恢复模式

12.1.1　备份的原因

数据库中的数据，如果有了备份，即使服务器崩溃或者某个电脑瘫痪，也可以迅速、有效地进行数据库的恢复。

除了系统灾难之外，下述原因也是数据库备份的理由。

（1）偶然、恶意地修改或者删除数据。

（2）一些自然灾难，像火灾等。

（3）设备遭到破坏。

（4）从一台机器到另一台机器所进行的数据传输。

（5）永久的数据档案。

对于数据库管理员来说，最主要的任务之一，就是从数据灾难中恢复数据库，而数据库的备份是数据库恢复中采用的基本技术。

此外，数据库备份对于例行的工作（例如，将数据库从一台服务器复制到另一台服务器、设置数据库镜像、政府机构文件归档和灾难恢复）也很重要。

12.1.2　恢复模式概述

备份和还原操作是在“恢复模式”下进行的。恢复模式是一个数据库属性，他用于控制数据库备份和还原操作基本行为。例如，恢复模式控制了将事务记录在日志中的方式、事务日志是否需要备份以及可用的还原操作。新的数据库可继承 model 数据库的恢复模式。恢复模式具有以下优点：

（1）简化了恢复计划。

（2）简化了备份和恢复过程。

（3）明确了系统操作要求之间的权衡。

（4）明确了可用性和恢复要求之间的权衡。

可以选择的三种恢复模式：简单模式、完整模式和大容量日志模式。下面分别对这几种恢复模式进行介绍。

1．简单恢复模式

简单恢复模式简略地记录大多数事务，所记录的信息只是为了确保在系统崩溃或还原数据备份之后数据库的一致性。

由于旧的事务已提交，已不再需要其日志，因而日志将被截断。截断日志将删除备份和还原事务日志。但是，这种简化是有代价的，在灾难事件中有丢失数据的可能。没有日志备份，数据库只可恢复到最近的数据备份时间。如果使用的是 SQL Server Enterprise Edition，需要考虑此问题。此外，该模式不支持还原单个数据页。

简单恢复模式并不适合生产系统，因为对生产系统而言，丢失最新的更改是无法接受的。在这种情况下，Microsoft 建议使用完整恢复模式。

2．完全恢复模式

完全恢复模式完整地记录了所有的事务，并保留所有的事务日志记录，直到将他们备份。在 SQL Server Enterprise Edition 中，完整恢复模式能使数据库恢复到故障时间点（假定在故障发生之后备份了日志尾部）。

3．大容量日志恢复模式

大容量日志恢复模式简略地记录大多数大容量操作。例如，索引创建和大容量加载，完整地记录其他事务。

大容量日志恢复提高大容量操作的性能，常用作完整恢复模式的补充。大容量日志恢复模式支持所有的恢复形式，但是有一些限制。

12.1.3　如何选择恢复模式

为了为数据库选择最佳策略，需要考虑多个方面，包括数据库特征、数据库的恢复目标和要求。

1. 相关数据库特征

数据库特征影响数据库的最佳恢复策略。特征方面的因素包括数据库的使用情况、大小及其文件组结构。

（1）使用情况

数据库的使用情况影响最佳恢复策略，需要特别注意以下情况：

① 有多少应用程序访问此数据库？

② 一天中应用程序访问数据库的时间有多长？

③ 在两次备份之间，发生更改和更新的可能性有多大？是仅更改和更新数据库中的一小部分，还是更改和更新数据库中的一大部分？

（2）大小和结构

如何充分利用备份和还原来达到恢复目标和要求，在某种程度上取决于数据库的性质。以下是一些基本的方面：

① 数据库是较大（例如数万亿字节数据仓库）还是相对较小？

② 数据库使用的是单文件组还是多文件组？

③ 数据库可以读写还是只读？

2. 恢复目标和要求

无论数据库大小或文件组结构如何，都可以选择简单或完整（大容量日志）恢复模式。最佳选择模式取决于恢复目标和要求。

（1）何时使用简单恢复模式

如果符合下列所有要求，则使用简单恢复模式：

① 丢失日志中的一些数据无关紧要。

② 无论何时还原主文件组，都希望始终还原读写辅助文件组（如果有）。

③ 是否备份事务日志无所谓，只需要完整差异备份。

④ 不在乎无法恢复到故障点以及丢失从上次备份到发生故障时之间的任何更新。

（2）何时使用完整恢复模式

如果符合下列任何要求，则使用完整恢复模式（可以选择使用大容量日志恢复模式）：

① 必须能够恢复所有数据。

② 数据库包含多个文件组，并且希望逐段还原读写辅助文件组（以及只读文件组）。

③ 必须能够恢复到故障点。

需要说明的是，只有 Enterprise Edition 中提供时点恢复功能。

12.2 备份设备

备份或还原操作中使用的磁带机或磁盘驱动器称为“备份设备”。在创建备份时，必须选择要将数据写入的备份设备。

12.2.1　备份设备

1. 磁盘备份设备

磁盘备份设备是硬盘或其他磁盘存储媒体上的文件，与常规操作系统文件一样。引用磁盘备份设备与引用任何其他操作系统文件一样。可以在服务器的本地磁盘上或共享网络资源的远程磁盘上定义磁盘备份设备，磁盘备份设备根据需要可大可小，最大文件大小可以相当于磁盘上可用磁盘空间。

若要通过网络备份到远程计算机上的磁盘，请使用通用命名约定（UNC）名称（格式为\\<Systemname>\<ShareName>\<Path>\<FileName>）来指定文件的位置。在将文件写入本地硬盘时，用户账户必须具有读写远程磁盘上的文件所需的权限。

备份到与数据库同在一个物理磁盘上的文件中会有一定的风险。如果包含数据库的磁盘设备发生故障，由于备份位于发生故障的同一磁盘上，因此无法恢复数据库。

2. 备份到磁带

磁带备份设备的用法与磁盘设备相同，除了以下两点：

（1）磁带设备必须物理连接到运行 VFP 的计算机上。不支持备份到远程磁带设备上。

（2）如果磁带备份设备在备份操作过程中已满，但还需要写入一些数据，将提示更换新磁带并继续备份操作。

12.2.2　备份设备的创建

可以使用 SQL 语句来创建备份设备。

【语法格式】：

```
sp_addumpdevice [ @devtype = ] 'device_type'
, [ @logicalname = ] 'logical_name'
, [ @physicalname = ] 'physical_name'
[ , { [ @cntrltype = ] controller_type |
[ @devstatus = ] 'device_status' }
]
```

【说明】：

[@devtype =] 'device_type'：备份设备的类型。device_type 的数据类型为 varchar(20)，无默认值，值可以是 disk、tape。其中 disk 表示硬盘文件作为备份设备；Tape 表示 Microsoft Windows 支持的任何磁带设备。

[@logicalname =] 'logical_name'：在 BACKUP 和 RESTORE 语句中使用的备份设备的逻辑名称。logical_name 的数据类型为 sysname，无默认值，且不能为 NULL。

[@physicalname =] 'physical_name'：

备份设备的物理名称。物理名称必须遵从操作系统文件名规则或网络设备的通用命名约定，并且必须包含完整路径。physical_name 的数据类型为 nvarchar(260)，无默认值，且不能为 NULL。

[@cntrltype =] 'controller_type'：已过时。如果指定该选项，则忽略此参数。支持他完全是为了向后兼容。新的 sp_addumpdevice 使用应省略此参数。

[@devstatus =] 'device_status'：已过时。如果指定该选项，则忽略此参数。支持他完全是为了向后兼容。新的 sp_addumpdevice 使用应省略此参数。

12.3 备份数据库

如果在进行备份操作时尝试创建或删除数据库文件，则创建或删除将失败。如果正创建或删除数据库文件时尝试启动备份操作，则备份操作将等待，直到创建或删除操作完成或者备份超时。

12.3.1 数据库备份

数据库备份包括完整备份和完整差异备份。数据库备份易于使用并且适用于所有数据库，与恢复模式无关。完整备份包含数据库中的所有数据，并且可以用作完整差异备份所基于的“基准备份”。因此，与完整备份相比，完整差异备份较小且速度较快，便于进行较频繁的备份，同时降低丢失数据的风险。

对于使用完整恢复模式和大容量日志恢复模式的数据库，任何类型的数据库备份都必须由常规事务日志备份进行补充。频繁事务日志备份降低了丢失数据的风险，并通过截断日志降低了填满事务日志的可能性。

1. 完整备份

完整备份（以前称为数据库备份）将备份整个数据库，包括事务日志部分（以便可以恢复整个备份）。完整备份代表备份完成时的数据库。通过包括在完整备份中的事务日志，可以使用备份恢复到备份完成时的数据库。创建完整备份是单一操作，通常会安排该操作定期发生。

每个完整备份使用的存储空间比其他差异备份使用的存储空间要大。因此，完成完整备份需要更多的时间，因而创建完整备份的频率通常要比创建差异备份的频率低。使用完整备份时应注意如下几点。

（1）估计完整备份的大小

在实施备份和还原策略之前，应当估计完整备份将使用的磁盘空间大小。在完整备份过程中，备份操作只将数据库中的数据复制到备份文件。由于完整备份只包含数据库内的实际数据，而不包含任何未使用的空间，因此完整备份通常比数据库本身小。可以通过使用 sp_spaceused 系统存储过程来估计完整备份的大小。

（2）使用完整备份

通过还原数据库，只用一步即可从完整备份重新创建整个数据库。如果还原目标中已经存在数据库，还原操作将会覆盖现有的数据库；如果该位置不存在数据库，还原操作将会创建数据库。还原的数据库将与备份完成时的数据库状态相符，但不包含任何未提交的事务。恢复数据库后，将回滚未提交的事务。

2. 创建完整备份

可以使用 SQL 语句来创建。执行 BACKUP DATABASE 语句来创建完整备份，同时指定

要备份的数据库的名称，写入完整备份的备份设备。

同时，还可以指定：

（1）INIT 子句：通过他可以改写备份媒体，并在备份媒体上将该备份作为第一个文件写入。如果没有现有的媒体标头，将自动编写一个。

（2）SKIP 和 INIT 子句：用于重写备份媒体，即使备份媒体中的备份未过期，或媒体本身的名称与备份媒体中的名称不匹配也重写。

（3）FORMAT 子句：通过他可以在第一次使用媒体时对备份媒体进行初始化，并覆盖任何现有的媒体标头。

如果已经指定了 FORMAT 子句，则不需要指定 INIT 子句。

当使用 BACKUP 语句的 FORMAT 子句或 INIT 子句时，一定要十分小心，因为他们会破坏以前存储在备份媒体中的所有备份。

3．完整差异备份

"完整差异备份"仅记录自上次完整备份后更改过的数据。完整差异备份比完整备份更小、更快，可以简化频繁的备份操作，减少数据丢失的风险。 完整差异备份基于以前的完整备份，因此，这样的完整备份称为"基准备份"。如果一个数据库的某个部分修改的频率高于其余部分，则完整差异备份尤其有用。在这种情况下，完整差异备份允许您频繁备份，但开销低于完整备份。

安排完整差异备份时，请遵循以下建议：

（1）在完整备份之间定期创建完整差异备份，例如每四小时一次，对于高度活动的系统，可以更频繁一些。

（2）如果使用完整恢复模式或大容量日志恢复模式，则创建事务日志备份的频率高于完整差异备份，例如每 30 分钟一次。

在还原差异备份之前，必须先还原其基准备份。如果按给定基准进行一系列完整差异备份，则在还原时只需还原基准和最近的差异备份。使用完整恢复模式和大容量日志恢复模式时，完整差异备份可以尽量减少还原数据库时前滚事务日志备份所花时间。完整差异备份将把数据库还原到完成差异备份的时刻。为了恢复到故障点，必须使用事务日志备份。如果自上次完整备份后又创建了文件备份，则下一个完整差异备份操作开始时将扫描备份文件以确定变化内容。

可以使用 SQL 语句创建完整差异备份，执行 BACKUP DATABASE 语句创建完整差异备份，同时指定要备份的数据库的名称，写入完整备份的备份设备及 DIFFERENTIAL 子句，通过他可以指定只对在创建最后一个完整备份后数据库中发生变化的部分进行备份。

例如：使用 SQL 语句创建 eshop 数据库的完整备份和完整差异备份。

```
--首先创建一个完全备份
BACKUP DATABASE eshop
  TO eshop_backup
  WITH INIT
GO
-- 时间流逝
-- 创建完整差异备份
-- 将其追加到含完整备份备份的备份设备
BACKUP DATABASE eshop
```

```
    TO eshop_backup
    WITH DIFFERENTIAL
GO
```

12.3.2 部分备份和部分差异备份

部分备份和部分差异备份易于使用，并且其设计在简单恢复模式下备份时具有更大的灵活性，所有恢复模式都支持这两种备份方式。

1．部分备份

部分备份与完整备份相似，但部分备份并不包含所有文件组。部分备份包含主文件组、每个读写文件组以及任何指定的只读文件中的所有数据。只读数据库的部分备份仅包含主文件组。部分备份和部分差异备份易于使用，主要用于简单恢复模式。但是，无论使用何种恢复模式，部分备份都将作用于所有数据库。

若要创建部分备份，必须将 READ_WRITE_FILEGROUPS 选项包括在 BACKUP 语句中要备份的文件/文件组列表中。指定一个不包括 READ_WRITE_FILEGROUPS 选项的读写文件组将导致错误。

如果只读文件与主文件组一致，则通过将这些文件列入 BACKUP 命令中，可以将其包括在部分备份中。

下面的伪代码示例显示了部分备份中的 BACKUP 语句部分：

BACKUP DATABASE <database> READ_WRITE_FILEGROUPS TO ...

在部分备份期间，不能更改文件组的 IsReadOnly 属性，尝试这样做将生成错误并导致失败。

2．部分差异备份

部分差异备份仅与部分备份一起使用。部分差异备份仅包含在备份时主文件组和读写文件组中更改的那些区。如果部分备份捕获的数据只有一部分已更改，则使用部分差异备份可以使数据库管理员更快地创建更小的备份。但是，由于使用了两个备份文件，从部分差异备份还原必然会比从部分备份还原花费的时间长而且过程更复杂。

部分差异备份是与单个基准备份一起使用的，尝试创建多基准部分差异备份将导致错误。

根据进行基准部分备份后是否添加、删除或更改了文件组，来定义文件组是否自动包含在部分差异中，如表 12-1 所示。

若要创建部分差异备份，请在 BACKUP 语句中使用 DIFFERENTIAL 选项。具有部分备份的部分差异备份与具有完整备份的完整差异备份用法类似。

BACKUP DATABASE <database_name> READ_WRITE_FILEGROUPS [, <file_filegroup_list>] TO <backup_device> WITH DIFFERENTIAL

以下伪代码示例显示了 BACKUP 语句中有关部分差异备份的部分：

BACKUP DATABASE <database> READ_WRITE_FILEGROUPS TO ... WITH DIFFERENTIAL

表 12-1　部分差异备份与文件组操作的关系

文件组操作 （部分备份之后）	是否在部分差异中
删除文件组	如果文件组已在两次部分备份之间删除，则不在部分差异备份中
添加只读文件组	如果在部分差异备份时文件组已添加并且只读，则差异备份不包括此文件组。此文件组应单独备份，如果没有备份，数据库引擎将发出警告，但是不备份只读文件组，部分差异备份仍然可以成功进行
添加读写文件组	如果在部分差异备份时文件组已添加并且是读写，则部分差异备份中包括此新文件组
将文件组更改为读写文件组	如果文件组在部分差异备份时已由只读更改为读写，则只有当从未备份过此文件组时，差异备份才会捕获他的更改。如果备份了文件组中的所有文件，而这些文件所具有的基准与部分备份中的那些文件的基准不同，则部分差异备份将失败
文件组更改为只读	如果在文件组变为只读后没有进行文件组的基准备份，文件将包括在差异备份中，但数据库引擎将发出消息建议对更改为只读的文件组进行新的部分备份和单独的完整备份。如果在部分备份之后进行了文件组的基准备份，部分差异备份将忽略文件组

12.3.3　使用事务日志备份

在完整恢复模式和大容量日志恢复模式下，执行常规事务日志备份对于恢复数据至关重要。使用事务日志备份，可以将数据库恢复到故障点或特定的时间点。

一般情况下，事务日志备份比完整备份使用的资源少。因此，可以比完整备份更频繁地创建事务日志备份，减少数据丢失的风险。

事务日志备份有时比完整备份大。例如，假设数据库的事务率很高，从而导致事务日志迅速增大。在这种情况下，应该更频繁地创建事务日志备份。

有三种类型的事务日志备份：

（1）纯日志备份，仅包含相隔一段时间的事务日志记录，而不包含任何大容量更改。

（2）大容量操作日志备份，包括由大容量操作更改的日志和数据页。不支持时点恢复。

（3）尾日志备份，从可能已破坏的数据库创建，用于捕获尚未备份的日志记录。在失败后创建尾日志备份可以防止工作损失，并且，尾日志备份可以包含纯日志或大容量日志数据。

只有当启动事务日志备份序列时，完整备份或完整差异备份才必须与事务日志备份同步。每个事务日志备份的序列都必须在执行完整备份或完整差异备份之后启动。

执行常规事务日志备份至关重要。除了允许还原备份事务外，日志备份将截断日志以删除日志文件中已备份的日志记录。即使不经常备份日志，日志文件也会填满。

连续的日志序列称为“日志链”，日志链从数据库的完整备份开始。通常情况下，只有当第一次备份数据库或者从简单恢复模式转变到完整或大容量恢复模式时，需要进行完整备份，才会启动新的日志链。

若要将数据库还原到故障点，必须保证日志链是完整的。完整的日志链要求事务日志备份序列未断开，从完整备份或部分备份（也可以是完整差异备份或部分差异备份）的结尾到恢复点之间都是连续的。失败后，需要备份日志尾部来防止工作损失。通常情况下，在还原数据库之前必须存在尾日志备份。

还原数据库时，需要还原在还原最新数据备份之后创建的那些日志备份。还原日志备份将前滚事务日志中记录的更改，使数据库恢复到开始执行日志备份操作时的状态。通常情况下，在还原最新数据或差异备份后，需要还原一系列日志备份直到到达恢复点。然后恢复数据库，回滚开始恢复时不完整的所有事务，并使数据库在线。恢复数据库后，不得再还原任何备份。

如果丢失了日志备份，可能就无法将数据库还原到上次备份之后的某个时间点。建议存储一系列完整备份的日志备份链。如果最新的完整备份不可用，则可以还原较早的完整备份，然后还原自较早的完整备份以后创建的所有事务日志备份。为了将事务日志损坏的风险程度减到最低，将事务日志放在容错存储上。可以考虑生成日志备份集的多个副本，例如，将日志备份到磁盘，然后将磁盘文件复制到其他设备（如单独的磁盘或磁带）。

如果日志备份丢失或已损坏，可以通过创建完整备份或完整差异备份并备份事务日志来启动新的日志链。但是请保留日志备份丢失之前的事务日志备份，以便在要将数据库还原到这些备份中的某个时间点时使用。

1．备份事务日志的条件

在完整备份或文件备份期间可以备份事务日志。失败之后，为了防止工作丢失，从可能已损坏的数据库中进行尾日志备份是必要的。尾日志备份捕获那些尚未备份的日志记录（活动记录），这称为“日志尾部”。默认情况下，RESTORE 语句要求已经备份日志尾部。进行尾日志备份与进行日常的日志备份不同。

下列情况不要备份事务日志：

（1）在创建数据库备份或文件备份之前。事务日志包含创建最后一个备份之后对数据库进行的更改。

（2）在手动截断事务日志之后，在创建数据库或完整差异备份之前。请注意，不推荐使用显式截断日志的 SQL 选项。

建议不要手动截断日志，因为这样做会破坏日志链。在创建完整备份前，将无法为数据库提供媒体故障保护。只有在非常特殊的情况下才使用手动日志截断，然后应尽快创建完整备份。如果不希望进行日志备份，将数据库设置为简单恢复模式。

2．创建事务日志备份顺序

最低程度必须至少有一个完整备份或一个等效文件备份集，才能进行任何日志备份。通常数据库管理员定期（如每周）创建数据库的完整备份，以更短的间隔（如每天）创建差异备份，并会频繁（如每 10 分钟）创建事务日志备份。最恰当的备份间隔取决于一系列因素，如数据的重要性、数据库的大小和服务器的工作负荷。如果事务日志损坏，则将丢失自最新的日志备份后所执行的工作。为此，建议经常对关键数据进行日志备份，并注意将日志文件存储在容错的存储设备中。

事务日志备份顺序独立于完整备份。可以生成一个事务日志备份顺序，然后定期生成用于开始还原操作的完整备份。

例如，假设有下列事件顺序，如表 12-2 所示。

表 12-2　事件顺序

时　间	事　件
上午 8:00	备份数据库
中午	备份事务日志
下午 4:00	备份事务日志
下午 6:00	备份数据库
下午 8:00	备份事务日志

下午 8:00 创建的事务日志备份包含了从下午 4:00 到下午 8:00 之间的事务日志记录，中间跨越了下午 6:00 创建完整备份的时间。从上午 8:00 创建初始完整备份到下午 8:00 创建最后一个事务日志备份，在这段时间之内事务日志备份是连续的。

3. 创建事务日志备份

可以使用 SQL 语句来创建事务日志备份，执行 BACKUP LOG 语句来备份事务日志，同时指定要备份的事务日志所属的数据库的名称，写入事务日志备份的备份设备。

例如：在以前创创的己命名备份设备 eshop_backup 上创建事务日志备份：eshop_log_backup。

```
BACKUP LOG eshop
TO disk='c:\eshop_backup'
GO
```

12.4　恢复数据库

“还原方案”是指从备份还原数据并在还原所有必要的备份后恢复数据库的过程。通过还原方案，可以在下列级别之一还原数据：数据库和数据文件。每个级别的影响如下：

数据库级别：还原和恢复整个数据库，并且数据库在还原和恢复操作期间处于离线状态。

数据文件级别：还原和恢复一个数据文件或一组文件。在文件还原过程中，包含相应文件的文件组在还原过程中自动变为离线状态。访问离线文件组的任何尝试都会导致错误。

12.4.1　简单恢复模式下的还原方案

数据库完整还原的目的是还原整个数据库。在执行数据库完整还原的过程中，整个数据库都处于离线状态。在数据库的任何部分变为在线之前，必须将所有数据都恢复到同一时间点。一致时间点是指数据库的所有内容均处于相同的时间点，并且不存在未提交的事务。

在 Enterprise Edition 中的完整恢复模式下，数据库可以还原到特定备份中的特定时间点。时间点可以是最新的可用备份、特定的日期和时间或者标记的事务。

在简单恢复模式下进行完整数据库还原只有一个或两个步骤，这取决于是否需要还原完整差异备份。

如果仅使用完整备份，则只需还原最近的完整备份(WITH RECOVERY)即可。

如果还使用了完整差异备份：

（1）还原最新的完整备份但不恢复数据库(WITH NORECOVERY)。

（2）还原完整差异备份并恢复数据库(WITH RECOVERY)。

还原整个数据库时，应当使用单一还原顺序。下面的示例按照数据库完整还原方案的还原顺序说明了关键选项。还原顺序由通过一个或多个还原阶段来移动数据的一个或多个还原操作组成。将省略与此目的不相关的语法和详细信息。

该数据库还原为完整备份的状态。注意 RECOVERY 是默认的，始终显式显示他是为了更加清晰。

```
RESTORE DATABASE <database> FROM <full backup>
    WITH RECOVERY
```

例如：在简单恢复模式下创建 eshop 数据库的完整备份和完整差异备份，以及按顺序还原他们。

在完整差异备份还原之后，将在一个单独的步骤中还原数据库。

```
USE master;
--确保数据库使用简单恢复模式
ALTER DATABASE eshop SET RECOVERY SIMPLE;
GO
--为 eshop 完全备份创建一个逻辑备份设备
EXEC sp_addumpdevice 'disk', 'eshop_recovery_device',
'c:\eshop_recovery_device.bak';
GO
--完全备份 eshop 数据库
BACKUP DATABASE eshop TO eshop_recovery_device
  WITH FORMAT;
GO
--创建一完全差异备份:
BACKUP DATABASE eshop TO eshop_recovery_device
   WITH DIFFERENTIAL;
GO
--恢复完全备份
RESTORE DATABASE eshop FROM eshop_recovery_device
   WITH NORECOVERY;
--恢复差异备份
RESTORE DATABASE eshop FROM eshop_recovery_device
   WITH FILE=2, RECOVERY;
GO
```

可以使用 SQL 语句还原完整备份。

【语法格式】:

```
RESTORE DATABASE { database_name | @database_name_var }
[ FROM <backup_device> [ ,...n ] ]
```

【例 12-1】　从磁盘还原 eshop 完整备份。

```
USE master
GO
RESTORE DATABASE eshop FROM eshop_recovery_device
```

12.4.2　完整恢复模式下的还原方案

数据库完整还原的目的是将整个数据库还原到一个特定的时间点。时间点可以是最近一次可用的备份、一个特定的日期和时间或标记的事务。数据库在还原期间是离线的。在数据库的任何部分变为在线之前，必须将所有数据都恢复到同一时间点。

通常，将数据库恢复到故障点分为下列基本步骤：

1．备份活动事务日志（称为日志尾部）。此操作将创建尾日志备份。如果活动事务日志不可用，则该日志部分的所有事务都将丢失。

2．还原最新的完整备份但不恢复数据库（WITH NORECOVERY）。

3．如果存在差异备份，则还原最新的差异备份，而不恢复数据库（WITH NORECOVERY）。

4．从还原备份后创建的第一个事务日志备份开始，使用 NORECOVERY 依次还原日志。

5．恢复数据库（RESTORE DATABASE <database_name> WITH RECOVERY）。此步骤也可以与还原上一次日志备份结合使用。

6．数据库完整还原通常可以恢复到日志备份中的某一时间点或标记的事务。但是，在大容量日志恢复模式下，如果日志备份包含大容量更改，则不能进行时点恢复。

还原整个数据库时，应当使用单一还原顺序。

例如：下面的示例说明还原顺序中用于将数据库还原到故障点的数据库完整还原方案的关键选项。还原顺序由一个或多个还原操作组成，这些还原操作通过一个或多个还原阶段来移动数据。将省略与此目的不相关的语法和详细信息。

数据库将还原并前滚，数据库差异用于减少前滚时间，此还原顺序用于避免丢失工作，上次还原的备份为尾日志备份。

```
RESTORE DATABASE <database> FROM <full backup>
    WITH NORECOVERY
RESTORE DATABASE <database> FROM <full_differential_backup>
    WITH NORECOVERY
RESTORE LOG <database> FROM <log_backup>
    WITH NORECOVERY
RESTORE LOG <database> FROM <log_backup>
    WITH NORECOVERY
RESTORE LOG <database> FROM <tail_log backup>
    WITH RECOVERY
```

本章小结

本章主要讨论数据库备份和恢复的相关问题。重点应了解各种不同数据库备份方法的异同点，学会根据不同实际情况制定相应的备份和恢复策略。了解备份设备的创建方法以及如何使用 BACKUP RESTORE 命令备份或恢复数据库。

习题 12

1．简述数据库备份的理由？

2．对比 3 种恢复模式，各应在什么场合应用。